普通高等教育"十二五"规划教材

金属材料力学性能

那顺桑　李　杰　艾立群　编著

北　京
冶 金 工 业 出 版 社
2023

内容提要

本书共分10章，内容包括金属在静载荷作用下一系列性能表现及性能指标（第1～3章），材料在冲击载荷作用下的表现——冲击和冷脆（第6章），材料在变动载荷作用下的行为——金属的断裂和断裂韧性（第4、5章）、金属的疲劳和磨损特性（第7、8章），金属的高温性能（第9章），以及金属机械强韧化和尺寸因素对力学性能的影响（第10章）。

本书可以作为工科院校材料专业的主干课程教材，还可以供研究生、工程技术人员和进行常规检验的技术人员参考。

图书在版编目(CIP)数据

金属材料力学性能/那顺桑，李杰，艾立群编著．—北京：冶金工业出版社，2011.7（2023.8重印）

普通高等教育“十二五”规划教材

ISBN 978-7-5024-5631-3

Ⅰ.①金…　Ⅱ.①那…　②李…　③艾…　Ⅲ.①金属材料—材料力学性质—高等学校—教材　Ⅳ.①TG14

中国版本图书馆CIP数据核字(2011)第137279号

金属材料力学性能

出版发行	冶金工业出版社	**电　话**	(010)64027926
地　址	北京市东城区嵩祝院北巷39号	**邮　编**	100009
网　址	www.mip1953.com	**电子信箱**	service@mip1953.com

责任编辑　郭冬艳　美术编辑　彭子赫　版式设计　孙跃红

责任校对　石　静　责任印制　禹　蕊

北京虎彩文化传播有限公司印刷

2011年7月第1版，2023年8月第4次印刷

787mm×1092mm　1/16；14.5印张；349千字；220页

定价29.00元

投稿电话　(010)64027932　投稿信箱　tougao@cnmip.com.cn

营销中心电话　(010)64044283

冶金工业出版社天猫旗舰店　yjgycbs.tmall.com

（本书如有印装质量问题，本社营销中心负责退换）

前　言

根据教育部高等学校专业目录调整精神，金属材料力学性能是材料类专业必修主干课程。近几十年的科技迅速发展形成了许多新的学科和新的领域，其中金属材料领域的力学冶金就是一个典型的例子。力学冶金是研究金属材料在力和外界因素的联合作用下发生的行为和性态的学科。金属材料力学性能的知识不仅指导金属变形和加工的具体实践，还要研究金属在不同作用力下的行为及其变化规律的基础；材料力能性能既能影响对它的加载方式，同时又需要对材料力学性能指标范围的有效性进行鉴定；根据材料力学性能可以建立金属在外力作用下的行为与外界条件之间的关系，确定材料在不同状态下安全工作的载荷范围。材料性能的知识是设计和开发新的合金材料的重要基础知识，是强化并挖掘材料性能潜力的理论基础。

金属材料力学性能课程讲授给学生材料性能的一般知识和基本概念，奠定材料力学性能的物理本质的理论基础，熟悉力学性能检验的一般方法，培养学生将一般力学性能指标转化为工程问题，建立数据处理的能力、培养利用材料性能的知识解决工程领域中实际问题的能力。

本书计划讲授时间为48~54学时，根据需要可以适当取舍。

本书参考了许多中外书籍和期刊，包凌菲为本书制作了部分插图。向所有被引用的文献的作者表示感谢，向所有为本书提供帮助的人表示感谢。

由于作者水平所限，书中不足和疏漏之处在所难免，敬请读者批评指正。

编著者

2011年5月

目　录

0 绪　　论

0.1 材　　料

不同学科的科学家对于物质的分类方法不同。材料工作者将人类自身周围的物质分为能源和材料两大类。能源指的是以能量或财富的形式被我们利用或者占有的物质，以（在大多数情况下）“能量”的形式为我们服务的。例如森林、海洋、煤炭、阳光、空气等，森林产生大量的氧气供人类呼吸得到能量，煤炭直接燃烧、或者制成焦炭、或者制成煤气都是以能量的形式被我们利用。材料指的是以构件或者制作构件的原料的形式被我们利用或者占有的物质。这两个定义在不同的条件下也可以互相转化：森林中的一棵树被伐下来就可以成为制作木器的原料——材料。如果木材被加工成纸张，纸张被加工成钞票，又变成财富被我们占有或者流通。当然两者之间也没有截然的分界，因为，材料理所当然也是资（能）源。早期人们经常说“能源、材料和信息是人类社会赖以生存的三大支柱”，说的就是作为统治世界的高级动物——人类所具有的一切就是物质和思维。

材料可以分为金属材料、无机非金属材料、高分子材料三大类。

（1）金属材料是指以金属键结合为主的，宏观上具有明显塑性变形能力的一类材料，如黑色、有色和特种金属材料等。

（2）无机非金属材料则是以共价键、离子键为主要结合特征，大体积无机非金属材料基本上不具备显著塑性变形能力，如陶瓷、玻璃、水泥和耐火材料等。

（3）高分子材料指的是以分子键作为主要结合特征，宏观具有大量弹性变形能力的一类材料，如塑料、橡胶、纤维等。

还有许多其他分类方法，但是这种分类方法概念严密、简洁通俗、方便实用。在有些文献中在上述三大类材料分类的基础上增加了一个复合材料，在这样的分类中复合材料不能视作另一类材料。此外，我们将钟表按生产地分为瑞士表、日本表、国产表等，按形式分为手表、怀表、挂钟、座钟等，但是我们不说“钟表分为瑞士表、日本表、石英表等”，因为这是概念的混淆。

材料在人类社会发展中始终占有特别重要的地位。人类社会发展的历史阶段就是以所使用的材料来划分的，如石器时代、陶器时代、青铜器时代铁器时代等。材料科技的水平和材料应用的先进程度是一个国家发展水平的显著标志。每一种新材料的发明和应用，都将人类的能力向新的高度扩展，给社会进步带来明显的促进和给人民生活带来明显的改善。材料对社会发展的作用和重要性任何时候都不可替代。随着科学技术的不断发展，材料领域仍然面临蓬勃向上的发展机遇。通过人们不断的努力，材料的性能逐步得到提高，材料的应用领域越来越广泛，材料的潜在能力发挥得越来越充分。

材料科学领域内有人类永恒的研究课题。

0.2 性 能

性能一词在这里具有性质、行为、特征、性能这样一些含义。性能这个词同样具有既表示被讨论的体系具有的本质方面的特征，又包括在一系列人为限定条件下通过规范化的程序得到的指标（这些指标可能仅仅是一组数据）。材料的性能是一种参量，是材料本质在一定条件下的客观反映。我们用材料性能指标表征材料在给定外界条件下的行为。

性能是个广泛的课题，有人把材料性能归属于“性能学”，从原理上讲是应该的，但是工程应用的复杂性说明，“性能学”这样的学科没有办法把各种特殊性能放在一起讨论。

人类认识材料就是从性能上认识的。所以性能是甄别和区分不同材料的尺度，选择和应用不同材料的规范，生产和制造各种材料的标准，验收和评价各种材料的依据。

可以说，人类在材料领域所做一切努力的目的都是为了改善或提高材料的性能。

从理论上来讲，材料的性能可以分为工艺性能和使用性能，这样的划分主要是出于从生产制造和使用两个角度，理解起来方便。所谓的工艺性能指的是材料的可加工制作性或者被加工制作特性，如铸造性能、切削加工性能、焊接性能、热处理性能、塑性成型性能等。而使用性能则是材料或者被制作成零部件的材料在服役过程中表现出来的一系列特性和性能，如强度、塑性、韧性、耐磨性等物理、化学和力学性能。当然很多工艺性能的特征都用到使用性能的指标。在很多情况下我们更注重和提倡的是材料成为各种零部件以后的服役性能。当然，由于可加工性能不满足成本要求时也会成为材料被否定的主要因素。还有其他分类方法，如：简单性能（物理性能、力学性能和化学性能），复杂性能（复合性能、工艺性能和使用性能）。

在某种意义上说，把材料性能分为试验性能和工程性能两大类，可能更合适一些。所谓试验性能是指用规范的试样（规格一定、形状一定、尺寸一定或者彼此之间完全可以进行比较和替换）、按照规范的操作规程（按照国家标准、国际标准、企业标准或者行业标准、用给定的加载速度、加载方式等）、用特定的设备（能够实现标准要求的试验条件）在一定的环境条件（温度、湿度等条件）下测定出来的试样的某项性能指标，如强度、冲击韧性等。工程性能则是在千差万别的工况条件下零部件在实际工作过程中该项性能相关的表现情况。两者之间有直接的联系又有重大的区别。这里确实存在把试验性能转化为工程性能的必要性和迫切性，而且对于大多数初学者来讲这可能是更重要的。这是说，试验性能的局限性比较大，离实际工作条件有一定差别或者差别大，忽略和简化的因素比较多。把试验性能指标应用于实践环节的时候需要具备一定的实践经验和知识能力对其加以修正。

0.3 影响和决定性能的因素

材料的性能取决于很多因素，同时材料的性能也是决定零部件使用寿命的关键因素。

材料在人类生活中起到作用的关联可以用材料科学与工程因素的四面体表示，如图 0-1 所示。

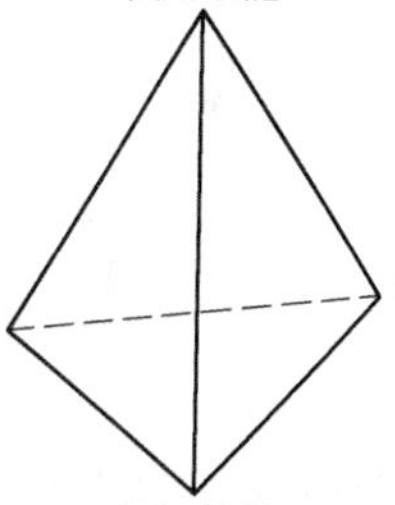

图 0-1 材料科学与工程的基本要素

（1）第一个因素，“成分/结构”这个内在因素包括下列内容：

1）成分，具有组成材料的元素种类、元素之间的配合（搭配）及各元素的含量三个方面的含义；对每一个具体元素而言，在材料中的作用可以认为是影响性能的一维信息，这个一维信息的作用可以是线性的，也可以是非线性的。

2）这里说的结构通常包含内部组织和晶体结构两个因素。材料的内部组织是我们在各种不同条件下观察到的材料表面（或内表面）的形貌（可以是肉眼观察的，可以是普通显微镜在不大的放大倍数下观察的，更可以是透射电子显微镜、扫描电子显微镜以及原子力显微镜下观察到的极细微的形貌），这个因素在非金属材料中不十分显著，在金属材料中非常重要。组织可以认为是材料内部影响性能的二维信息。材料的结构是指组成材料的原子在材料内部三维方向上的排列方式和规律性（即金属材料的晶体结构），以及由于不同的原因形成的各种结构缺陷（晶体中的点缺陷、线缺陷和面缺陷）。所以结构是材料内部影响性能的立体的三维信息。这里的一、二、三维信息，既是影响性能的因素，又是材料零部件工作寿命的影响因素。

（2）第二个因素，合成/加工是指实现特定原子排列（组织或结构）的获得和演变过程及特定形状尺寸的获得过程，在这个过程中材料内部的组织、结构和性能都可能在发生变化。

（3）第三个因素，性质/性能是指对材料功能特性和效用（如电、磁、光、热、力学等性质）的定量度量和描述，可以认为是材料特征表现和工作寿命的多维信息。

（4）第四个因素，使用效能是指材料性质在使用条件（如受力状态、气氛、介质与温度等）下的表现和服役寿命。

如同这个四面体所表示，材料性能和寿命的影响因素是非常复杂的，是以上四个方面共同作用的结果。第一个因素可以认为是内因，一旦加工成产品之后就不能改变或者不容易改变。其余的三个是外因，可以改变工艺、加工条件、加工温度、改变形状、改善零部件工作条件和环境因素。

我们学习力学性能的目的是为了全面了解材料的特性、熟悉这些特性作为性能指标的检测方法和试验性能与工程应用之间的一般关系。

在了解材料服役寿命的影响因素的基础上，我们不仅想方设法提高或挖掘材料性能潜力而且还应该想方设法“改善”材料或零部件的“工作环境”，这是学习材料力学性能课程的重要目的。

1 金属在静载荷下的力学性能

本章介绍金属在静载荷单向拉伸状态下的力学行为，包括弹性形变、塑性形变和断裂。

所谓静载荷是指施加在试样上的载荷变化速度非常缓慢，试样上的变化足以精确的测量和记录，试样只因载荷的原因而发生变化，而不因载荷速度的变化而变化。

重点介绍表征这些力学行为的性能指标、测试方法，以及力学行为的物理意义。

1.1 拉伸力-伸长曲线和应力-应变曲线

1.1.1 试件形状、拉伸实验

金属在单向、双向、三向应力条件下，力学性能差别很大，单向应力条件下测得的指标比较稳定，数据具有广泛的可比性。各国都广泛使用而且各国的国标都有严格的规定。

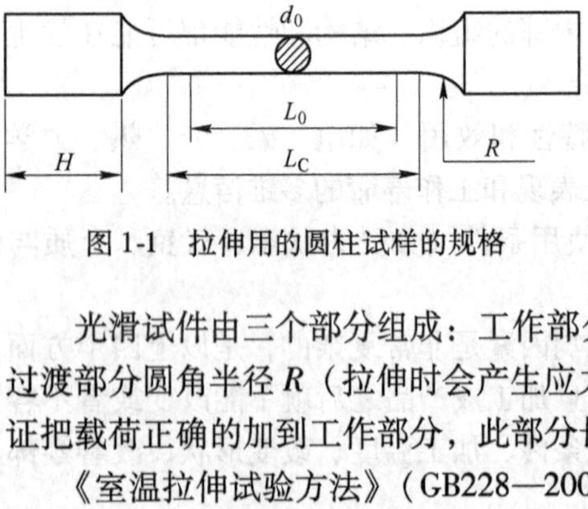

图 1-1 拉伸用的圆柱试样的规格

拉伸试验一般采用光滑的圆柱或板状（横截面为长方形）试件，试件尺寸在国家标准《室温拉伸试验方法》（GB228—2002）中有明确的规定。以圆柱试件为例，其结构如图 1-1 所示（试样上存在的切口和裂纹都会导致受双向、三向应力状态，因而改变单向受力状态）。

光滑试件由三个部分组成：工作部分长度 L_0（也称为标距长度）、工作部分直径 d_0、过渡部分圆角半径 R（拉伸时会产生应力集中，处理不好会在此断裂）。夹持部分 H（保证把载荷正确的加到工作部分，此部分长度不做要求）。

《室温拉伸试验方法》（GB228—2002）中规定了试样截取的取向、部位、各种尺寸精度、试样各部位的表面粗糙度。

由拉伸实验机拉伸试件，由附加仪器记录拉伸力 F 及其对应的试件标距间长度的绝对伸长量 ΔL。以 F 为纵坐标，ΔL 为横坐标，做出的 F-ΔL 曲线，称为拉伸力-伸长曲线，也称为拉伸图（曲线）。

1.1.2 拉伸曲线和应力-应变曲线

拉伸试验是现场应用最多的试验方法。各种金属和绝大多数非金属材料普遍采用的试验方法。

拉伸试验的基本出发点是给材料施加单向作用力，测定在单一作用力情况下材料具有的一系列性能指标，因此试样截面必须能够实现试验过程中试样承受单向加载作用力。由于试样是具有均匀截面积，试样承受的载荷除以试样的截面积称为试样承受的应力［由于最新拉伸试验的国家标准将屈服强度、抗拉强度等用 $R_{0.2}$、R_m（旧国家标准分别表示为 $\sigma_{0.2}$、σ_s 和 σ_b）符号表示，而其他标准如疲劳试验等还是采用 σ 表示应力，所以应力和强度表示在本章中两种方法同时应用］，即单位面积上作用的力。以后我们还把它称为工程应力。

我们用一组数据说明材料的拉伸试验的意义及材料强度特性。

将直径 12.8mm，长度 50.8mm 的铝合金圆柱体试样的两头夹持在能够轴向均匀移动的夹头之间，施加轴向张力作用，并在不同的作用力水平时记录试样发生的长度变化以及对应计算试样中的应力、应变，试验结果汇总在表 1-1 中。

表 1-1 铝合金圆柱体试样拉伸数据

载荷/N	伸长量/mm	计算值		载荷/N	伸长量/mm	计算值	
		应力/MPa	应变			应力/MPa	应变
0	0	0	0	33360	0.762	258.6	0.015
4448	0.0254	34.47	0.0005	35139.2	2.032	272.3	0.04
13344	0.0762	103.4	0.0015	35584（最大载荷）	3.048	275.8	0.06
22240	0.127	172.4	0.0025	35361.6	4.064	273.7	0.08
31136	0.178	241.3	0.0035	33804.8（断裂）	5.027	262	0.1025

这些数据作成曲线，就有图 1-2 的形式，称为应力（载荷除以试样原始截面积作为纵坐标）-应变（试样伸长量除以原始标距长度作为横坐标）曲线。曲线上可以定义若干个性能指标：例如弹性极限（规定非比例伸长应力 = 规定非比例延伸强度）、抗拉强度、断裂强度、屈服强度以及操作精确的时候我们可以直接测量材料的弹性模量。当然这些数据的计算有一个基本条件：那就是将施加在试样上的外力除以试样原始截面积 A_0。

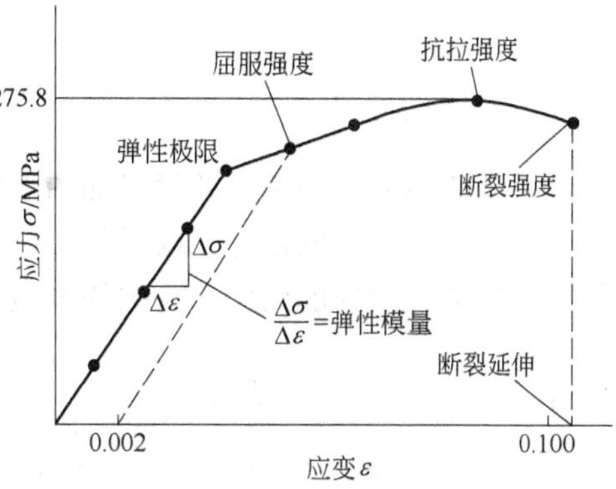

图 1-2 根据表 1-1 的数据绘制的应力-应变曲线

上述的那些应力是用下面的这些公式计算出来的：

工程应力 $$\sigma = \frac{F}{A_0} \tag{1-1}$$

真应力 $$S = \frac{F}{A} \tag{1-2}$$

工程应变：

延伸率 $$\delta = \frac{l - l_0}{l_0} = \frac{\Delta l}{l_0} \times 100\% \text{（国家新标准表示符号 } A\%\text{）} \tag{1-3}$$

断面收缩率　　$\Psi = \dfrac{A_0 - A}{A_0} \times 100\%$　（国家新标准表示符号 $Z\%$）　　(1-4)

式（1-1）所表示的工程应力可以采用不同变形程度的应力与原始截面积的比值来分别表征具有不同意义的临界应力。

这些应力分别有：规定非比例伸长应力（残余应变偏离比例应变达到 0.005% 的应力）；相应的还可以有 $R_{0.01}$、$R_{0.005}$ 等根据不同的残余应变可以对应过去的比例极限、弹性极限或者屈服极限等项指标（图 1-3）。

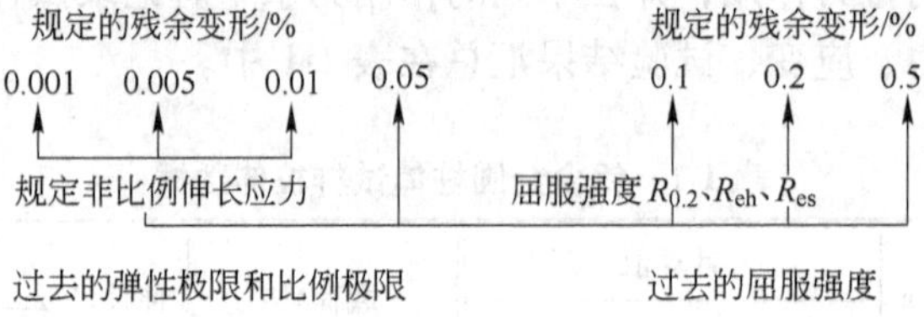

图 1-3　不同的规定残余变形与对应的强度指标关系

$$R_{0.005} = \frac{F_{0.005}}{A_0} \tag{1-5}$$

像低碳钢这样的材料会出现图 1-4 那样的拉伸曲线，其屈服变形明显，出现在 h 点之后，应力不增加的情况下变形继续增加的情况，图 1-4 的 h 点和 s 点，分别称为上屈服点和下屈服点。

上屈服点应力：　$R_{eh} = \dfrac{F_h}{A_0}$　　(1-6)

下屈服点应力：　$R_{es} = \dfrac{F_s}{A_0}$　　(1-7)

这些表达式中的符号的意义如图 1-5 所示。

选取适当尺寸的试样，或者加工成规定尺寸的试样，在能够施加轴向载荷的设备上进行轴向拉伸，这样的试验称为拉伸试验。这样的试样，在比较细的线材、棒材上直接按原

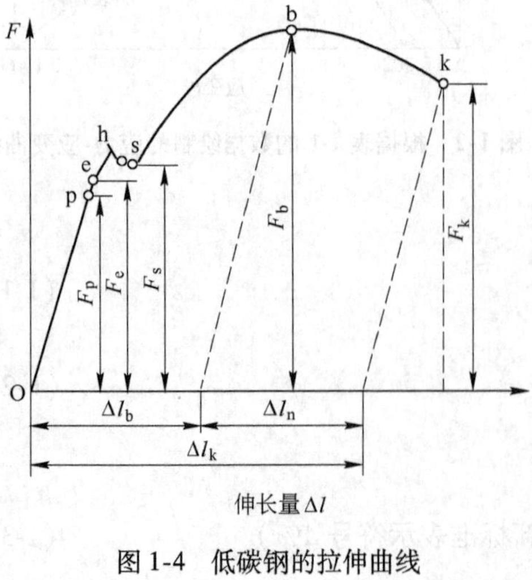

图 1-4　低碳钢的拉伸曲线

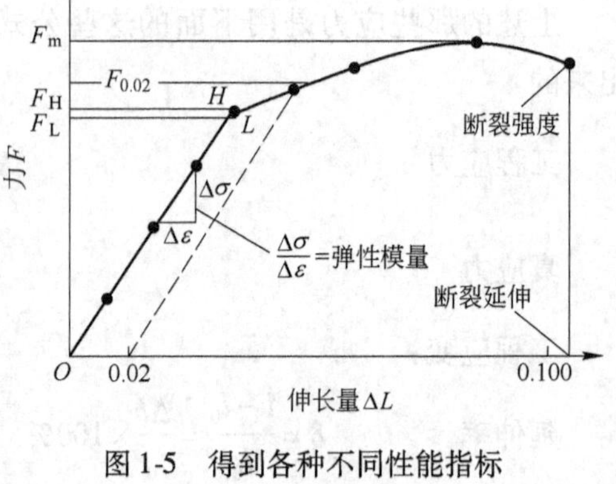

图 1-5　得到各种不同性能指标

始直径截取试样，原料比较粗大时加工成规定尺寸的试样。

下面结合低碳钢拉伸曲线（图1-4）说明各个不同载荷的物理意义。

F_p比例极限载荷：试样伸长随载荷成正比，保持直线关系的最大载荷。

F_e弹性极限载荷：开始产生微量塑性变形的载荷。F_e与F_p很接近。

F_s屈服：拉伸曲线上出现平台或锯齿，这种载荷不增加或减少的情况下，继续伸长的现象称为屈服（屈服后金属开始明显塑性变形，试样表面出现滑移带）。

形变强化：屈服后继续变形，须不断增加载荷。随着塑变的增大，抗力不断增大的现象为形变强化（加工硬化）。

F_b强度极限载荷：拉伸曲线上最大载荷的强度极限的载荷。

集中塑性变形：载荷达到最大值F_b后，在试样某部位截面开始急剧缩小，出现了“缩颈”，以后的变形主要集中在缩颈附近。

F_k断裂载荷：一般金属材料都有弹性变形阶段，而其他部分可能有可能无。弹性与塑性之间没有绝对的分界点。

对应与这些载荷，过去称为比例极限、弹性极限、甚至屈服极限等指标可以参照式（1-5）表示为$R_{p0.001}$、$R_{p0.005}$或者$R_{e0.01}$、$R_{0.2}$等。下角标 p、e 分别表示“比例”、“弹性”之意。

σ_b（R_m）抗拉强度（五大力学性能指标之一），同样参照式（1-8）计算得到。它在拉伸曲线上是均匀塑变和集中塑变的分界点（图1-4 中 b 点），是材料能承受的最大拉应力，是工程设计、材料研究、材料选择的主要依据之一。

$$R_m = \frac{F_m}{A_0} \tag{1-8}$$

断裂强度：S_k是指断裂载荷除以试样断裂处的截面积得到。

1.1.3 规定非比例伸长应力的测定方法

在新的国家标准中将过去很多（诸如比例极限、弹性极限、甚至屈服极限）强度指标，转化为“规定非比例伸长应力（延伸强度）”，其对应的残余变形范围如图1-3所示。

规定非比例伸长应力的测定方法，在国家标准中做了详细的规定，下面介绍两种测定方法。

1.1.3.1 拉伸试验确定“规定非比例伸长应力（延伸强度）”方法

规定非比例伸长应力用拉伸方法测定有几种方法，其中主要采用“逐级施力法”。

试验采用标准比例试样、引伸计和相应的力测量记录装置。

试样尺寸：直径 10mm，标距长度 50mm。试样夹在试验机夹头，安装引伸计（图1-6）。

在测定规定非比例伸长应力之前，估计材料的比例极限 R_p（或者称为比例延伸强度），现估计其为600MPa。具体测定方法是：取估计的比例极限的10%的载荷为初载荷F_0，即：$F_0 = 10\% \times A_0 \times R_p = 0.1 \times 78.5 \times 600 = 4710$N，取整为5000N。

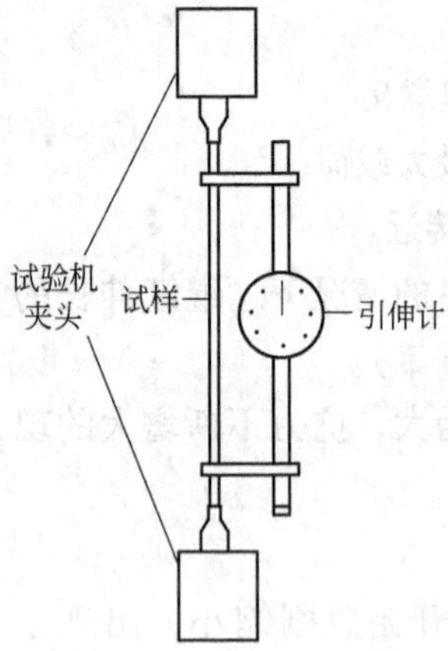

图1-6　试样夹持和安装引伸计

材料试验机施加初载荷5000N，在加初载荷状态将引伸计标定为零。引伸计的每一格为0.002mm。

然后将估计比例极限的80%的载荷分四级依次施加。$0.8R_p = 600 \times 0.8 \times 78.5 = 37680N$，取37000N。四等分，则每一级 $(37000 - 5000)/4 = 8000N$。其中第四级载荷还分为若干小等级——每一级增加25MPa左右。小等级载荷 $= 25 \times 78.5 = 1960$，取2000N。

如果要测定，非比例伸长量是0.01%的延伸强度，即 $R_{p0.01}$，所要求的引伸计伸长量为：

$$50 \times 0.01\% = 0.05mm$$

由于引伸计的每一格变化为实际伸长0.002mm，所以引伸计要转动 $0.005/0.002 = 2.5$ 格，才能引起试样0.05mm伸长。

在施加载荷的同时精确测量试样的伸长量。试验数据见表1-2。

表1-2　试验数据

载荷/N	5000	13000	21000	29000	37000	39000	41000	43000	45000	47000	49000
引伸计读数/格	10	22.5	34.5	46.0	58.0	61.0	64.0	67.5	71.5	77.5	86.0
读数增量/格	0	12.5	12.0	11.5	12.0	3.0	3.0	3.5	4.0	6.0	8.5

由表1-2数据计算弹性范围内小等级载荷引起的平均伸长量 Δl。数据说明，在41000N载荷之前，伸长量和载荷之间是满足线性关系。载荷从5000增加到41000，伸长量从10格增加到64格。所以小等级载荷引起的伸长量 $\Delta l = (64 - 10)/(41000 - 5000)/2000 = 3.0$ 格，也就是说，每2000N载荷增量引伸计伸长3个格。

对数据的分析说明，载荷超过41000N之后伸长量和载荷之间偏离线性关系。偏离长度达到2.5格的载荷是45000N（41000N偏离3.0格；45000N偏离了4.0格；而到47000N时引伸计格数77.5，比应该有的数据73格偏离了4.5格，比2.5格大多了。）。因此应该选45000N。但是这个45000N，还不是精确值 $R_{p0.01}$。这个精确值可以用内插法得到。根据偏离线性关系的载荷范围，这个值应该在45000至47000之间。因为这个力值之间引伸计偏离格数是1.5~4.5。所以这个阶段引伸计每格的载荷增量是 $= (47000 - 45000)/(4.5 - 1.5) = 666.7N/$格。45000N时只偏离1.5格，再偏离一格应该增加666.7N。所以对应载荷是 $45000 + 666.7 = 45666.7N$

因此修正后的 $R_{p0.01} = 45666.7/78.5 = 581.7MPa$

修正后　　$R_{p0.01} = 580MPa$

1.1.3.2　逐步逼近法确定规定非比例伸长应力

这个方法在拉伸试验中曲线比较精确并且可能没有明显的弹性直线段的情况下适合采用。

下面以测定条件屈服极限 $R_{0.2}$ 为例说明。

在图1-7所示的曲线上估计至少超过规定非比例延伸强度的某一值 $F^0_{0.2}$，对应曲线上

的 A_0 点。然后在曲线上分别确定 $F_{0.2}^0$ 的0.1倍和0.5倍的点。对应曲线上 D_1 和 B_1 点。过这两个点做直线。然后从原点沿水平方向取 OC 长度，等于规定延伸长度，即：

$$OC = 0.2\% L_0 n$$

式中 L_0——试样的标距长度；

n——所作曲线（图1-7）的放大倍数。

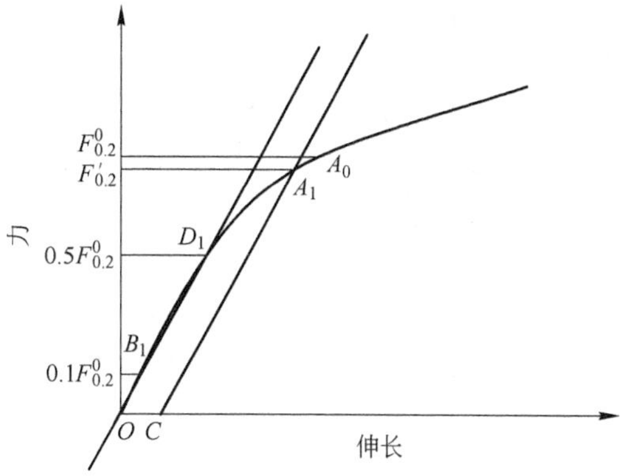

图1-7 逐步逼近法确定规定非比例伸长应力示意图

然后过 C 点做直线 CA_1，平行于 D_1B_1。交曲线于 A_1。如果 A_1 点与 A_0 点重合，$F_{0.2}^0$（当然也是 $F'_{0.2}$）就是规定非比例伸长应力。如果不重合，再取 $F'_{0.2}$ 的0.1和0.5倍的载荷，以及对应的点 D_2B_2，连接这两个点做直线，过 C 点做这个直线的平行线，与拉伸曲线相交于 A_2 点，得 $F_{0.2}^2$，看是否与 A_1 点重合，如果重合，这个载荷便是；如果不重合，继续做相同的操作直到第 A_n 次交点 A_{n-1} 次交点重合。则 A_n 次的力 $F_{0.2}^n$ 即为造成规定非比例延伸0.2%的力。

$$R_{0.2} = \frac{F_{0.2}^n}{A_0}$$

这样得到的 D_nB_n 曲线的斜率可作为确定其他规定非比例伸长应力的基准斜率。以此斜率分别测定 $R_{p0.01}$、$R_{p0.1}$、$R_{p0.05}$ 等。

当然这个斜率也可以作为材料弹性模量的参考值。

1.1.4 不同材料和不同类型的应力-应变曲线

退火的低碳钢的拉伸曲线具有非常典型的特征（图1-4），以此为例说明曲线上不同变形阶段和曲线上的划分。

拉伸过程中金属的变形可分为弹性变形、屈服、均匀塑性变形、不均匀集中塑性变形四个阶段。

（1）弹性变形（Oe段）、曲线基本上是直线，应力-应变之间呈线性关系。

（2）屈服（hs段，塑性屈服）、金属开始发生塑性屈服（发生不可自行恢复的永久变形）。是从局部位置个别晶粒（达到临界分切应力的晶粒）开始，所以是非均匀变形。

（3）均匀塑性变形（sb段）：随应力的增大，试样整体发生均匀变形。

（4）不均匀集中塑性变形（bk段，即“缩颈”现象），曲线上表现为应力下降的情况下变形继续进行，至k点断裂。

需要指出的是，塑性阶段仍然伴随弹性变形，只是此时外观上表现出不可逆的塑性变形。

不同材料的曲线差别很大，有些材料只有弹性变形阶段，如陶瓷和淬火高碳钢；有些材料没有不均匀的塑性屈服阶段，如有色金属。不同材料的拉伸曲线如图1-8所示。

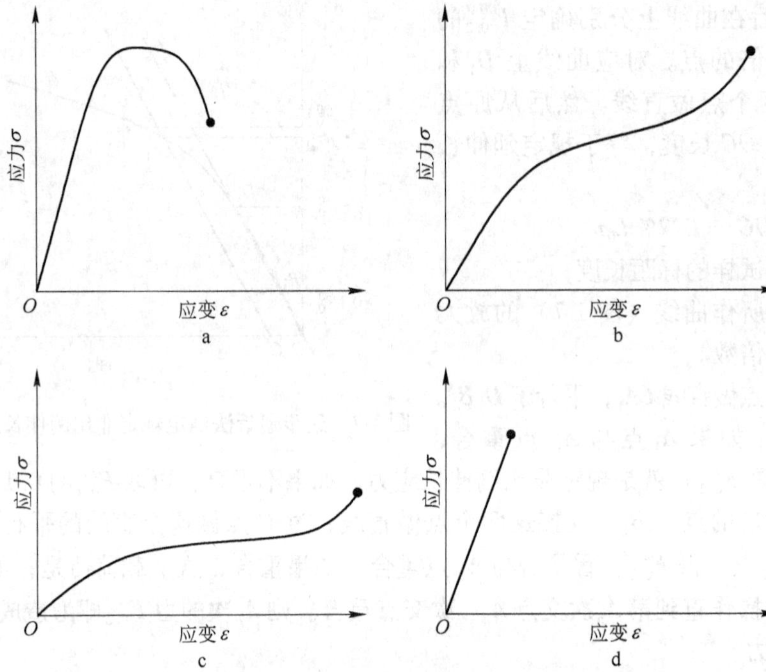

图 1-8　不同材料或者不同条件的应力应变曲线

a—金属；b—弹性体；c—T_g 温度以上的热塑性材料；d—陶瓷、玻璃和水泥

1.2　真实应力-真应变曲线

正如 1.1 节所述，试样承受载荷开始变形以后，由于试样的尺寸与其原始值相比已有改变，实际试样每单位面积承受的应力不同于上述计算公式计算的结果。对这部分的工程应力-应变曲线必须谨慎地加以诠释。使用真实应力 $S=F/A$，而不是工程应力 $\sigma(R)=F/A_0$，可以更直接地度量材料在塑性流动范围内的响应。与真实应力相对应的常用的应变度量方法，则是取应变的增量为位移的增量除以当前的长度：dL/L 通常称此为“真实”应变或“对数”应变。

在屈服及随后的塑性流动期间，材料流动引起的体积改变可忽略不计，因为长度增加的影响被横截面面积的减小抵消了。在颈缩前，应变沿整个试样长度仍旧是相同的，体积不变的约束条件可写成：

由于　$$dV=0 \tag{1-9}$$

所以　$$AL=A_0L_0$$

即　$$\frac{L}{L_0}=\frac{A_0}{A} \tag{1-10}$$

L/L_0 比值称为伸长比。

应用式（1-11）、式（1-12）容易导出拉应力和拉应变的真实值与工程测量值之间的关系：

$$A=A_0-\Delta A=A_0\left(1-\frac{\Delta A}{A_0}\right)=A_0(1-\Psi) \tag{1-11}$$

$$L = L_0 + \Delta L = L_0\left(1 + \frac{\Delta L}{L_0}\right) = L_0(1 + \delta) \tag{1-12}$$

在均匀变形阶段，延伸率和断面收缩率之间存在如下关系

$$(1 - \Psi)(1 + \delta) = 1$$

$$\delta = \frac{\Psi}{1 - \Psi} \tag{1-13}$$

$$\Psi = \frac{\delta}{1 + \delta} \tag{1-14}$$

真应力与工程应力之间

$$S = \sigma(1 + \delta) \tag{1-15}$$

真应变则是每一时刻的伸长 dL，对于原始长度的比值。所以累加起来：

$$\int_{L_0}^{L_k} \frac{dL}{L_0} = \ln\frac{L_k}{L_0} = \ln(1 + \delta) \tag{1-16}$$

式中，L_k 是图 1-4（或图 1-9）中 k 点对应的试样长度。

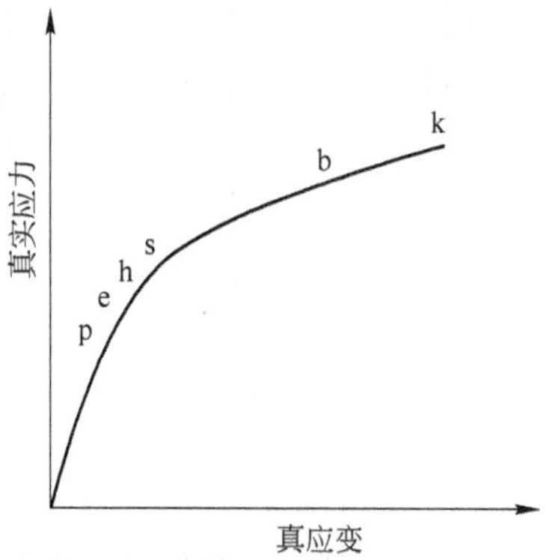

图 1-9　钢的真应力 - 真应变曲线

1.3　拉伸试验的相关问题

1.3.1　试样的规格、尺寸

试样的截面积必须是均匀的（切口拉伸试验的试样除外）。这样拉伸载荷作用沿试样全长均匀分布，能够正确测定试样的各种性能指标。对于截面积不同大小的试样（如螺纹钢筋）要按照直径对应的公称（理论）截面积计算载荷。对于厚度特别小的薄板，由于试样制备时的剪切过程造成边缘的厚度变化，容易造成测量误差。所以应该采用千分尺这样的工具测量其厚度，而不用卡尺这样的工具。

试样在拉伸时的延伸，在拉伸曲线上当载荷达到 F_b（图 1-4）时，试样继续伸长而外力则不断降低，这就是刚才提到的最后的不均匀变形。这个时候，试样上出现局部地方变细，其他地方不变形的情况。式（1-3）表示的伸长数据自然包括了均匀变形和不均匀变形两部分变形。所以将变形划分为均匀变形和非均匀变形。

有人做了非常详细的研究：将不同直径的线材制成许多不同长度的试样，分别进行拉伸试验，并将结果绘制成试样的长度和试样延伸率之间关系曲线（图 1-10 和图 1-11）。

拉伸试样结果说明了两个问题：(1) 不同直径的试样，试样的长度增加，延伸率是不断减小的；(2) 试样截面积越大延伸率越大。24mm^2 截面积试样其长度 200mm 时得到的延伸率与 6mm^2 试样 50mm 长度上得到的延伸率相等（图 1-10，注意横坐标的增加方向是自右至左）。

如果把试样的总伸长量表示成均匀变形伸长量 ΔL_1 和非均匀变形伸长量 ΔL_2 的和，则

$$\Delta L = \Delta L_1 + \Delta L_2$$

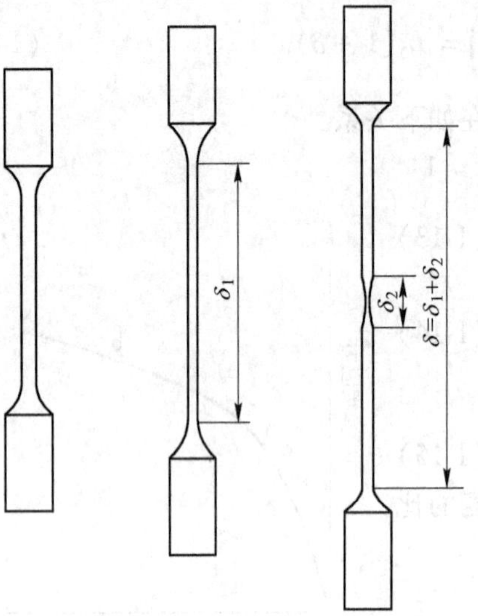

图 1-10 试样上形成的均匀伸长和不均匀伸长

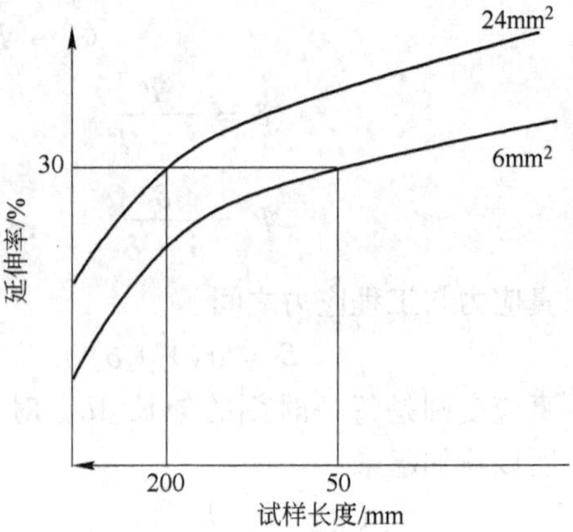

图 1-11 不同直径的金属丝延伸率与试样直径的关系

试验证明，其中均匀变形伸长量 ΔL_1 主要与试样的原始长度有关，可以表示为

$$\Delta L_1 = al_0$$

非均匀变形伸长量 ΔL_2 则与试样的截面积有关

$$\Delta L_2 = b\sqrt{A_0}$$

式中 a，b——材料常数。

如果
$$\delta = \frac{\Delta L}{l_0}$$

则
$$\delta = \frac{\Delta L}{l_0} = a + b\frac{\sqrt{A_0}}{l_0}$$

这个结果说明，要得到相同的延伸率数值，必须保证试样的 $\sqrt{A_0}/l_0$ 比值是个常数才可以。

所以进行拉伸试验时必须考虑试样的尺寸。所以进行拉伸试验的试样在国家标准和国际标准中都明确规定，试样原始截面积 A_0 和试样标距长度 l_0 之间要保持一个特定的比例：

规定 $l_0/\sqrt{A_0}$ 等于 5.65 或者 11.3。对于圆柱体试样，刚好是长度为直径的 5 倍或者 10 倍，称为比例试样，并且分别称为短试样和长试样。

如果被试验材料不能制作这个规格的试样，可以制作非比例试样，其延伸率值要按照国家标准进行换算。

1.3.2 双向拉伸试验和数据的应用

1.3.2.1 双向拉伸试验

在不同的工程领域，有时候为了考察材料在不同应力状态或双向应力状态下的静载力学性能，采用双向拉伸试验和相关试样。

典型的双向拉伸试样有如图 1-12 所示的几种形式。

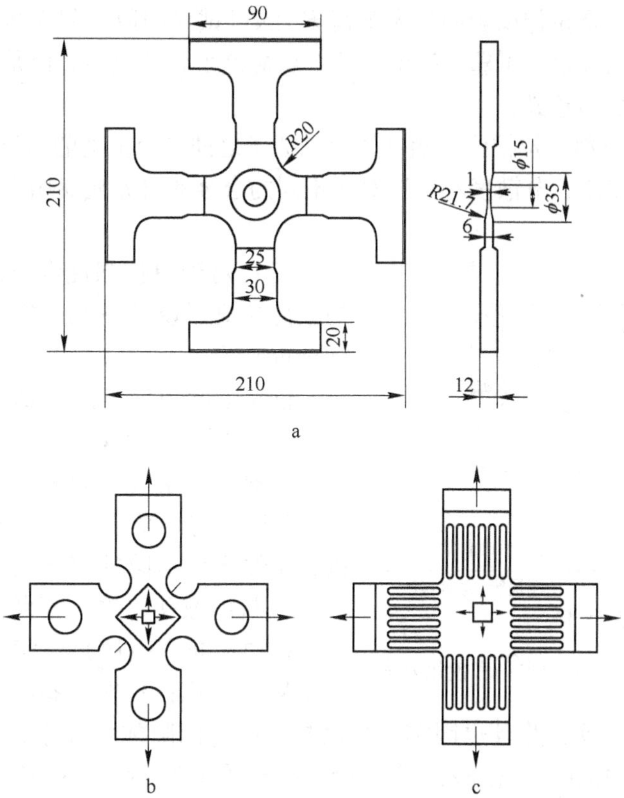

图 1-12 几种形式的十字试样

a—典型的板材试样；b—带过渡圆角的十字试样；c—开槽的十字试样

这样拉伸的主要目的当然是考察材料在双向应力状态下的抵抗断裂和抵抗变形的能力。试样的这种形式也是为了应力均匀分布。拉伸试验装置如图 1-13 所示。

试验结果分别以 x 方向和 y 方向强度指标表示。

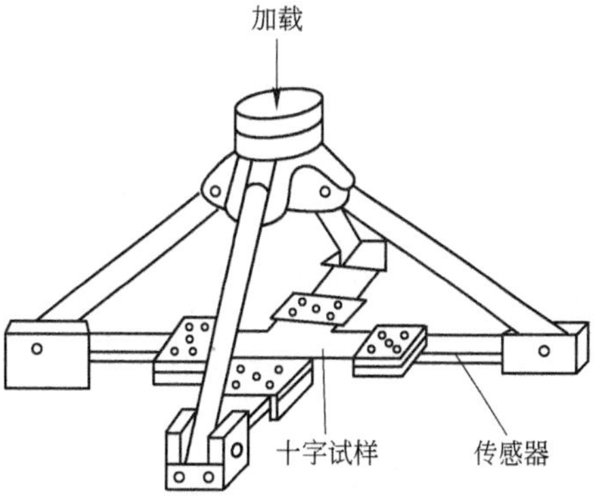

图 1-13 十字试样拉伸装置

1.3.2.2 拉伸试验数据的应用

试验得到的试样延伸率的数据是表面光滑、截面均匀的小试样、在特定条件下的指标，不同于实际构件的真实延伸性能。例如某钢材试样的延伸率是 20%，这个钢材制成钢丝架在相距 200m 的江两岸，那么这个钢丝受拉伸载荷发生断裂时绝不可能延伸 40m，也许只能延伸 1 ~ 2m 或者更少。构件尺寸越大，性能指标越低。

各种手册上给出的拉伸试验的数据往往是若干试样的统计平均值，一个有具体性能指标的材料加工成十个试样进行同样的拉伸试验，则这个数据中可能出现强度指标有 10% 的波动，塑性指标有 20% 的波动，这是完全正常的（冲击指标可能出现 50% 的波动、疲劳指标可能出现 80% 的波动）。所以，对于各种手册给出的数据要批判地使用。

金属的抗拉强度是拉伸试验中最大载荷 F_m 除以试样的原始截面积得到的商，因为多数试样在断裂时候已经发生了塑性变形，这个载荷是个名义应力。但是这样的数据有什么意义呢？有两个方面的意义：

（1）对于金属材料，抗拉强度表征了金属原子之间结合强度的信息，所以抗拉强度试验数据往往是比较稳定，分散度小。这对于不同的合金的研究或应用来讲具有很重要的参考价值。

（2）对于只按强度考核的构件，发生断裂的载荷要根据设计图纸进行计算，所以强度指标是重要的。

仅从强度角度考虑零部件使用寿命时具有如图 1-14 所示的形式。

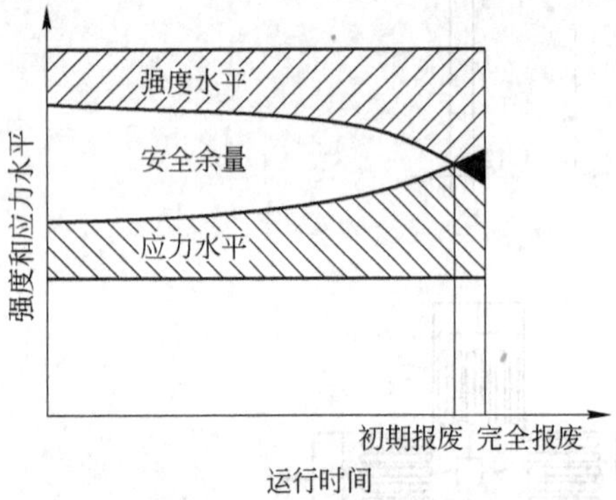

图 1-14 零部件强度、应力水平和使用寿命

由图 1-14 看出，材料或者零部件的强度是一个范围，这个范围在不同材料和（或）不同试验条件下有不同的离散区间，而且在使用过程中不断离散化，并且不断降低，这是由于运行过程中不断产生磨损、疲劳和缺陷增加或集中使强度变化；其次，零部件承受的应力水平更是一个宽的变化范围，并且也因零部件磨损、配合间隙加大等原因在离散化和不断提高。当安全余量消失的时候就进入初期报废，根据零部件使用条件不同达到一定的交叉程度，零部件便完全报废。

2 金属在其他静载荷下的力学性能

研究金属材料在常温静载荷下的力学性能时，除采用单向静拉伸试验方法外，有时还选用压缩、弯曲、扭转等试验方法。选用这些方法的目的是：

（1）很多机件或工具在实际服役时常承受弯矩、扭矩或轴向压力的作用，或其上有螺纹、空洞、台阶等引起应力集中的部位，有必要测定制造这类机件或工具的材料在相应承载条件下的力学性能指标，作为设计和选材的依据。

（2）不同的加载方式在试样中将产生不同的应力状态。金属材料在不同应力状态下所表现的力学行为不完全相同，因此，选用不同应力状态的试验方法，便于研究材料相应力学性能的变化。

本章将首先介绍应力状态软性系数的概念，然后介绍压缩、弯曲、扭转和切口静拉伸等试验方法及其所测定的主要力学性能指标。

金属硬度试验方法在工业生产及科研中的应用极为广泛。常用的布氏硬度、洛氏硬度和维氏硬度等试验方法属于静载压入试验。本章将硬度试验也作为一种静载荷试验方法，一并介绍。

2.1 应力状态软性系数

塑性变形和断裂是金属材料在静载荷下失效的主要形式。它们是金属所承受的应力达到其相应的强度极限而产生的。当金属所受的最大切应力 τ_{max} 达到屈服强度 τ_s（相当于拉伸时的屈服点 σ_s）时，产生屈服；当 τ_{max} 达到切断强度 τ_k 时，产生剪切型断裂；当最大正应力 σ_{max} 达到正断强度时，产生正断型断裂。但同一种金属材料，在一定承载条件下产生何种失效形式，除与其自身的强度大小有关外，还与承载条件下的应力状态有关。不同的应力状态，其最大正应力 σ_{max} 与最大切应力 τ_{max} 的相对大小是不一样的。因此，对金属的变形和断裂性质将产生不同的影响。为此，我们必须知道在不同的静加载方式下试样中 τ_{max} 和 σ_{max} 的计算方法及其相对大小的表示方法。

材料力学中已述及，任何复杂应力状态都可用三个主应力 σ_1、σ_2 和 σ_3（$\sigma_1 > \sigma_2 > \sigma_3$）来表示。根据这三个主应力，可以按“最大切应力理论”计算最大切应力，即 $\tau_{max} = (\sigma_1 - \sigma_3)/2$；按“相当最大正应力理论”计算最大正应力，即 $\sigma_{max} = \sigma_1 - \nu(\sigma_2 + \sigma_3)$，$\nu$ 为泊松比。τ_{max} 与 σ_{max} 的比值表示它们的相对大小（式 2-1），称为应力状态软性系数，记为 α。对于金属材料，ν 取 0.25 或 0.3，则 α 值为：

$$\alpha = \frac{\tau_{max}}{\sigma_{max}} = \frac{\sigma_1 - \sigma_3}{2\sigma_1 - 2\nu(\sigma_2 + \sigma_3)} \tag{2-1}$$

例如，单向拉伸时的应力状态只有 σ_1，$\sigma_2 = \sigma_3 = 0$，代入式（2-1）后得 $\alpha = 0.5$。

常用的几种静加载方式的应力状态软性系数 α 值列于表 2-1。

表 2-1 不同加载方式的应力状态软性系数（$\nu=0.25$）

加载方式	主应力			软性系数 α
	σ_1	σ_2	σ_3	
三向不等拉伸	σ	$8/9\sigma$	$8/9\sigma$	0.1
单向拉伸	σ	0	0	0.5
扭 转	σ	0	$-\sigma$	0.8
二向等压缩	0	$-\sigma$	$-\sigma$	1
单向压缩	0	0	$-\sigma$	2
三向不等压缩	$-\sigma$	$-1/3$	$-7/3\sigma$	4
平面应变（设 $\sigma_1=\sigma_2$）	σ	σ	$2\nu\sigma$	3/8

工程实践证明，材料或者构件承受拉应力载荷时容易断裂或者破坏，而承受压应力载荷时可能相对比较安全。结合应力状态软性系数讨论时，α 值比较大说明剪应力分量比较大，反之亦然。

α 值越大的试验方法（或者工作状态），试样承受的应力状态越“软”，所以试样或金属越易于产生塑性变形，因而可能发生韧性断裂。反之，α 值越小的试验方法，试样中最大正应力分量越大，应力状态越“硬”，金属越不易产生塑性变形而易于产生脆性断裂。

由表 2-1 可见，单向静拉伸的应力状态较硬，故一般适用于那些塑性变形抗力与切断强度较低的所谓塑性材料的性能测定。对于那些正断强度较低的所谓脆性材料（如淬火并低温回火的高碳钢、灰铸铁及某些铸造合金），在这种加载方式下试验金属将产生脆性正断，显示不出它们在韧性方面的各种力学行为和能力。此时，应该采用在弯曲、扭转等应力状态较“软”的加载方式下试验，则可以揭示那些客观存在而在静拉伸下不能反映的塑性性能。反之，对于塑性特别好的金属材料，则常采用三向不等拉伸的加载方法，使之在更“硬”的应力状态下显示其脆性倾向。

假设我们知道材料的正断抗力 $\sigma_{fracture}$，又知道这个材料的剪断抗力 $\tau_{fracture}$，那么我们根据试样或工件受力状态的软性系数，就可以知道这个工件发生什么类型的断裂了。我们可以做应力状态图——以正应力为横坐标，以剪应力为纵坐标，然后在这个坐标系上表示出正断抗力 $\sigma_{fracture}$ 和剪断抗力 $\tau_{fracture}$，应力状态图就做成了（图 2-1）。通常发生剪切断裂属于塑性（韧性）断裂，所以在断裂之前总是有一部分塑性变形，此时把开始塑性变形是载荷称为 τ_{strain}，实际上这是与屈服强度对应的塑性变形抗力指标，也标在应力状态图上。

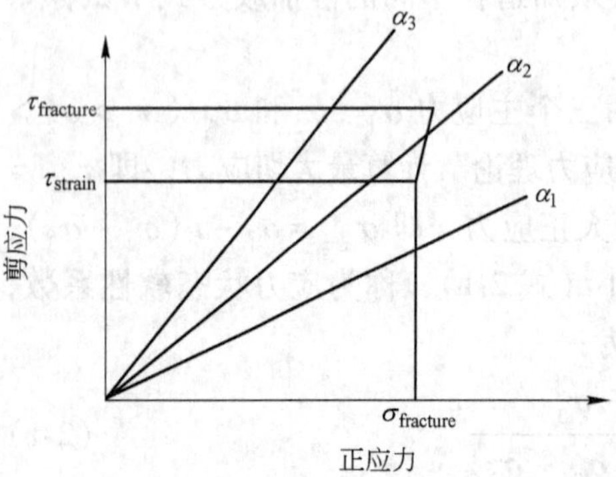

图 2-1 某材料的应力状态及软性系数

由于坐标系是正应力和剪应力，所以从原点引出的任何一条射线都表示一个 α。水平线表示

$\alpha=0$，纵坐标表示 $\alpha=\infty$。另外应力状态图的矩形区域之外材料发生断裂，并且 $\sigma_{fracture}$ 线的右侧发生正断——脆性断裂；$\tau_{fracture}$ 线的上方发生剪切断裂——塑性断裂。

现在有 α_1、α_2、α_3 三个不同的受力状态，由于它们和状态图的交点不同，所以发生不同的断裂：α_1 状态发生脆断；α_2 受力状态先发生一定的塑性变形，然后脆断；而 α_3 则先发生塑性变形，然后发生剪切断裂，属于韧性断裂。

以上的分析说明，从应力状态的角度说，不存在材料是韧性材料还是脆性材料的问题。同一个材料可以发生脆性断裂，改变了应力状态，还可以发生韧性断裂。

2.2 压　缩

压缩是许多工程构件受力方式，如各种机器设备底座、连杆、支架、桥墩等。压缩状态材料失效的主要形式有弹性失稳、压缩变形和压缩断裂。

2.2.1 压缩试验的特点

单向压缩试验的应力状态软性系数 $\alpha=2$，比拉伸、扭转、弯曲的应力状态都软，所以主要用于拉伸时呈脆性的金属材料力学性能测定，以显示这类材料在塑性状态下的力学行为。图 2-2 比较了拉伸曲线和压缩曲线。对于同样的试样而言，压缩曲线总是在拉伸曲线的上方。压缩试验目前使用比较多的是水泥构件的抗压强度测量、脆性金属材料的抗压强度测量等。

拉伸时塑性很好的材料在压缩时只发生压缩变形而不会断裂（图 2-3）。脆性金属材料在拉伸时产生来自于载荷轴线的正断，塑性变形量几乎为零，而在压缩时除能产生一定的塑性变形外，常沿与轴线呈 45°方向产生断裂，具有切断特征。

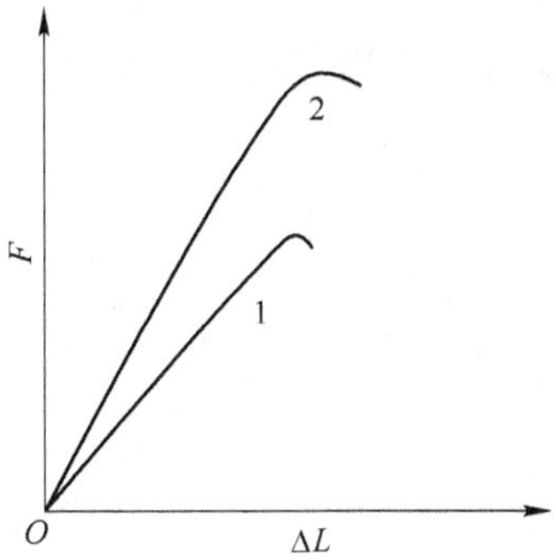

图 2-2　低碳钢拉伸和压缩曲线的比较

1—拉伸；2—压缩

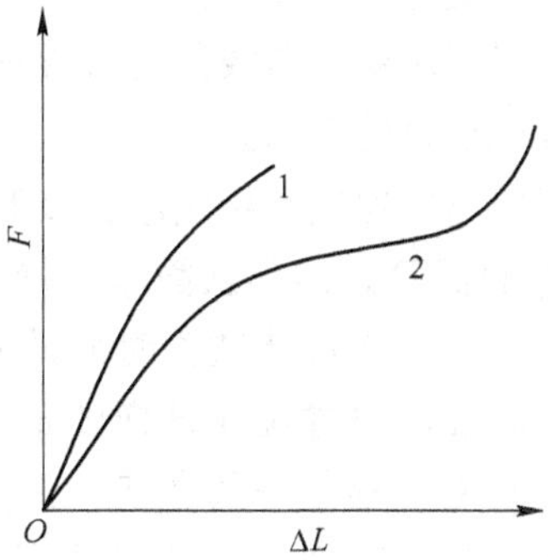

图 2-3　不同材料的压缩曲线

1—脆性材料；2—塑性材料

2.2.2 压缩试验

压缩试验用的试样其横截面为圆形或正方形，试样长度一般为直径或边长的 2.5～3.5 倍。在有侧向约束装置以防试样屈曲的条件下，也可采用板状试样。

通过压缩试验主要测定脆性材料的抗压强度 σ_{bc}。如果在试验时金属材料产生明显屈服现象，还可测定压缩屈服点 σ_{sc}。金属在压缩变形时试样表面可以产生显著的应变而不开裂。例如直径8mm的试样压缩70%时中间直径可以增加到13mm而表面不形成裂纹，如果计算表面部分沿切向变形可以达到62.5%。这是塑性材料在拉伸状态下不能达到的。

试样压至破坏过程中的最大应力称为抗压强度。从压缩曲线上确定最大压缩力 F_{bc}（或直接从试验机的测力度盘上读出），然后按式（2-2）计算：

$$\sigma_{bc}=\frac{F_{bc}}{A_0} \tag{2-2}$$

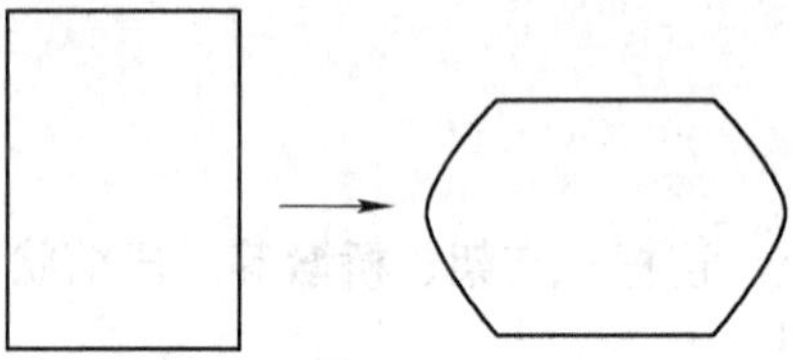

图2-4　压缩试验的变形情况

压缩试验总是将圆柱体试样压缩成圆鼓肚形。变形只在试样的中心部分，而上、下表面附近几乎没有横向扩展变形（图2-4）。

试样的表面与试验机压头接触不能发生横向变形这个事实说明，压缩试验的结果与试样表面状态和润滑情况密切相关。应该注意试验条件的同一性。

2.3　弯　曲

2.3.1　弯曲载荷的作用特点

金属杆状试样承受弯矩作用后，其内部应力主要为正应力，与单向拉伸和压缩时产生的应力雷同，但由于杆件截面上的应力分布不均匀，表面最大，中心为零，且应力方向发生变化，因此，金属在弯曲加载下所表现的力学行为与单纯拉应力或压应力作用下时不完全相同。例如，很多材料的拉伸弹性模量与压缩弹性模量不同，而弯曲弹性模量却是两者的复合结果。又如，在拉伸或压缩载荷下产生屈服现象的金属，在弯曲载荷下显示不出来。因此，对于承受弯曲载荷的机件如轴、板状弹簧等，常用弯曲试验测定其力学性能，以作为设计或选材的依据。

弯曲试验与拉伸试验相比还有以下特点：

（1）弯曲试验试样形状简单、操作方便。同时，弯曲试验不存在拉伸试验时的试样偏斜（力的作用线不能准确通过拉伸试样的轴线而产生附加弯曲应力）对试验结果的影响，并可用试样弯曲的挠度显示材料的塑性或者弹性变形能力。因此，弯曲试验方法常用于测定铸铁、铸造合金、工具钢及硬质合金等脆性与低塑性材料的强度和显示塑性的差别。图2-5所示为热处理工艺对合金工具钢弯曲力学性能影响的试验结果，据此可确定最佳淬火温度范围。

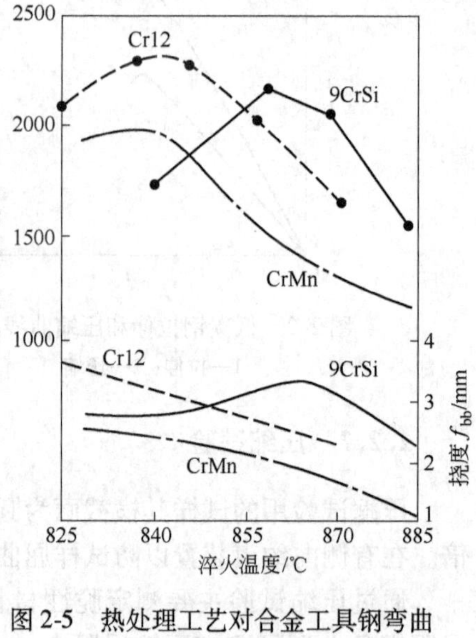

图2-5　热处理工艺对合金工具钢弯曲力学性能影响的试验结果

（2）弯曲试样表面应力最大，受力表面两侧形成最大拉应力和最大压应力。可较灵敏地反映材料表面缺陷。因此，常用来比较和鉴别渗碳层和表面淬火层等表面热处理机件的质量和性能。

2.3.2 弯曲试验

弯曲试验时，将圆柱形或矩形试样放置在一定跨距 L 的支座上进行三点弯曲（图 2-6）或四点弯曲（图 2-7）加载，通过记录弯曲力 F 和试样挠度 f 之间的关系曲线（图 2-8），确定金属在弯曲力作用下的力学性能。

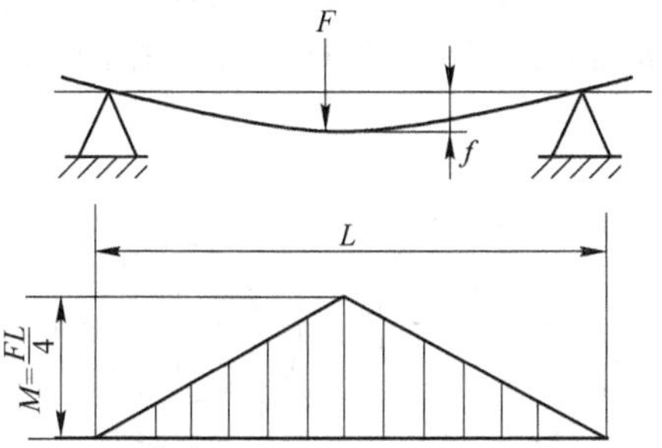

图 2-6　三点弯曲的挠度和弯矩

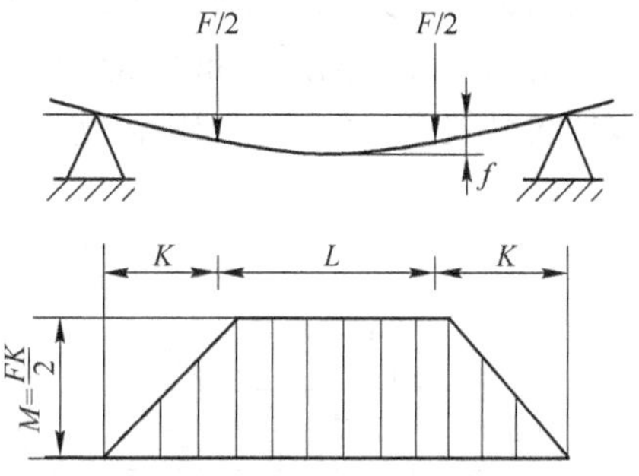

图 2-7　四点弯曲的挠度和弯矩

试样在弹性范围内弯曲时，受拉侧表面的最大弯曲应力 σ 按式（2-3）计算：

$$\sigma = \frac{M}{W} \tag{2-3}$$

式中　M——最大弯矩，三点弯曲时，$M = \frac{FL}{4}$，四点弯曲时 $M = \frac{FK}{2}$；

W——试样抗弯截面系数，直径为 d 的圆柱试样，$W = \pi d^3/32$；宽度为 b、高度为 h 的矩形试样，$W = bh^2/6$。

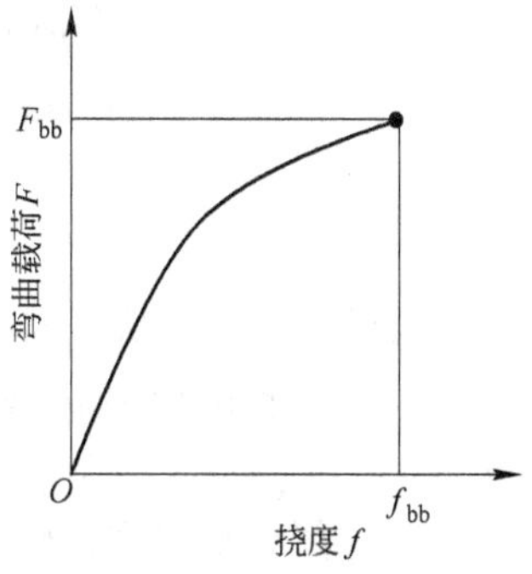

图 2-8　弯曲试验曲线

弯曲试验主要测定脆性或低塑性材料的抗弯强度。试样弯曲至断裂前达到的最大弯曲力，按弹性弯曲应力公式计算的最大弯曲应力，称为抗弯强度。从图 2-8 所示的曲线上 B 点读取最大弯曲力 F_{bb}，或从试验机测力度盘上直接读出 F_{bb}，然后计算断裂前的最大弯矩，再按式（2-3）计算。

弯曲试验还可测定弯曲弹性模量、断裂挠度 f_{bb} 和断裂能量 U 等力学性能指标。

弯曲试验所用圆形截面试样的直径 d 为 5～45mm，矩形截面试样的 $h \times b$ 为 5mm×7.5mm（或 5mm×5mm）～30mm×40mm（或 30mm×30mm）。试样的跨距 L 为直径 d 或高度 h 的 16 倍，要求试样有一定的加工精度，但铸铁弯曲试样表面可不加工。

σ_{bb} 是灰铸铁的重要力学性能指标。灰铸铁的抗弯性能优于抗拉性能。球铁和可锻铸铁的 σ_{bb} 比灰铸铁的大得多，如珠光体球铁的 σ_{bb} 为 700～1200MPa，为抗拉强度的 1.6～1.9 倍。

2.4　扭　　转

2.4.1　扭转试验的特点

当圆柱试样承受扭矩 T 进行扭转时，试样表面的应力状态如图 2-9a 所示。在与试样轴线呈45°的两个斜截面上作用最大与最小正应力 σ_1 及 σ_3，在与试样轴线平行和垂直的截面上作用最大切应力 τ。两种应力的比值近于1。在弹性变形阶段，试样横截面上的切应力和切应变沿半径方向的分布是线性的（图 2-9b）。当表层产生塑性变形后，切应变的分布仍保持线性关系，但切应力则因塑性变形而有所降低，不再呈线性分布（图 2-9c）。

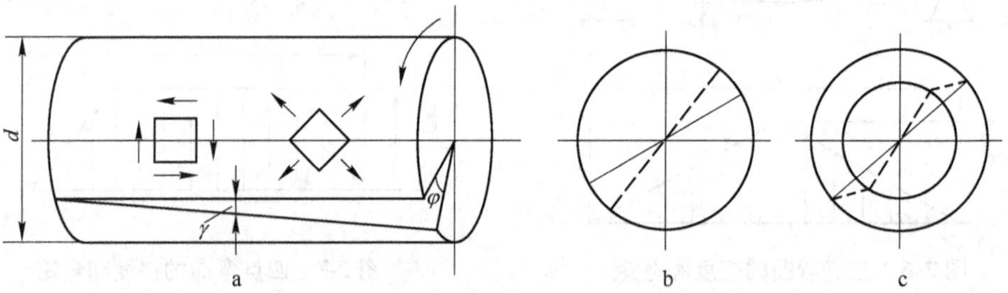

图 2-9　圆柱体试样扭转作用力下的应力与应变分布
a—试样表面应力状态和扭转角；b—弹性变形阶段的应力与应变；
c—弹性、塑性变形阶段的应力与应变
实线—应变；虚线—应力

根据上述应力状态和应力分布，可以看出扭转试验具有如下特点：

（1）扭转的应力状态软性系数 $\alpha = 0.8$，比拉伸时的 α 大，易于显示金属的塑性行为。

（2）圆柱形试样扭转时，整个长度上塑性变形是均匀的，没有缩颈现象，所以能实现大塑性变形量的试验。高温扭转试验（热扭转试验）可以用来研究金属在热加工条件下的流变性能与断裂性能，评定材料的热压力加工性，并为确定生产条件下的热压力加工工艺（如轧制、锻造、挤压）参数提供依据。

（3）能较敏感地反映出金属表面缺陷及表面硬化层的性能。因此，可利用扭转试验研究或检验工件热处理的表面质量和各种表面强化工艺的效果。

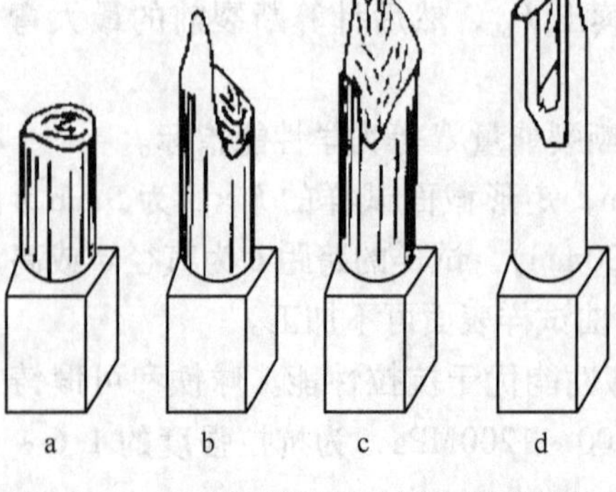

图 2-10　几种不同材料的扭转断裂形貌

（4）扭转时试样中的最大正应力与最大切应力在数值上大体相等，而生产上所使用的大部分金属材料的正断强度大于切断强度，所以，扭转试验是测定这些材料切断强度最可靠的方法。此外，根据扭转试样的宏观断口特征，还可明确区分金属材料最终断裂方式是正断还是切断。塑性材料的断裂面与试样轴线垂直，断口平整，有回旋状塑性变形痕迹（图 2-10a），这是由切应力造成的切断；脆性材料的断裂面与试样轴线成 45°角，呈螺旋状（图 2-10b、图 2-10c），这是在正应力作用下产生的正断；图 2-10d 为木纹状断口，断裂面顺着试样轴线形成纵向剥层或裂纹，这是因为金属中存在较多的非金属夹杂物或偏析，并在轧制过程中使其沿轴向分布，降低了试样轴向切断强度造成的。因此，可以根据断口宏观特征来判断承受扭矩而断裂的机件的性能。

2.4.2 扭转试验

扭转试验主要采用直径 $d_0=10\text{mm}$、标短长度 L_0 分别为 50mm 或 100mm 的圆柱形试样。试验时，对试样施加扭矩 T，随扭矩增加，试样标距 L_0 间的两个横截面不断产生相对转动，其相对扭角以 φ（单位为 rad）表示。金属扭转时的扭矩-扭角（T-φ）曲线（扭转曲线）如图 2-11 所示。

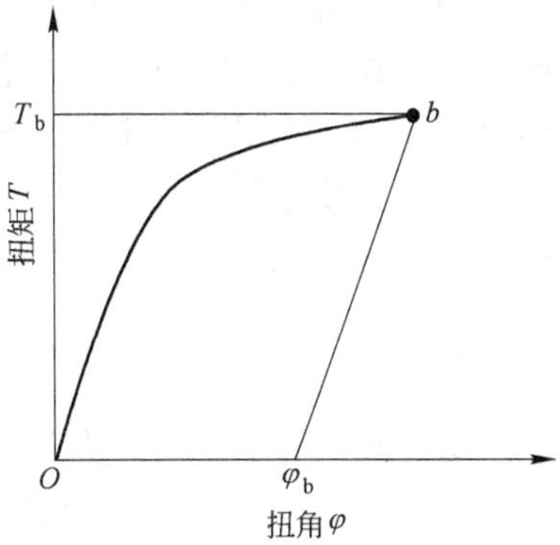

图 2-11　扭转曲线（扭矩-扭角图）

试样在弹性范围内在表面处的切应力 τ 和切应变 γ 为：

$$\tau=\frac{T}{W} \tag{2-4}$$

$$\gamma=\frac{\varphi d_0}{2L_0} \tag{2-5}$$

式中　W——试样抗扭截面系数，圆柱试样 $W=\pi d^3/16$。

扭转试验可测定下列主要性能指标：

（1）切变模量 G。在弹性范围内，切应力与切应变之比称为切变模量。测出扭矩增量 ΔT 和相应的扭角增量 $\Delta\varphi$，求出切应力、切应变，即可得

$$G=\frac{32\Delta TL_c}{\pi\Delta\varphi d_0^4} \tag{2-6}$$

（2）扭转屈服点 τ_s。具有明显拉伸物理屈服现象的金属材料，扭转试验时也同样有屈服现象。在扭转曲线或试验机扭矩度盘上读出屈服时的扭矩 T_s，按式（2-7）就可计算出扭转屈服点 τ_s

$$\tau_s=\frac{T_s}{W} \tag{2-7}$$

倘若扭转屈服时扭矩有波动现象，则需测定上屈服点和下屈服点。

（3）抗扭强度 τ_b。试样在扭断前承受的最大扭矩（T_b），利用弹性扭转公式计算的切应力称为抗扭强度。

$$\tau_b=\frac{T_b}{W} \tag{2-8}$$

τ_b 可从扭转曲线上求出或从试验机扭矩度盘上读出。

2.5 切口试样静载荷试验

2.5.1 切口效应

前面介绍的拉伸、压缩、弯曲、扭转等静载荷试验方法，都是采用横截面均匀的光滑试样，但实际生产中的机件，绝大多数都不是截面均匀而无变化的光滑体，往往存在截面的急剧变化，如键槽、油孔、轴肩、螺纹、退刀槽及焊缝等。这种截面变化的部位可视为“切口”。由于切口的存在，在静载荷作用下，切口截面上的应力状态将发生变化，产生所谓“切口效应”，从而影响金属材料的力学性能。

2.5.1.1 切口试样在弹性状态下的应力分布

设一薄板的边缘开有切口，并承受拉应力 σ 作用。当板材处于弹性范围内时，其切口截面上的应力分布如图 2-12 所示。由图 2-12 可见，切口截面上的应力分布是不均匀的。轴向应力 σ_y 在切口根部最大。随着离开根部距离的增大，σ_y 不断下降，即在切口根部产生应力集中。其最大应力决定于切口几何参数（形状、深度、角度及根部曲率半径），以根部曲率半径影响最大，切口越尖锐，应力越大。

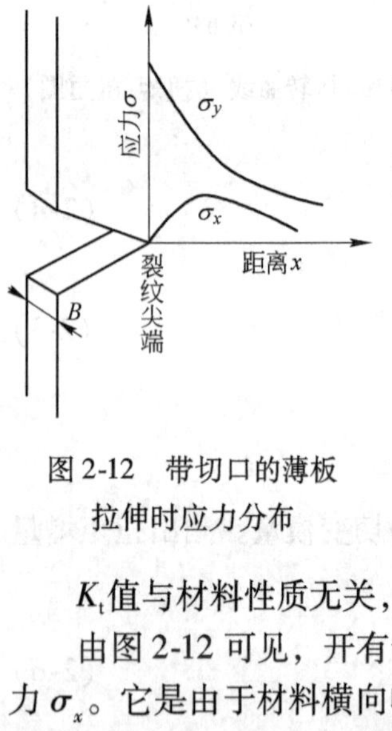

图 2-12 带切口的薄板拉伸时应力分布

切口引起的应力集中程度通常用理论应力集中系数 K_t 表示。K_t 定义为切口净截面上的最大应力 σ_{max} 与平均应力 σ 之比，即

$$K_t = \frac{\sigma_{max}}{\sigma} \tag{2-9}$$

K_t 值与材料性质无关，只决定于切口几何形状，可从机械设计手册中查到。

由图 2-12 可见，开有切口的薄板承受拉伸应力后，切口根部内侧还出现了横向拉应力 σ_x。它是由于材料横向收缩引起的。可以设想，假如沿 x 方向将薄板等分成很多细小的纵向拉伸试样，每一小试样受拉伸都能自由变形。根据小试样所处位置不同，它们所受的 σ_y 大小也不一样。越靠近切口根部，σ_y 越大，相应的纵向应变 ε_y 也越大。每一小试样在产生纵向应变的同时，必然要产生横向收缩应变 ε_x，且 $\varepsilon_x = -\nu\varepsilon_y$（$\nu$ 为泊松比）。如果横向收缩能自由进行，则每个小试样将彼此分离开来。但是，实际上薄板是弹性连续介质，不允许各部分自由收缩变形。由于此种约束，各小试样在相邻界面上必然要产生横向拉应力 σ_x，以阻止横向收缩分离。因此，σ_x 的出现是金属变形连续性要求的结果。在切口截面上 σ_x 的分布是先增后减，这是由于在切口根部金属能自由收缩，所以根部的 $\sigma_x = 0$。自切口根部向内部发展，收缩变形阻力增大，因此 σ_x 逐渐增加，当增大到一定数值后，随着 σ_y 的不断减小，σ_x 也随之下降。

对于薄板，在垂直于板面方向没有作用力，是自由的，于是 $\sigma_z = 0$。这样，具有切口的薄板受拉伸后，其中心部分（距裂纹尖端一定位置）是两向拉伸的平面应力状态。但在切口根部（$x = 0$ 处），$\sigma_x = 0$，仍为单向拉伸应力状态（图 2-12）。

如果在厚板上开有切口，则受拉伸力作用后，在垂直于板厚方向的收缩变形受到约束，即 $\varepsilon_z=0$，故 $\sigma_z\neq0$，因 $\sigma_z=\nu(\sigma_x+\sigma_y)$（图上将此作用力画在 y 坐标上示意显示其相对大小）。厚板切口拉伸时弹性状态下的应力分布如图 2-13 所示。由图可见，在切口根部为两向拉伸应力状态，切口内侧为三向拉伸的平面应变状态，且 $\sigma_y>\sigma_z>\sigma_x$。

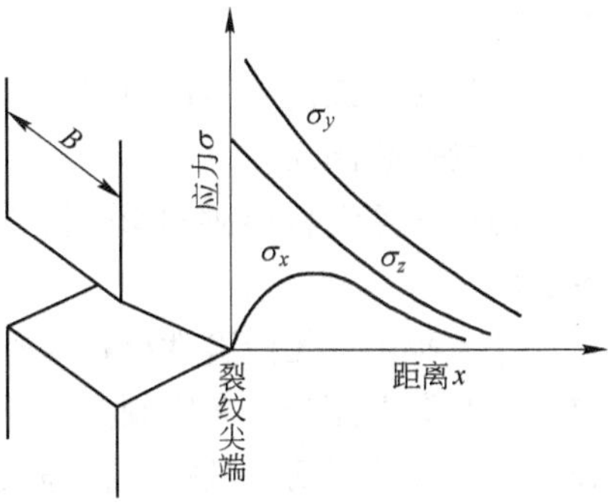

图 2-13 带切口的厚板拉伸时应力分布

由上述分析可知，切口的第一个效应是引起应力集中，并改变了切口前方的应力状态，使切口试样或机件中所受的应力由原来的单向应力状态改变为两向或三向应力状态，也就是出现了 σ_x（平面应力状态）或 σ_y 与 σ_z（平面应变状态），这要视板厚或试样直径而定。

两向或三向不等拉伸的应力状态软性系数 $\sigma<0.5$，使金属难以产生塑性变形。脆性材料或低塑性材料进行切口试样拉伸时，很难通过切口根部极为有限的塑性变形使应力重新分布，往往直接由弹性变形过渡到断裂。由于断裂是在试样切口根部的最大纵向应力 σ 作用下产生的，因此其抗拉强度必然比光滑试样的低。

2.5.1.2 切口试样在塑性状态下的应力分布

对于塑性较好的金属材料，若切口根部产生塑性变形，应力将重新分布，并随载荷的增大塑性区逐渐扩大，直至整个截面上都产生塑性变形。

现以厚板为例，讨论切口截面上应力重新分布的过程。根据屈雷斯加判据，金属屈服的条件是 $\sigma_{max}=\sigma_y-\sigma_z=\sigma_s$（式中 σ_{max} 为在三向应力状态下换算的最大正应力）。在切口根部，$\sigma_z=0$，故 $\sigma_{max}=\sigma_y=\sigma_s$。因此，当外加载荷增加时，$\sigma_y$ 也随之增加，切口根部将最先满足 $\sigma_{max}=\sigma_y=\sigma_s$ 的要求而首先屈服。一旦根部屈服，则 σ_y 便松弛而降低到材料的 σ_s 值。但在切口内侧的截面上，由于 $\sigma_x\neq0$，故要满足屈雷斯加判据要求，必须增大纵向应力 σ_y，即心部屈服要在 σ_y 不断增大的情况下才能产生。如果满足这一条件，则塑性变形将自表面向心部扩展。与此同时，σ_y、σ_z 随 σ_x 快速增大而增大（因 $\sigma_y=\sigma_x+\sigma_s$，$\sigma_z=\nu(\sigma_x+\sigma_y)$，且塑性变形时，$\sigma_y$ 引起的横向收缩约比弹性变形时大一倍，需要较大的 σ_x 才能保持变形的连续性），一直增大到塑性区与弹性区交界处为止。因此，当切口内侧截面上局部区域产生塑性变形后，最大应力已不在切口根部，而在其内侧一定距离 r_y 处。该处 σ_x 最大，所以 σ_y 及 σ_z 也最大。越过交界处，弹性区内的应力分布与前述弹性变形状态的应力分布稍有不同，σ_x 是连续下降的。显然，随着塑性变形逐步向内部转移，各应力峰值越来越大，它们的位置也逐步移向中心，可以预料，试样中心区 σ_y 最大。

由此可见，在存在切口的条件下由于出现了三向应力状态，并产生应力集中，试样的屈服应力比单向拉伸时高，产生了所谓“切口强化”现象。“切口强化”并不是金属内在性能发生变化，纯粹是由于三向拉伸应力约束了塑性变形所致。因此，不能把“切口强化”看作是强化金属材料的手段。在有切口时，塑性材料的抗拉强度也因塑性变形受约束而增高了。

虽然切口提高了塑性材料的“强度”，但由于切口约束塑性变形，故使塑性降低，增加材料的变脆倾向。

切口使塑性材料强度增高，塑性降低，这是切口的另一个效应，也是应该特别警惕的。

综上所述，无论脆性材料或塑性材料其机件上的切口都因造成两向或三向应力状态和应力应变集中而产生变脆倾向，降低了使用的安全性。为了评定不同金属材料的切口变脆倾向，必须采用切口试样进行静载力学性能试验。一般采用的试验方法是切口试样静拉伸和切口试样静弯曲。

2.5.2 切口试样静拉伸试验

切口试样静拉伸试验分为轴向拉伸和偏斜拉伸两种。

金属材料的切口敏感性指标用切口试样的抗拉强度 σ_{bn} 与等截面尺寸光滑试样的抗拉强度 σ_b 的比值表示，称为切口敏感度，记为 NSR（notch sensitivity ratio）：

$$NSR = \frac{\sigma_{bn}}{\sigma_b} \tag{2-10}$$

NSR 越大，切口敏感性越小。脆性材料如铸铁、高碳钢的 *NSR* 总是小于 1，表明切口根部尚未发生明显塑性变形时就已经断裂，对切口很敏感。高强度材料的 *NSR* 一般也小于 1。塑性材料一般 *NSR* 大于 1。

切口静拉伸试验，广泛用于研究高强度钢（淬火低中温回火）的力学性能、钢和钛的氢脆以及用于研究高温合金的切口敏感性等。切口敏感度指标 *NSR* 如同材料的塑性指标一样，也是安全性的力学性能指标。在选材时只能根据使用经验确定对 *NSR* 的要求，不能进行定量计算。

在进行切口试样偏斜拉伸试验时，因试样同时承受拉伸和弯曲载荷复合作用，故其应力状态更“硬”，切口截面上的应力分布更不均匀，因而更能显示材料对切口的敏感性。这种试验方法很适合高强度螺栓之类零件的选材和热处理工艺的优化，因为螺栓带有切口，并且在工作时难免有偏斜。

图 2-14a 所示为切口偏斜拉伸试验装置。与一般切口拉伸不同，在试样与试验机夹头之间有一垫圈，垫圈的偏斜角 α 有 4°和 8°两种，相应的切口抗拉强度以 σ_{bn}^{A} 和 σ_{bn}^{B} 表示。一般也用切口试样的 σ_{bn}^{a} 与光滑试样的 σ_b 之比表示材料的切口敏感度。

图 2-14b、图 2-14c 所示为 30CrMnSiA 钢的热处理工艺对切口偏斜拉伸性能的影响。图中虚线表示光滑试样的 σ_b，实线为切口偏斜拉伸试样的抗拉强度。偏斜角为 0°，即为切口试样轴向拉伸，所得结果为 σ_{bn}，将其除以 σ_b 即为 *NSR*。试样经淬火后在 200℃ 和 500℃ 两种温度下回火，其切口试样轴向拉伸试验的 *NSR* 都是 1.2 左右。但两者偏斜拉伸的结果却不相同。30CrMnSiA 钢经 200℃ 回火后，σ_{bn} 较高，但对偏斜十分敏感，表现为偏斜角增大，强度急剧下降（图 2-14b）；经 500℃ 回火后，σ_{bn} 仍高于 σ_b，但由于金属的塑性升高，使应力分布均匀化，故 σ_{bn} 对偏斜不敏感，数据分散性也很小（图 2-14c）。这个试验结果表明，对于 30CrMnSiA 钢制造的高强度螺栓，

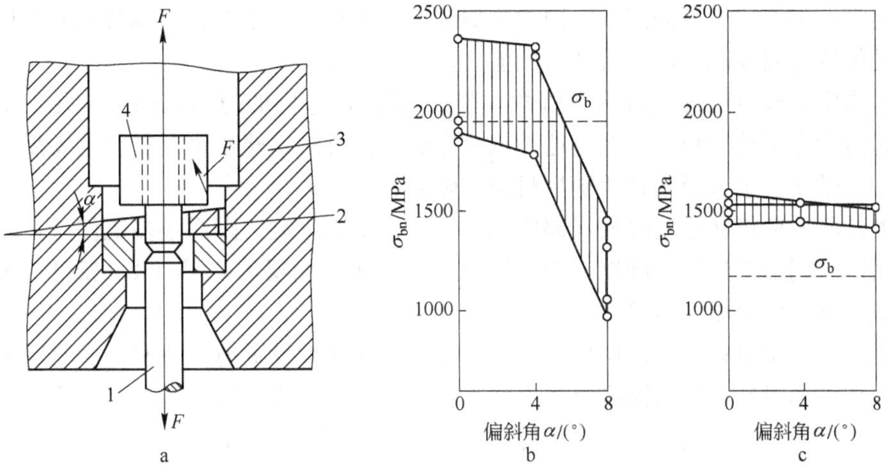

图 2-14　30CrMnSiA 钢的热处理试验装置及热处理工艺对切口偏斜拉伸性能的影响

a—试验装置；b—淬火 +200℃回火；c—淬火 +500℃回火

1—试样；2—偏斜垫片；3—试验机夹头；4—试样螺纹夹头

其热处理工艺以淬火 +500℃回火为佳。进一步试验证明，若对 30CrMnSiA 钢施以 860℃加热、370℃等温淬火，其偏斜 4°、8°的切口强度均优于淬火 +500℃回火者，偏斜 8°时，两者相差一倍有余。

切口静弯曲试验也可显示材料的切口敏感性，由于切口和弯曲所引起的应力不均匀性叠加，使试样切口弯曲的应力应变分布的不均匀性较切口拉伸时更甚，但应力应变的多向性则减少。

切口静弯曲试验可采用图 2-14a 所示的试样及装置，也可采用尺寸为 10mm × 10mm × 55mm、切口深度为 2mm、夹角为 60°的 V 形切口试样。试验时记录弯曲曲线（试验力 F 与挠度 f 关系曲线），直至试样断裂。

2.6　硬　度

2.6.1　金属硬度的意义及硬度试验的特点

硬度是工程实践中应用最多的一种力学性能指标。硬度试验方法很多，大体上分为弹性回跳法（如肖氏硬度、里氏硬度）、压入法（如布氏硬度、洛氏硬度、维氏硬度等）和划痕法（如莫氏硬度、刻划硬度）等三大类。

硬度是表征金属材料软硬程度的一种性能。其物理意义随试验方法不同而不同。例如，划痕法硬度值主要表征金属切断强度；回跳法硬度值主要表征金属弹性变形功的大小；压入法硬度值则表征金属塑性变形抗力及应变硬化能力。因此，“硬度”是金属各项力学性能的综合体现。所以在很多情况下机械零部件只测定硬度便决定是否合格。

硬度的高低可能取决于材料内部原子结合键的强弱。有人证明，共价键结合的材料中，单位体积的结合键能与硬度数值的变化是一致的。

硬度的高低还与压头压入时是否造成局部结合键的破坏有关。因为在金属材料中结合键能不是唯一的决定硬度的因素，因为金属键结合不形成电子对，金属键没有方向性，所以金属的硬度主要反映金属抵抗变形的能力。

压入硬度试验方法的应力状态软性系数 $\alpha>2$。在这样的应力状态下，几乎所有的金属材料都能产生塑性变形。因此，这种试验方法不仅可测定塑性金属材料的硬度，也可测定淬火钢、硬质合金甚至陶瓷等脆性材料的硬度。

硬度试验一般仅在金属表面局部体积内产生很小的压痕，因而很多机件可在成品上试验，而无需专门加工试样。硬度试验也易于检查金属表面层的质量（如脱碳）、表面淬火和化学热处理后的表面性能等。

硬度试验由于设备简单，操作方便、迅速，同时又能敏感地反映出金属材料的化学成分和组织结构的差异，因而被广泛用于检查金属材料的性能、热加工工艺的质量或研究金属组织结构的变化。因此，硬度试验特别是压入法硬度试验在生产及科学研究中得到了广泛的应用。

硬度试验有很多类型，可根据材料特点、处理状态、检测要求、设备条件等因素适当的选择使用。

2.6.2 硬度试验

2.6.2.1 布氏硬度试验

布氏硬度（Brinell hardness）是1900年由瑞典人提出来的。该试验的原理是用一定直径 D（mm）的钢球或硬质合金球为压头，施以一定的试验力 F（N）。将其压入试样表面（图2-15a），经规定保持时间 t（s）后卸除试验力，试样表面将残留压痕（图2-15b）。测量压痕平均直径 d（mm），求得压痕球形面积 A（mm^2）。布氏硬度值（HB）就是试验力 F 除以压痕球形表面积 A 所得的商，F 以 N 为单位时，其计算公式为

$$\mathrm{HB}=\frac{0.102F}{A}=\frac{0.204F}{\pi D(D-\sqrt{D^2-d^2})} \tag{2-11}$$

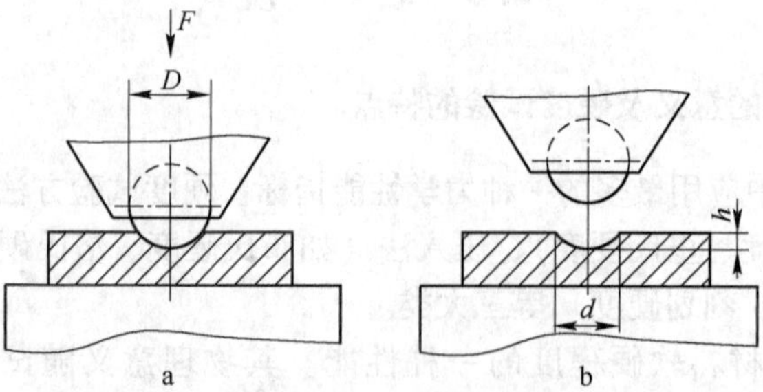

图2-15 布氏硬度试验原理
a—压头压入试样表面；b—试样表面形成深度 h 直径 d 的压痕

布氏硬度的量纲是压强单位——kgf/mm^2（$1kgf/mm^2=9.8MPa$）。由于多年的使用和数据积累，已经形成了习惯，为了防止混乱，不将其转化成国际单位制的兆帕。通常，布氏硬度值不标出单位。

由于压头的材料不同，因此布氏硬度值用不同的符号表示，以示区别。当压头为淬火

钢球时，其符号为 HBS（适用于布氏硬度值在 450 以下的材料）；当压头为硬质合金球时，其符号为 HBW（适用于布氏硬度值为 450～650 的材料）。

对于材料相同而厚薄不同的试样，要测得相同的布氏硬度值；或对软硬不同的材料，要求测得的硬度具有可比性，在选配压头直径 D 及试验力 F 时，应保证得到几何相似的压痕（即压痕的压入角 φ 保持不变），如图 2-16 所示。

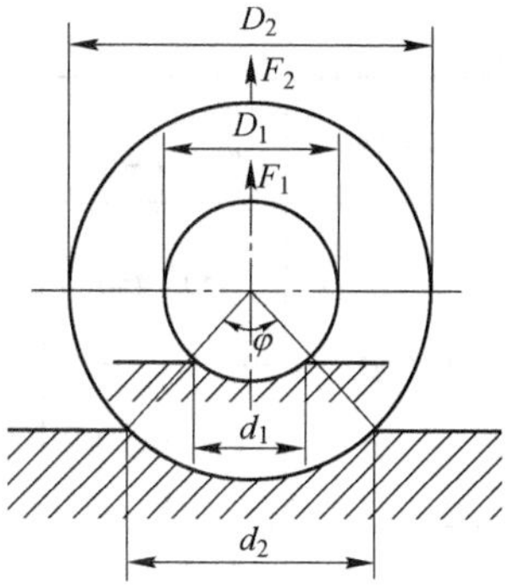

图 2-16　布氏硬度的相似原理

为此，应使不同载荷和不同球体条件下测定的布氏硬度具有可比较的意义，必须使：

$$\frac{F_1}{D_1^2}=\frac{F_2}{D_2^2}=\cdots=\frac{F}{D^2}=\text{常数}$$

与此同时，压痕直径 d 应控制在 0.24～0.6D 之间，以保证得到有效的硬度。换句话说，布氏硬度的有效范围是压痕直径 d 应在 0.24～0.6D 之间才有效。

布氏硬度试验用的压头直径 D 有 10mm、5mm、2.5mm、2mm 和 1mm 五种。主要根据试样厚度选择，应使压痕深度 h 小于试样厚度的 1/10。当试样厚度足够时，应尽可能选用直径为 10mm 的压头。

布氏硬度试验的 F/D^2（kgf）或者 0.102F/D^2（N）的比值有 30、15、10、5、2.5、1.25 和 1 七种，其中 30、10、2.5 三种最常用。

当压头直径 D 及 0.102F/D^2 的比值选定后，试验力 F（kgf 或 N）也就随之确定了。

黑色金属的试验力保持时间为 10～15s；有色金属较软，塑性变形需要时间，故试验力保持时间规定为 30s；对于 HBS 小于 35 的材料，保持时间为 60s。

布氏硬度试验力和钢球直径的匹配选择见表 2-2。试样厚度与试验条件选择见表2-3。

表 2-2　布氏硬度试验力和钢球直径的匹配选择

材　料	布 氏 硬 度	F/D^2
钢及铸铁	<140	10
	>140	30
铜及其合金	<35	4
	35～130	10
	>130	30
轻金属及其合金	<35	2.5（1.25）
	35～80	10（5 或 15）
	>80	10（15）
铅和锡		1.25

表 2-3 布氏硬度试验条件选择

金属类型	布氏硬度范围（HB）	试样厚度/mm	载荷 F 与钢球直径 D 的关系	钢球直径 D/mm	载荷 P/kgf	载荷保持时间/s
黑色金属	140 ~ 450	6 ~ 3 4 ~ 2 <2	$P=30D^2$	10 5 2.5	3000 750 187.5	10
	<140	>6 6 ~ 3 <3	$P=10D^2$	10 5 2.5	1000 250 62.5	10
有色金属	>130	6 ~ 3 4 ~ 2 <2	$P=30D^2$	10 5 2.5	3000 750 187.5	30
	36 ~ 130	9 ~ 3 6 ~ 3 <3	$P=10D^2$	10 5 2.5	1000 250 62.5	30
	8 ~ 35	>6 6 ~ 3 <3	$P=2.5D^2$	10 5 2.5	250 62.5 15.6	60

布氏硬度试验时一般采用直径较大的压头，因而所得压痕面积较大。压痕面积大的一个优点是其硬度值能反映金属在较大范围内各组成相的平均性能，而不受个别组成相及微小不均匀性的影响。因此，布氏硬度试验特别适用于测定灰铸铁、轴承合金等具有粗大晶粒或组成相的金属材料的硬度。压痕较大的另一个优点是试验数据稳定，重现性强。

布氏硬度试验的缺点是对不同材料需更换压头直径和改变试验力，一般的布氏硬度试验机上不能直接读出硬度数据。压痕直径的测量也较麻烦，需要放大 30 倍以上的读数显微镜测量压痕直径，因而不仅自动检测时受到限制而且可能存在测量误差，当压痕直径较大时不宜在成品上进行试验，以免影响产品质量。布氏硬度的压头规格比较多，各种不同规格的压头所得硬度值必须注明所采用试验参数。压痕直径与布氏硬度对照，见表 2-4。

表 2-4 压痕直径与布氏硬度值对照

压痕直径 d_0/mm	在下列载荷 F（kgf）下的硬度值（HB）			压痕直径 d_0/mm	在下列载荷 F（kgf）下的硬度值（HB）			压痕直径 d_0/mm	在下列载荷 F（kgf）下的硬度值（HB）		
	$30D^2$	$10D^2$	$2.5D^2$		$30D^2$	$10D^2$	$2.5D^2$		$30D^2$	$10D^2$	$2.5D^2$
2.50	601	200	—	3.65	277	92.3	23.1	4.80	156	51.9	13.0
2.55	578	193	—	3.70	269	89.7	22.4	4.85	152	50.7	12.7
2.60	555	185	—	3.75	262	87.2	21.8	4.90	149	49.6	12.4
2.65	534	178	—	3.80	255	84.9	21.2	4.95	146	48.5	12.2
2.70	514	171	—	3.85	248	82.6	20.7	5.00	143	47.5	11.9
2.75	495	165	—	3.90	241	80.4	20.1	5.05	140	46.5	11.6
2.80	477	159	—	3.95	235	78.3	19.6	5.10	137	45.5	11.4
2.85	461	154	—	4.00	229	76.3	19.1	5.15	134	44.6	11.2
2.90	444	148	—	4.05	223	74.3	18.6	5.20	131	43.7	10.9
2.95	429	143	—	4.10	217	72.4	18.1	5.25	128	42.8	10.7

续表 2-4

压痕直径 d_0/mm	在下列载荷 F（kgf）下的硬度值（HB）			压痕直径 d_0/mm	在下列载荷 F（kgf）下的硬度值（HB）			压痕直径 d_0/mm	在下列载荷 F（kgf）下的硬度值（HB）		
	$30D^2$	$10D^2$	$2.5D^2$		$30D^2$	$10D^2$	$2.5D^2$		$30D^2$	$10D^2$	$2.5D^2$
3.00	415	138	34.6	4.15	212	70.6	17.6	5.30	126	41.9	10.5
3.05	410	133	33.4	4.20	207	68.8	17.2	5.35	123	41.0	10.3
3.10	388	129	32.3	4.25	201	67.1	16.8	5.40	121	40.2	10.1
3.15	375	125	31.3	4.30	197	65.5	16.4	4.45	118	39.4	9.86
3.20	363	121	30.3	4.35	192	63.9	16.0	5.50	116	38.6	9.66
3.25	352	118	29.3	4.40	187	62.4	15.6	5.55	114	37.9	9.46
3.30	341	114	28.4	4.45	183	60.9	15.2	5.60	111	37.1	9.27
3.35	331	110	27.5	4.50	179	59.5	14.9	5.65	109	36.4	9.10
3.40	321	107	26.7	4.55	174	58.1	14.5	5.70	107	35.6	8.90
3.45	311	104	25.9	4.60	170	56.8	14.2	5.75	105	35.0	8.76
3.50	302	101	25.2	4.65	167	55.5	13.9	5.80	103	34.3	8.59
3.55	293	98	24.5	4.70	163	54.3	13.6	5.85	101	33.7	8.34
3.60	285	95	23.7	4.75	159	53.0	13.3	5.90	99	33.1	8.26

2.6.2.2　洛氏硬度试验

洛氏硬度（Rockwell hardness，1919 年）以一定形状的压头压入金属表面，测量压痕深度，以无量纲的深度表示材料的硬度值。

洛氏硬度试验所用的压头有两种：一种是圆锥角 $\alpha = 120°$ 的金刚石圆锥体，另一种是一定直径的小淬火钢球。

图 2-17 所示为用金刚石圆锥体测定硬度过程示意图。为保证压头与试样表面接触良好，试验时先加初始试验力 F_0，在试样表面得一压痕，深度为 h_0。此时，测量压痕深度的指针在表盘上指零（图 2-17a）。然后加上主试验力 F_1，压头压入深度为 h_1。表盘上指针以逆时针方向转动到相应刻度位置（图 2-17b）。试样在 F_1 作用下产生的总变形 h_1 中包括弹性变形与塑性变形，当将 F_1 卸除后，总变形中的弹性变形恢复，压头回升一段距离 $(h_1 - h)$（图 2-17c）。这时试样表面残留的塑性变形深度 h 即为压痕深度，而指针顺时针方向转动停止时所指的数值就是洛氏硬度值。

洛氏硬度值就是以施加初载荷状态下的压痕深度 h 来计算的。h 越大，硬度值越低；反之，则越高。为了照顾习惯上数值越大硬度越高的概念，一般用常数 k 减去 h 来计算硬度值，并规定每 0.002mm 的 h 为一个洛氏硬度单位。于是洛氏硬度值的计算式为：

$$\mathrm{HR} = \frac{k - h}{0.002} \qquad (2\text{-}12)$$

式中　HR——洛氏硬度值。

当使用金刚石圆锥压头时，k 取 0.2mm；当使用小淬火钢球压头时，k 取 0.26mm。

实际洛氏硬度计上方测量压痕深度的百分表表盘上的刻度，已按上式换算为相应的硬

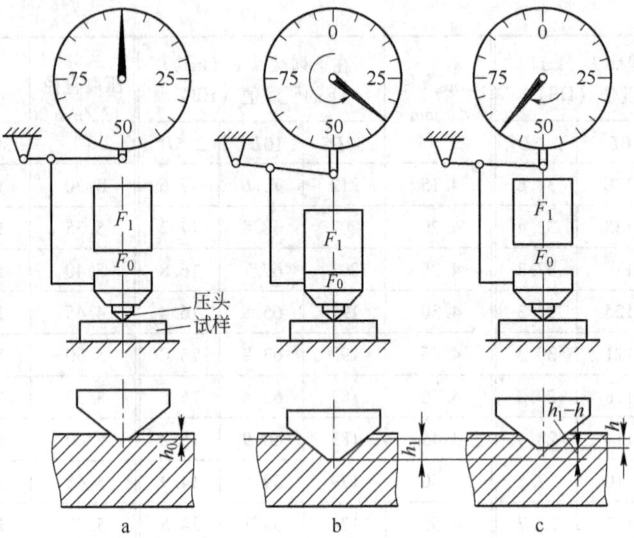

图 2-17　洛氏硬度试验过程示意图

a—施加初载荷 F_0；b—施加主载荷 F_1；c—卸去主载荷 F_1

度值，因此试验时可根据指针的指示值直接读出硬度值。

为了能在一台硬度计上测定不同软、硬或厚、薄试样的硬度，可采用不同的压头和试验力组合成几种不同的洛氏硬度标尺。用不同标尺测定的洛氏硬度符号在 HR 后面加标尺字形表示。字母有 A、B、C、…、H、K 九个，故洛氏硬度标尺有九种，常用的为 HRA、HRB 和 HRC 三种，其试验规范见表 2-5。

表 2-5　洛氏硬度标尺试验条件、硬度值计算公式及应用实例

标　尺	压头类型	初试验力 /kgf（N）	主试验力 /kgf（N）	硬度值计算公式	硬度值测量范围	应用实例
HRA	金刚石圆锥体	10（98.1）	50（490.3）	HRA = 100 − h	65 ~ 85	高硬度的薄件、表面处理钢件、硬质合金等
HRC			140（1373）	HRC = 100 − h	20 ~ 67	硬度大于 100HRB 的淬火及回火钢、钛合金等
HRB	ϕ1.588mm 淬火钢球		90（882.6）	HRB = 130 − h	25 ~ 100	铜合金、铝合金、退火钢材、可锻铸铁等
HRD	金刚石圆锥体		90（882.6）		40 ~ 47	薄钢板，中等表面硬化钢，珠光体可锻铸铁
HRE	ϕ3.175mm 钢球		90（882.6）		70 ~ 100	灰铸铁，铝合金，镁合金，轴承合金
HRF	ϕ1.588mm 钢球		50（490.3）		60 ~ 100	退火铜合金，软质薄合金板
HRG	ϕ1.588mm 钢球		140（1373）		30 ~ 94	可锻铸铁，铜镍合金，铜镍锌合金
HRH	ϕ3.175mm 钢球		50（490.3）		80 ~ 100	铝、铅、锌
HRK	ϕ3.175mm 钢球		140（1373）		40 ~ 100	轴承合金，较软金属，薄材

由于洛氏硬度试验所用试验力较大，不能用来测定较薄试样、渗氮层及金属镀层等表面层的硬度。为此，人们应用洛氏硬度试验的原理，提出了表面洛氏硬度试验方法，共有六种标尺，表2-6即为各标尺的表面洛氏硬度试验规范。

表2-6 表面洛氏硬度规范

标 尺	测量范围	初载荷/kgf (N)	主载荷/kgf (N)	压头类型	常数 K/mm	单位 h/mm
HR15N HR30N HR45N	68～92 39～83 17～72	3 (29.42)	12 (117.68) 27 (264.78) 42 (411.88)	金刚石圆锥体	0.1	0.001
HR15T HR30T HR45T	70～92 35～82 7～72	3 (29.42)	12 (117.68) 27 (264.78) 42 (411.88)	钢 球	0.1	0.001

洛氏硬度试验的优点是：操作简便、迅速，硬度可直接读出；压痕较小，可在工件上进行试验；采用不同标尺可测定各种软硬不同的金属和厚薄不一的试样的硬度，因而广泛用于热处理质量检验。其缺点是：压痕较小，代表性差；若材料中有偏析及组织不均匀等缺陷，则所测硬度值重复性差，分散度大；此外，用不同标尺测得的硬度值彼此没有联系，不能直接比较。

对于测定硬度的表面不是平面的情况，如钢管、圆钢、圆柱等工件，可以直接在其表面上测定洛氏硬度。测得的硬度数据需根据国标 GB/T 230.1—2009 进行修正（表2-7和表2-8）。

表2-7 在凸圆柱面上试验的洛氏硬度修正值

洛氏硬度读数	曲率半径								
	3mm	5mm	6.5mm	8mm	9.5mm	11mm	12.5mm	16mm	19mm
20				2.5	2.0	1.5	1.5	1.0	1.0
25			3.0	2.5	2.0	1.5	1.0	1.0	1.0
30			2.5	2.0	1.5	1.5	1.0	1.0	0.5
35		3.0	2.0	1.5	1.5	1.0	1.0	0.5	0.5
40		2.5	2.0	1.5	1.0	1.0	1.0	0.5	0.5
45	3.0	2.0	1.5	1.0	1.0	1.0	0.5	0.5	0.5
50	2.5	2.0	1.5	1.0	1.0	0.5	0.5	0.5	0.5
55	2.0	1.5	1.0	1.0	0.5	0.5	0.5	0.5	0
60	1.5	1.0	1.0	0.5	0.5	0.5	0.5	0	0
65	1.5	1.0	1.0	0.5	0.5	0.5	0.5	0	0
70	1.0	1.0	0.5	0.5	0.5	0.5	0.5	0	0
75	1.0	0.5	0.5	0.5	0.5	0.5	0	0	0
80	0.5	0.5	0.5	0.5	0.5	0	0	0	0
85	0.5	0.5	0.5	0	0	0	0	0	0
90	0.5	0	0	0	0	0	0	0	0

表 2-8 在凸球面上试验 C 标尺洛氏硬度修正值

洛氏硬度读数	凸球面直径								
	4mm	6.5mm	8mm	9.5mm	11mm	12.5mm	15mm	20mm	25mm
55HRC	6.4	3.9	3.2	2.7	2.3	2.0	1.7	1.3	1.0
60HRC	5.8	3.6	2.9	2.4	2.1	1.8	1.5	1.2	0.9
65HRC	5.2	3.2	2.6	2.2	1.9	1.7	1.4	1.0	0.8

注：基于 C 标尺洛氏硬度的修正值 ΔH 的计算公式为：$\Delta H = 50 \times \dfrac{\left(1-\dfrac{H}{160}\right)^2}{d}$，其中 H 为洛氏硬度值，d 为球直径（mm）。

2.6.2.3 维氏硬度和显微硬度

维氏硬度（1925 年，英国人 Smith 和 Sandland 首先提出，由 Vickers 工厂作为检验方法使用而得名）的试验原理与布氏硬度相同，也是根据压痕单位面积所承受的试验力计算硬度值。所不同是维氏硬度试验的压头不是球体，而是两相对面间夹角 α 为 136°的金刚石四棱锥体。如图 2-18 所示。压头在试验力 F（N）作用下将试样表面压出一个四方锥形的压痕，经一定保持时间后卸除试验力，测量压痕对角线平均长度 d $[d=(d_1+d_2)/2]$，用以计算压痕表面积 A（mm^2）。维氏硬度值（HV）为试验力 F 除以压痕表面积 A 所得的商，即

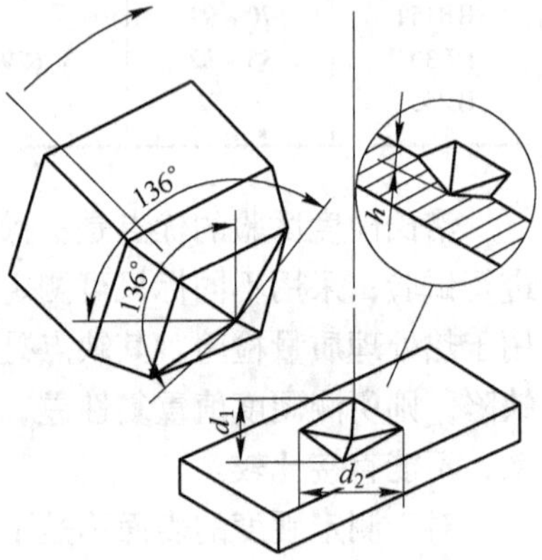

图 2-18 维氏硬度压头及压痕示意图

$$HV = \frac{0.102F}{A} = \frac{0.204F\sin(136°/2)}{d^2} = 0.1891\frac{F}{d^2} \tag{2-13}$$

维氏硬度值也不标注单位。

维氏硬度试验之所以采用正四棱锥体压头，是为了当改变试验力时，压痕的几何形状总保持相似，而不致影响硬度值。

维氏硬度试验常用试验力范围为 19.03～980.7N。使用时应视零件厚度及材料的预期硬度，尽可能选取较大试验力，以减小压痕尺寸的测量误差。试验力选择见表2-9。

表 2-9 维氏硬度试验力选择

硬度代号	试验力/kgf（N）	硬度代号	试验力/kgf（N）
HV5	5（49.03）	HV30	30（294.2）
HV10	10（98.07）	HV50	50（490.3）
HV20	20（196.1）	HV100	100（980.7）

如果维氏硬度试验时选用的试验力较小，达到 0.098～1.961N，则可测定金属箔、极薄的表面层的硬度以及合金中各种组成相的硬度。因为压痕尺寸较小，为了提高测量精度，需要配用显微放大装置。这就是显微维氏硬度（显微硬度）。表 2-10 给出钢中一些合金相的显微硬度。

表 2-10 钢中一些合金相的显微硬度

组 成 相	显微硬度（HV）	组 成 相	显微硬度（HV）
奥氏体	340～450	Al2Cu	560
铁素体	150～250	Al3Ni	610
渗碳体	750～980	SiC	1800～3500
马氏体	670～1200	TiC	2850～3200
珠光体	350～500	WC	1430～2470

显微硬度可以测定尺度约 10μm 以上的显微颗粒和晶粒的硬度值。例如显微硬度测定的铁素体晶粒大小和显微硬度之间的关系如图 2-19 所示。

维氏硬度试验的优点是不存在布氏硬度试验时要求试验力 F 与压头直径 D 之间所规定条件的约束，也不存在洛氏硬度试验时不同标尺的硬度值无法统一的弊端。维氏硬度试验时不仅试验力可任意选取，而且测量压痕对角线长度，所以测量的精度较高，硬度值较为精确。唯一的缺点是硬度值需要通过测量压痕对角线长度后才能进行计算或查表，因此，工作效率比洛氏硬度法低得多。

维氏硬度测定时试样硬度、试验载荷和试样最小厚度的关系如图 2-20 所示。

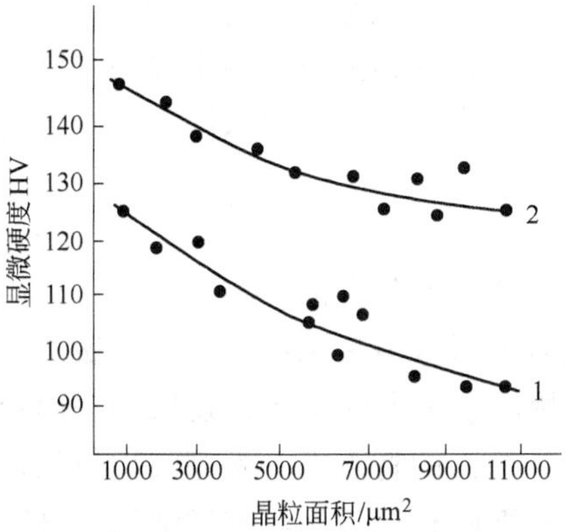

图 2-19 铁素体晶粒内部和边缘硬度随晶粒大小变化
1—铁素体晶粒中心硬度值；
2—铁素体晶粒中心到边界的一半处的硬度值

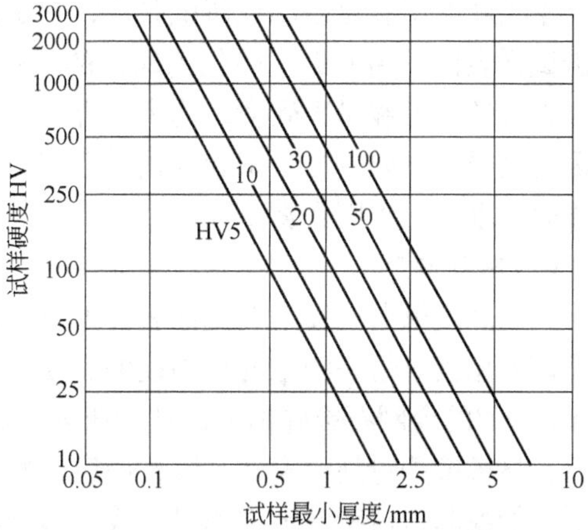

图 2-20 维氏硬度测定时试样硬度、载荷和试样最小厚度之间关系

2.6.2.4 其他硬度试验方法

A 努氏硬度试验

金属努氏硬度（Knoop hardenss）试验也是一种显微硬度试验方法。与显微维氏硬度相比有两点不同：

(1) 压头形状不同，压痕形状如图 2-21 所示。努氏硬度试验所使用的是两个对面角不等的四角棱锥金刚石压头（其对面角分别为 172°30′

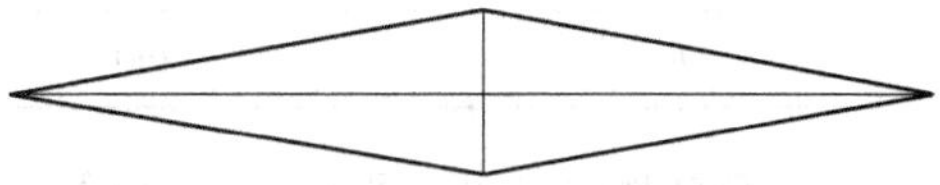

图 2-21 努氏硬度压痕形状

和130°)，因此，在试样上得到的是长、短对角线长度比（l/w）为7.11的菱形压痕。

（2）硬度值不是试验力除以压痕表面积之商，而是除以压痕投影面积之商。因此，测量出压痕长对角线的长度 l（μm），就可按式（2-14）计算努氏硬度值（HK）。

$$\text{HK} = 0.102 \times 14.23 \frac{F}{l^2} = 1.451 \frac{F}{l^2} \tag{2-14}$$

式中 F——试验力，其值可在0.4903～19.61N范围内选取。

努氏硬度试验由于压痕细长，而且只测量长对角线的长度，因而精确度较高。对于表面淬硬层或渗层、镀层等薄层区域的硬度测定以及渗层截面上硬度分布的测定较为方便。

B 肖氏硬度试验和里氏硬度试验

肖氏硬度（Shore hardness，1806年由A. F. Shore提出）试验是一种动载荷试验法，其原理是将一定质量的带有金刚石圆头或钢球的重锤，从一定高度落于金属试样表面，根据重锤回跳的高度来表征金属硬度值大小，因而也称为回跳硬度。肖氏硬度的符号用HS表示。现在使用肖氏硬度检验的已经很少了。但是冶金轧辊行业目前还在广泛使用。肖氏硬度的特点是不同材料的肖氏硬度之间不能进行比较，否则会得到橡胶的硬度比较钢铁的高错误结论。

里氏硬度试验也是动载荷试验法，它是用规定质量的冲击体在弹力作用下以一定速度冲击试样表面，用冲头（碳化钨球）的回弹速度表征金属的硬度值，其符号为HL。

肖氏硬度计和里氏硬度计均为手提式，使用方便，可在现场测量大型工件的硬度。正是因为这样的试验方法，试验数据对于试验手法的依赖程度非常大，要求冲击加载方向与试样表面垂直，否则数据不准。

C 刻划硬度

刻划硬度顾名思义是在试样表面划出刻痕，测定材料硬度的方法。与目前工厂使用的锉刀硬度相当。但是测定的是划痕的宽度，用划痕宽度的微米值表示硬度。具体做法是用圆锥角90°的金刚石锥施加一定载荷压入试样表面，然后水平方向拖动，在试样表面划出划痕，显微镜测量划痕宽度。这种硬度试验方法有两点突出的特点：一是划痕比较长，所以尽可能找非常清晰的地方测量，或者多处测量，数据准确；二是比较准确地反映材料抵抗剪切抗力，测量数据与试样加工硬化等没有关系。表2-11是7-3黄铜（70% Cu + 30% Zn）不同轧制变形量条件下的刻划硬度、布氏硬度和肖氏硬度之间关系。

表2-11 黄铜的刻划硬度和其他硬度对比

轧制变形程度/%	布氏硬度 HB	肖氏硬度 HS	刻划硬度/μm
0	52	26	11
15	95	36	11
30	120	42	10.8
50	130	52	10.6
70	150	62	10.8

工程实践中有时候需要将不同的硬度进行对照，便于查找，下面给出一部分硬度换算表（表2-12）。

表 2-12　硬度换算表

布氏硬度 HB10/3000	洛氏硬度		维氏硬度 HV	布氏硬度 HB10/3000	洛氏硬度		维氏硬度 HV
	HRA	HRC			HRA	HRC	
—	83.9	65	856	341	69.0	37	347
—	83.3	64	825	332	68.5	36	338
—	82.8	63	795	323	68.0	35	320
—	82.2	62	766	314	67.5	34	320
—	81.7	61	739	306	67.0	33	312
—	81.2	60	713	298	66.4	32	304
—	80.6	59	688	291	65.9	31	296
—	80.1	58	664	283	65.4	30	289
—	79.5	57	642	275	64.9	29	281
—	79.0	56	620	269	64.4	28	274
—	78.5	55	599	263	—	27	268
—	77.9	54	579	257	—	26	261
—	77.4	53	561	251	—	25	255
—	76.9	52	543	245	—	24	246
501	76.3	51	525	240	—	23	243
466	75.8	50	509	234	—	22	237
474	75.3	49	493	229	—	21	231
461	74.7	48	478	225	—	20	226
449	74.2	47	463	220	—	—	221
436	73.3	46	449	216	—	—	216
424	73.2	45	436	211	—	—	211
413	72.6	44	423	208	—	—	—
401	72.1	43	411	204	—	—	—
391	71.6	42	399	200	—	—	—
380	71.1	41	388	196	—	—	—
370	70.5	40	377	192	—	—	—
360	70.0	39	367	188	—	—	—
350	—	38	357	185	—	—	—

硬度试验的方法和设备很多，应该根据试样情况、试样处理工艺、试验目的分别采用对应的检测方法。各种硬度试验方法都要求施加载荷的轴线与试样表面垂直。

各种不同的硬度值可以进行比较和换算。并且有专门的国家标准。但是这样的换算可能带来不必要的麻烦或者过错。例如有一批灰口铸铁零件，测定硬度时采用了洛氏硬度计的 HRB 测定了零件的硬度，再查表换算成布氏硬度 HB，结果比规定要求的硬度低很多。这样这批零件就要报废，但是金相检验完全合格，而且使用之后性能也完全能够满足要求。问题出在硬度压头太小（ϕ1.588mm 淬火钢球），使硬度值过于分散，导致平均值偏低。

3 金属的变形

变形指的是在外界作用下体系的形状和尺寸的改变。就材料变形而言有三种变形：弹性变形、塑性变形和定型变形，其中弹性变形是外界作用消失后体系能够自行恢复的变形（详见3.1节），塑性变形是外界作用消失之后体系不能自行恢复的变形，有人称作永久变形（详见3.2节），而对于相当多的高分子材料和其他一些材料来讲可能出现这样的变形：外界作用（载荷、温度或者两者同时作用）下产生变形，外界作用消除后变形仍然存在，体系不能自行恢复，但是这种变形不属于塑性变形，原因有二：一是这种变形不是通过塑性变形的机制形成的，二是这种变形对于材料的性能不会造成影响，如纤维材料的褶皱、压痕等就是属于定型变形。在一定的温度或者湿度条件下可能自行恢复，反向作用力下也能够恢复。金属材料中不发生定型变形，本章不讨论这种变形，主要讨论弹性变形和塑性变形。

3.1 弹性变形

3.1.1 弹性变形的特点

金属弹性变形是一种可逆的变形，外力增加变形增加，外力减小变形随着减小。弹性变形是金属内原子之间引力、斥力以及外力三者平衡的结果。金属内原子间的作用力 F 随原子间距 r 的变化曲线如图3-1所示。

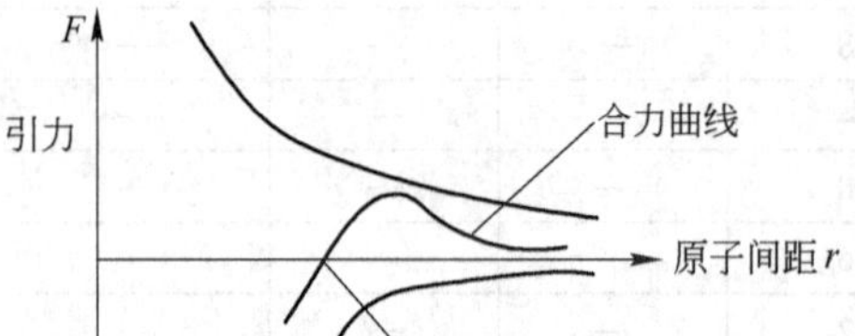

图3-1 F-r 变化曲线

弹性形变是原子结合作用力随原子间距变化规律的体现，形变过程中应力与应变成正比关系，即遵循虎克定律。金属材料中发生的弹性变形具有如下特点：

（1）单值性。弹性变形有单值性。一个外力对应一个变形量。所以变形量与外力之间呈线性关系，用虎克定律表示。但是在个别情况下也可能偏离完全线性规律，例如处理状态有显著差异，或材料种类完全不同、变形量比较大等情况。一般认为，金属变形量在0.1%以下的范围是线性的。

（2）全程性。弹性变形在外力作用下始终存在，无论外力大还是小，无论外力使材料发生弹性变形还是塑性变形，弹性变形都存在。当材料发生断裂、分离开来外加应力释放时，弹性变形随之消失。

（3）变形量比较小。弹性变形的程度（量）比较小，尤其在工程结构材料中更是这样的。虽然在理论计算的金属弹性变形程度可以达到比较大的值（约20%），但是由于各种原因，材料的弹性变形量都很小，尤其在金属材料中弹性变形量一般不超过1%。这是因为在弹性变形没有达到一定程度时塑性变形已经开始。

(4) 均匀性和瞬时性。弹性变形在金属中的分布总是均匀的。这点与塑性变形又完全不同。只要零部件的截面积相同、材料相同、处理状态相同、外力作用下弹性变形量相同。所以构件中提高刚度的方法应该是改变构件的受载截面积。弹性变形在金属中以弹性波的形式传播，所以传播速度非常快，应力达到的瞬间弹性变形同时达到（下面讨论的弹性不完善性除外）。

3.1.2 虎克定律

3.1.2.1 简单应力状态的虎克定律

人们很早就发现物体受力的一定范围内，变形和外力之间具有线性关系。这种变形就是弹性变形。弹性变形与外力之间既然有线性关系，就可以用简单的一次方程表示它们之间的关系，即：

应力 = 常数 × 应变

有下面两种情况：

(1) 单向应力作用，例如单向拉伸。将作用力方向看作 x 方向，则

$$\varepsilon_{xx} = \frac{\sigma_{xx}}{E} \tag{3-1}$$

或

$$\sigma_{xx} = E\varepsilon_{xx}$$

$$\varepsilon_{yy} = \varepsilon_{zz} = -\nu\varepsilon_{xx} \tag{3-2}$$

所以

$$\nu = -\frac{\varepsilon_{yy}}{\varepsilon_{xx}}$$

式中 E——杨氏弹性模量（也称为正弹性模量）；

ν——泊松比，即单向拉伸作用力下横向收缩应变与纵向伸长应变的比值，这个比值在给定材料是常数。

(2) 剪切和扭转。在弹性变形范围的剪切和扭转时也具有相应的关系

$$\tau = G\gamma \tag{3-3}$$

式中 τ——切应力；

G——剪切弹性模量；

γ——切应变。

E、G、ν 称为材料的弹性常数，分别称为正弹性模量（或者称为杨氏弹性模量）、剪切弹性模量和泊松比。给定材料在给定条件下这些物理量是不变的。

在弹性变形阶段联系变形量和应力之间关系的常数称为弹性常数。这些常数之间在立方晶系材料中，弹性常数简化为非常简单的形式。

$$G = \frac{E}{2(1+\nu)} \tag{3-4}$$

一般定义张应力为正应力，压应力为负应力。

3.1.2.2 广义虎克定律

所谓广义虎克定律指的是在多向应力状态下弹性变形范围内材料的应力应变关系。

在所采用的弹性力学分析中，在受力弹性体上取一个小单元体——通常取平行六面体，这个六面体足够小，以致其中相邻的两个面上受力差别很小。所以应力表示为 σ_{ij}，应力分量的表达式就有如下形式

$$\sigma_{ij} = \begin{vmatrix} \sigma_{xx} & \sigma_{xy} & \sigma_{xz} \\ \sigma_{yx} & \sigma_{yy} & \sigma_{yz} \\ \sigma_{zx} & \sigma_{zy} & \sigma_{zz} \end{vmatrix} \tag{3-5a}$$

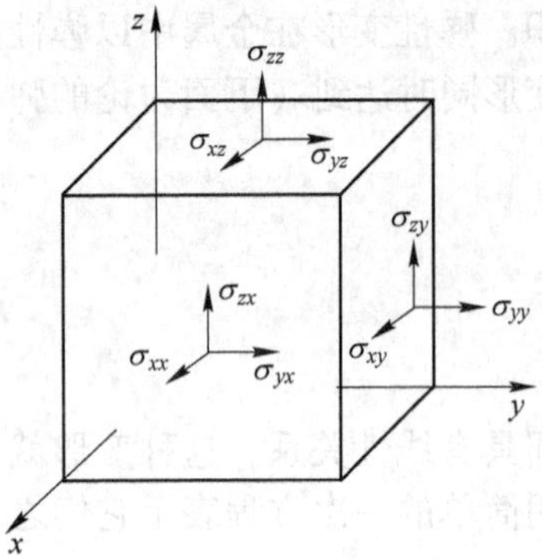

图 3-2　平行六面体上各应力分量

下角标相同的为正应力，下角标不同的为剪应力。实验证明，剪应力互等。所以九个应力分量就剩下六个。这些应力分量的形式如图 3-2 所示。

同理，若干应变表示为 ε_{ij}，应变分量就有如下形式

$$\varepsilon_{ij} = \begin{vmatrix} \varepsilon_{xx} & \varepsilon_{xy} & \varepsilon_{xz} \\ \varepsilon_{yx} & \varepsilon_{yy} & \varepsilon_{yz} \\ \varepsilon_{zx} & \varepsilon_{zy} & \varepsilon_{zz} \end{vmatrix} \tag{3-5b}$$

实验也同样证明剪应变互等，所以应变分量也只剩下六个。

虎克定律的理论推导，假设每一项应力分量均与所有的应变分量之间有关系，每一项应变也与任何一个应力分量之间有关系。这样我们可以在六个应力分量和六个应变分量之间建立起六个方程。如果用应力表示应变的话，一个应变分量的方程有六个系数，六个方程三十六个系数。然后根据力学平衡原理、晶体对称性原理和试验结果逐步消去一系列系数，如下式：

$$\begin{cases} \varepsilon_{xx} = S_{11}\sigma_{xx} + S_{12}\sigma_{yy} + S_{13}\sigma_{zz} + S_{14}\sigma_{xy} + S_{15}\sigma_{yz} + S_{16}\sigma_{xz} \\ \varepsilon_{yy} = S_{21}\sigma_{xx} + S_{22}\sigma_{yy} + S_{23}\sigma_{zz} + S_{24}\sigma_{xy} + S_{25}\sigma_{yz} + S_{26}\sigma_{xz} \\ \varepsilon_{zz} = S_{31}\sigma_{xx} + S_{32}\sigma_{yy} + S_{33}\sigma_{zz} + S_{34}\sigma_{xy} + S_{35}\sigma_{yz} + S_{36}\sigma_{xz} \\ \varepsilon_{xy} = S_{41}\sigma_{xx} + S_{42}\sigma_{yy} + S_{43}\sigma_{zz} + S_{44}\sigma_{xy} + S_{45}\sigma_{yz} + S_{46}\sigma_{xz} \\ \varepsilon_{yz} = S_{51}\sigma_{xx} + S_{52}\sigma_{yy} + S_{53}\sigma_{zz} + S_{54}\sigma_{xy} + S_{55}\sigma_{yz} + S_{56}\sigma_{xz} \\ \varepsilon_{xz} = S_{61}\sigma_{xx} + S_{62}\sigma_{yy} + S_{63}\sigma_{zz} + S_{64}\sigma_{xy} + S_{65}\sigma_{yz} + S_{66}\sigma_{xz} \end{cases}$$

下面用简单的方法证明广义虎克定律。

设：已知材料的弹性模量 E、泊松比 ν，如果试样承受三向正应力 σ_{xx}、σ_{yy} 和 σ_{zz} 的同时作用。问 x 方向的总变形量如何?

证明：根据式（3-1），σ_{xx} 引起沿 x 方向的变形有：

$$\varepsilon'_x = \frac{\sigma_x}{E}$$

同时，由于材料在纵向伸长的同时要横向收缩，σ_{yy} 和 σ_{xx} 在沿 y 方向和 z 方向引起伸长，并会引起 x 方向收缩［根据式（3-2）］所以，它们的值分别是：

$$\varepsilon''_x = -\nu\varepsilon_y = -\frac{\nu}{E}\sigma_y$$

$$\varepsilon'''_x = -\nu\varepsilon_z = -\frac{\nu}{E}\sigma_z$$

显然，x 方向的总变形量应该是这三个变形量之和：

$$\varepsilon_{xx}=\varepsilon'_x+\varepsilon''_x+\varepsilon'''_x=\frac{1}{E}[\sigma_{xx}-\nu(\sigma_{yy}+\sigma_{zz})]$$

同理我们可以得到沿 y 方向和 z 方向的总应变，写出与上式相似的另外两个表达式。另外试验证明，剪应力作用下的应力和应变彼此一一对应，并且也呈线性关系。这样加上剪应力作用下的三个方程，广义虎克定律就有如下形式：

$$\begin{cases}\varepsilon_{xx}=\dfrac{1}{E}[\sigma_{xx}-\nu(\sigma_{yy}+\sigma_{zz})]\\ \varepsilon_{yy}=\dfrac{1}{E}[\sigma_{yy}-\nu(\sigma_{xx}+\sigma_{zz})]\\ \varepsilon_{zz}=\dfrac{1}{E}[\sigma_{zz}-\nu(\sigma_{yy}+\sigma_{xx})]\\ \varepsilon_{xy}=\sigma_{xy}/G\\ \varepsilon_{yz}=\sigma_{yz}/G\\ \varepsilon_{xz}=\sigma_{xz}/G\end{cases}\tag{3-6a}$$

注意：某一项正应变分量与三项正应力分量之间有关系；当然某一项正应力分量也与三项正应变分量之间有关系。而剪应力和剪应变之间一一对应。不同方向的剪应力和剪应变之间没有任何关系。试验证明，剪应力互等：

$$\begin{cases}\sigma_{xy}=\sigma_{yx}\\ \sigma_{xz}=\sigma_{zx}\\ \sigma_{zy}=\sigma_{yz}\end{cases}$$

当然，另外一个表达式就是，以应变为自变量、应力为因变量的形式。其中一个形式是：

$$\begin{cases}\sigma_{xx}-\sigma_0=2G(\varepsilon_{xx}-\varepsilon_0)\\ \sigma_{yy}-\sigma_0=2G(\varepsilon_{yy}-\varepsilon_0)\\ \sigma_{zz}-\sigma_0=2G(\varepsilon_{zz}-\varepsilon_0)\\ \sigma_{xy}=G\varepsilon_{xy}\\ \sigma_{yz}=G\varepsilon_{yz}\\ \sigma_{xz}=G\varepsilon_{xz}\end{cases}\tag{3-6b}$$

3.1.3 弹性常数和弹性模量

3.1.3.1 正弹性模量和剪切弹性模量

材料在弹性状态时的三个常数中弹性模量 E（正弹性模量）和 G 是最重要的，许多工程零部件的运行依据都是弹性模量，很多工程运算也都会涉及。从虎克定律可以看出，弹性模量越大，变形量越小，弹性模量反映出金属材料抵抗弹性变形的能力，从数量上来讲，正弹性模量是变形量为 1 时需要的应力，所以也将弹性模量称为材料的刚度，弹性模量是金属材料重要的力学性能指标之一。

相比较而言构件的刚度则不仅与材料弹性模量 E 有关外，还与其截面形状和尺寸以及载荷作用方式有关。构件的刚度我们定义为构件发生单位应变所需要的载荷：

$$\sigma = E\varepsilon$$

而

$$\frac{P}{A_0} = E\varepsilon$$

可以写成

$$\frac{P}{\varepsilon} = A_0 E$$

这是构件的刚度。

弹性模量具有明显的方向性。在许多金属中弹性模量在不同晶体学方向上不一致，各向异性。例如，体心立方金属在 <111> 晶向弹性模量最大，沿 <100> 晶向最小。只有金属钨（W）是各向同性的金属。

多晶体中由于弹性模量为各晶粒弹性模量的统计平均值，所以呈现弹性模量各向同性。

常见材料的弹性模量和弹性常数见表 3-1。

表 3-1　常见材料的弹性常数

材　料	弹性模量 E/GPa	剪切弹性模量 G/GPa	泊松比 ν
铸　铁	110	51	0.17
α-Fe，钢	207 ~ 215	82	0.26 ~ 0.33
Cu	110 ~ 125	44 ~ 46	0.35 ~ 0.36
Al	70 ~ 72	25 ~ 26	0.33 ~ 0.34
Ni	200 ~ 215	80	0.30 ~ 0.31
7-3 黄铜	100	37	—
Ti	107	—	—
W	360	130	0.35
Pb	16 ~ 18	5.5 ~ 6.2	0.4 ~ 0.44
金刚石	1140	—	0.07
陶　瓷	58	24	0.23
石英玻璃	76	23	0.17
火石玻璃	60	25	0.22
有机玻璃	4	1.5	0.35
硬橡胶	5	2.4	0.20
橡　胶	0.1	0.03	0.42
烧结 Al_2O_3	325	—	0.16
尼　龙	2.8	—	0.40
蚕　丝	6.4	—	—
聚氯乙烯	2.5	—	0.33
聚乙烯	0.2	—	0.38

弹性模量是材料中原子结合能力的体现，所以具有明显的方向性——弹性模量各向异性。常见材料弹性模量的各向异性情况见表3-2。

表3-2 常见材料弹性模量的各向异性

材 料	单晶 E/MPa		多晶 E/MPa	单晶 G/MPa		多晶 G/MPa
	最大	最小		最大	最小	
Al	77000	64000	72000	29000	25000	27000
Cu	194000	68000	121000	77000	31000	44000
Ag	117000	44000	80000	44500	19700	27000
Au	114000	42000	81000	41000	18000	28000
α-Fe	290000	135000	214000	118000	61000	84000
W	400000	400000	—	155000	155000	—
Mg	51540	43700	45000	18400	17100	18000
Zn	126300	35600	100000	49700	27800	37000
Cd	83000	28800	51000	25100	18400	22000

3.1.3.2 泊松比

在更多的时候，我们假设，材料变形时其体积不变。如果这样的假设成立，必然有材料长度方向的变形与横向的变形相协调，即纵向发生伸长，横向就会收缩。试验发现，对于给定材料，在一定的温度，横向收缩和纵向伸长的比值是常数。这个常数称为泊松比，用符号 ν 表示。例如 x 方向是拉伸主作用力的方向，则有

$$\nu = -\frac{\varepsilon_{yy}}{\varepsilon_{xx}} = -\frac{\varepsilon_{zz}}{\varepsilon_{xx}}$$

弹性体在承受三个方向压缩的时候，由于变形的特殊性，需要用体积压缩系数这样的弹性常数 K 表示。但是这个物理量在各向同性材料中不是独立的参数。这些弹性常数之间可以用下式互换

$$K = \frac{E}{3(1-2\nu)}$$

由于晶体是各向异性的，所以弹性常数也具有各向异性。而泊松比 ν 则是完全弹性材料在弹性变形阶段，单向应力作用下，横向收缩与纵向伸长之间的比值，这个值在给定材料是常数。试验证明非完全弹性材料的泊松比 ν 也是常数。

3.1.3.3 弹性模量的本质和影响因素

A 弹性模量的本质

弹性模量的本质就可以认为是金属弹性的本质。弹性，实际上是外力作用下金属内部原子间距发生变化而保持金属的连续性，并能够自行恢复的本领。弹性模量可以认为是原子间作用力与原子间距的函数，并取决于金属原子本性和晶格类型。单质物质（固体）的弹性模量与元素在周期表中的位置那样具有周期性变化规律。根据原子结合特性，我们可以估计弹性模量的大小和金属弹性变形量的大小。从理论上计算，金属的弹性变形可以达到20%左右。但是实际金属中的弹性变形往往达不到1%。这主要是由于金属中塑性变形

容易发生，金属容易发生塑性变形而终止了弹性变形的发展。原子间结合力（能）越大，金属的弹性模量越大。

B 弹性模量的影响因素

弹性模量只与原子间作用力和晶体结构有关，如石墨和金刚石虽然都是碳原子构成，但是由于晶体结构不同其弹性模量差别比较大；而机械加工和热处理对弹性模量影响很小，所以提高弹性模量不能依靠热处理。它是一个对材料组织结构不敏感的力学性能指标，少量合金化、加载速率等对其影响都不大。但是如果合金化的量足够多或加入的合金元素形成特殊的化合物（第二相），则可能影响材料整体的弹性模量。应力状态的变化和加载速度的变化对弹性模量也没有明显的影响。

冷塑性变形虽然引起金属材料的加工硬化，但是会使弹性模量略有下降。温度提高会使弹性模量下降。

精密仪器工作台一般选择刚度大的金属材料，而且比较重（有的重达数吨），目的是尽可能减少外界振动对仪器结构的影响（尤其是光学仪器），选择质量大的工作台还有一个原因，就是在同样变形量的情况下，吸收更大的变形功（能量）。

当温度提高的时候，弹性模量会降低，这在不同材料中的变化情况差别比较大，往往与金属的熔点有关系。熔点高的金属弹性模量温度敏感性低。

3.1.4 弹性比功

3.1.4.1 概念

弹性比功是金属塑性变形前（弹性变形阶段）单位体积所能吸收弹性变形功的能力。其数值可以用应力-应变曲线下弹性变形阶段下面的面积来表示（图 3-3）。

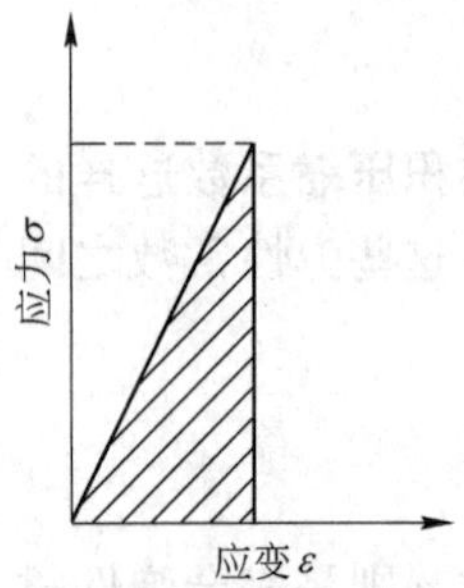

图 3-3 弹性比功的物理意义

由于弹性变形是与应变呈线性关系，即阴影部分的形状是个三角形。

所以

$$W = \frac{1}{2}\sigma\varepsilon$$

式中 σ——弹性应力；

ε——弹性应变。

所以材料的弹性极限越大、弹性比功越大。弹性比功在数值上等于外力对体系的做功。

证明如下：

设长度为 l，截面积为 A_0，体积为 V 的金属在外力 F 作用下伸长了 dl，又设单位应变能密度 dw。则外力做功

$$\mathrm{d}w = F\mathrm{d}l = \frac{F}{A_0}A_0\mathrm{d}l = \sigma\frac{\mathrm{d}l}{l}lA_0 = \sigma\mathrm{d}\varepsilon\cdot V$$

外力所做的功储存于弹性体中，变为弹性体的内能。则，单位体积的弹性应变能

$$\mathrm{d}W = \frac{\mathrm{d}w}{V} = \sigma\mathrm{d}\varepsilon$$

弹性变形过程中材料吸收的能量是变形从零增加到 ε 过程中逐步形成的，将此弹性应

变能对于变形量 ε 进行积分就成为弹性应变能——弹性比功

$$W = \int dW = \int_0^{\varepsilon} \sigma d\varepsilon = \int_0^{\varepsilon} E\varepsilon d\varepsilon = \frac{1}{2}E\varepsilon^2 = \frac{1}{2}\sigma\varepsilon$$

3.1.4.2 提高弹性比功的途径

弹性极限对应的弹性比功是材料最大弹性比功。弹性比功的物理意义在于，材料在弹性变形过程中吸收能量的本领，同样表示材料在外力消除后变形恢复过程中释放能量并做功的本领。弹性极限 σ_e 是由弹性变形过渡到弹-塑性变形时候的应力，工程上难以测得，故国家标准已将其删除。应用残余伸长率为 0.01% 的应力为弹性极限，与屈服强度的概念是一致的，都表示对微量塑变的抗力，且都是对组织敏感的指标。

由于弹性模量 E 对组织不敏感，所以只有用提高弹性极限的方法。

从表 3-3 中可以看出，弹性极限越高，弹性比功越大，材料的弹性越好，越不容易发生塑性形变。弹簧就是使用高弹性比功的材料（问题：为什么火车车厢使用粗大弹簧？——体积越大吸收的弹性变形功越多）。

表 3-3　常见材料的最大弹性比功

材　料	弹性模量 E/MPa	弹性极限/MPa	弹性比功 W/MJ · m^{-3}
高碳弹簧钢	210000	965	0.226
65Mn	200000	1380	4.761
55Si2Mn	200000	1480	5.476
50CrV	200000	1420	3.041
不锈钢（冷轧）	200000	1000	2.5
铍青铜	120000	388	1.44
磷青铜	101000	450	1.0

3.1.4.3 弹性比功的应用

弹性比功的常见应用主要有：

（1）合金化。弹簧是典型的弹性状态下工作的零件，其重要作用是减振和储能驱动。因此，要具有较高的弹性比功和良好的弹性。生产上弹簧钢含碳较高，并加入硅、锰等合金元素以强化铁素体基体，更重要的大截面弹簧钢还添加铬、钒等合金元素。

（2）热处理。经淬火加中温回火获得回火屈氏体组织，可以使钢铁材料具有较高的弹性极限。所以弹簧钢经常采用淬火 + 中温回火（380 ~ 470℃）处理。

（3）冷变形强化。冷变形强化可以有效地提高弹性极限，使弹性比功和弹性增加。为了满足各种钢制弹簧的技术性能要求。仪表弹簧因要求无磁性，常用铍青铜或磷青铜等软弹簧材料制造。这类材料 E 值较低而 σ_e 值较高，故也有较高的弹性比功。

3.1.5 弹性不完善性

3.1.5.1 滞弹性

A　概念

如果材料内部发生的弹性变形，外力消除之后能够随即消除，即与外力之间保持同步性，则称为完全弹性、理想弹性。在很多情况下，材料的弹性变形不仅与应力有关，而且还与时间有关。在快速加载时，应力达到的瞬间（由于弹性应力波以固体中声波的速度传播，所以瞬间能够达到）应变不能达到，而应变滞后于应力，如果保持这个应力一定时间则随时间延长而逐步发展弹性变形，经过一定时间达到这个应力对应的弹性变形。卸载时的情况刚好与之相反：外力消除后弹性变形也不能立即消除而是经过一定的时间逐步消除。这种现象称为滞弹性（图 3-4），也称为弹性后效。

滞弹性应变现象与材料成分、组织有关，也与试验条件有关。材料组织越不均匀，滞弹性越明显。钢经淬火或塑性变形后，由于增加了组织不均匀性，故滞弹性倾向增大。加载速度越大，弹性滞后可能越大。

B　弹性后效的机制

一般认为钢铁材料中的弹性后效与其中的间隙原子扩散有关。如图 3-5 所示，z 向受拉力作用，使 z 向原子间距拉大，而 x、y 向原子间距变小，这样 x、y 向分布的碳原子就向 z 向扩散。碳原子扩散使 x、y 向的原子间距紧缩，z 向胀长，故引起 z 向的变形。若去除外力，扩散到 z 向的原子受挤压又回到 x、y 向，使其扩散到 z 向引起的弹性变形消失。

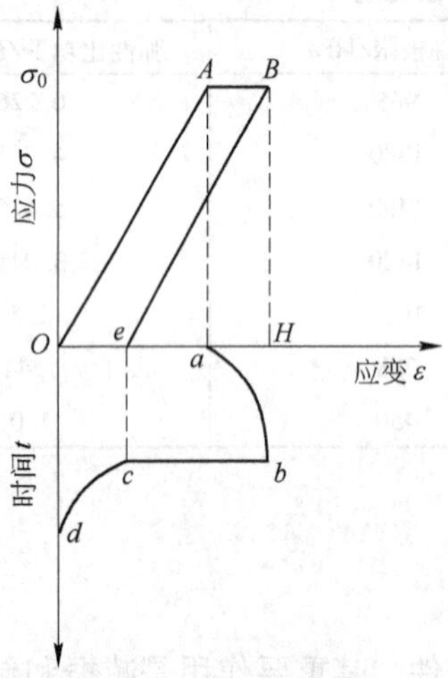

图 3-4　材料的滞弹性

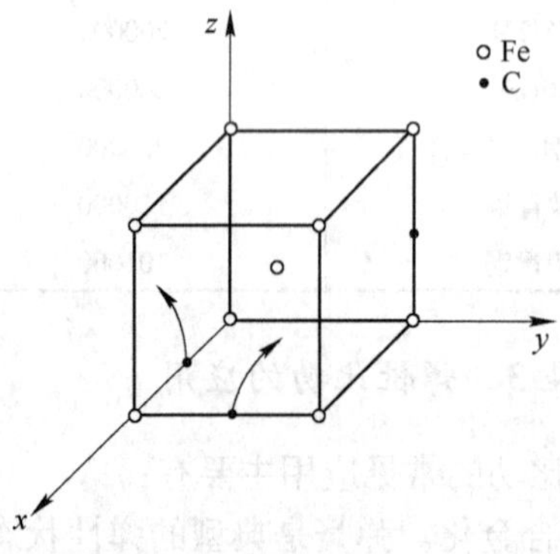

图 3-5　铁中碳原子在应力作用下的定向扩散

拉力：x、y 向分布的碳原子⟶向 z 方向扩散。

卸载：z 向的碳原子受挤压⟶回到 x、y 向的位置。

C　弹性后效的危害

破坏弹性变形和应力之间的一一对应关系。很多仪器仪表应用了弹性变形阶段应力和应变的一一对应的单值关系，由于弹性后效仪器仪表也就失灵。另外要求严格的乐器的琴弦不允许有弹性滞后，否则琴音发生变化，降低音乐质量。

D　滞弹性的消除

试验证明，金属经过回火可以有效地去除弹性滞后。作用是通过适当温度加热，使间隙原子移动到位错、空位和晶界去。既可以松弛这些缺陷的应力，又可以使其自身变得比较稳定。

对钢材一般 300 ~400℃长时间回火，铜合金一般 150 ~200℃长时间回火。

E 弹性滞后环

如果存在弹性滞后，在单向加载、卸载时，由于应变落后于应力，加载线与卸载线不能形成一条线，而组成一个封闭回路，称为弹性滞后环，如图3-6所示。如外加载荷为交变载荷，也得到弹性滞后环。

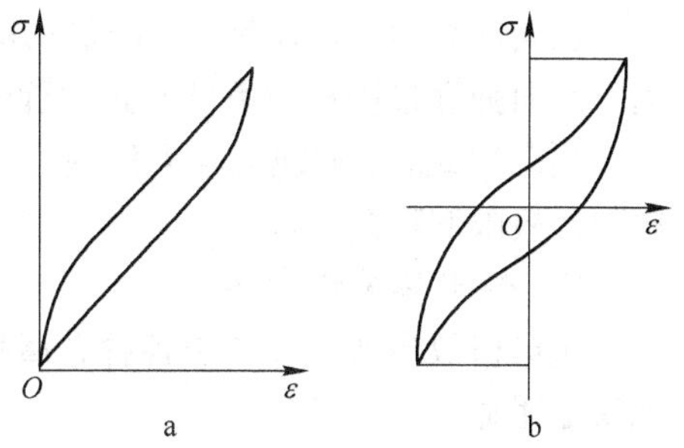

图3-6 弹性滞后环
a—单向加载卸载；b—双向加载卸载

滞后环所包围的面积表示金属加载时消耗于金属的变形功大于卸载时金属释放的变形功，反映出材料吸收不可逆变形功的能力，称为循环韧性或消振性，也是金属材料的力学性能之一。显然，变形吸收功大于恢复释放功，说明在弹性变形过程中吸收了能量，所以弹性滞后大的金属对交变载荷的吸收能力大，如果这个交变载荷是振动能量，那么弹性滞后大的金属对振动能量的吸收本领大。循环韧性越高，吸收不可逆变形功越大，可以起到消除机械噪声的效果。飞机机体材料应选择循环韧性高的材料。而制作音叉、琴弦的材料必须是循环韧性特别小的材料。

生产上为了降低机械噪声，抑制高速机械的振动，防止共振导致疲劳断裂，保证机器稳定运转，如机床床身、发动机缸体、底座选用灰铸铁制造，汽轮机叶片用1Cr13钢制造等。

但对仪表和精密机械，在选用重要传感元件的材料时，要求材料的循环韧性（滞弹性）低，以保证仪表具有足够的精度和灵敏度。乐器所用金属材料的循环韧性越小，其音质越佳。

3.1.5.2 包申格效应

A 概念

金属材料在预先加载之后达到弹性极限程度的变形，卸载后再同向加载，弹性极限 σ_e 和屈服强度 σ_s 就会升高；如果达到弹性极限之后反向加载，σ_e 和 σ_s 则下降，这种现象称为包申格效应（图3-7）。

B 包申格效应的机制

包申格效应可以用位错理论解释。当金属加载产生微量塑性变形后，会在与加力方向成45°方向的许多晶粒内形成位错塞积群（图3-8），这个位错塞积群对位错源产生一个反向作用力 τ'。

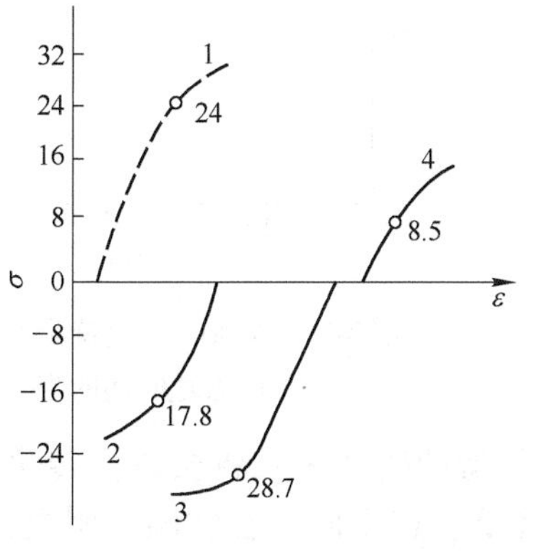

图3-7 试验验证的包申格效应

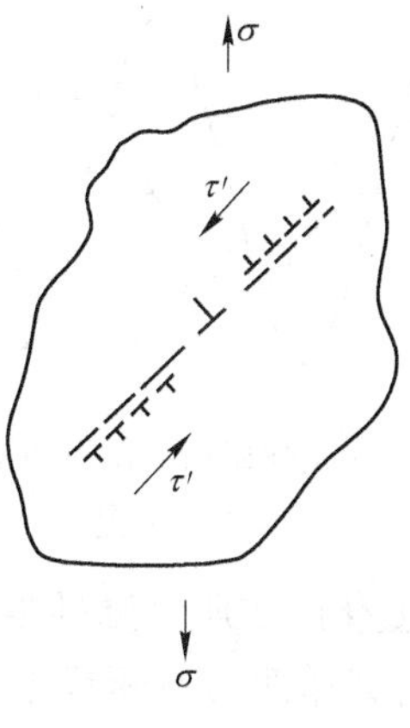

图3-8 包申格效应的机制

反向加载时，τ'起着一个附加的助力作用，使反向载荷在较低情况下就可使位错源开动。反向弹性极限载荷就低于正向弹性极限载荷。

同向加载时，τ'起着阻力作用，外加载只有大于原先载荷时，位错源才能开动，使这次弹性极限载荷高于前一次。

C 包申格效应危害

包申格效应普遍存在于各种金属材料中，在退火或高温回火状态的低碳低合金钢中表现得更明显。

(1) 对金属材料的疲劳强度有明显的影响。由于包申格效应，材料的疲劳强度降低。

(2) 工程中通过成型工艺制造的构件，如管线钢，希望无包申格效应，因为反向加载使用有危害。

D 包申格效应去除办法

只要消除位错塞积状态就可以消除包申格效应。

退火热处理：钢为400～500℃；铜为250～270℃。

前面两种弹性不完善性在交变载荷作用下表现为应变连续地落后于应力，在应力、应变-时间轴上形成如图3-9所示的形式。

实际上这个时候金属内部吸收一部分能量，使无源交变载荷不断减弱，出现衰减现象，使有源交变载荷不断消耗能量。这种现象称为内耗。

前面已经讨论了弹性变形落后于所施加的载荷。如果在零部件中弹性变形保持比较长的时间会怎么样？例如，一个拧紧的螺栓，经过一定的时间之后变得松动了；机器设备运行一段时间之后也检修，为什么呢？

在恒定的应变量、恒定的温度条件下，保持足够的时间，并同时测定零部件内部应力的时候，可以测定到如图3-10的曲线。这个曲线称为应力松弛曲线。曲线的*ab*段是曲线，*bc*段转为直线。原来材料在一定的应力状态下工作一段时间之后，会使原来的应力不断地自动减小。这个现象称为应力松弛。如图3-10所示，*ab*段就是由于载荷加上之后，随时间延长弹性变形不断增加，使零部件应力不断减少的结果。

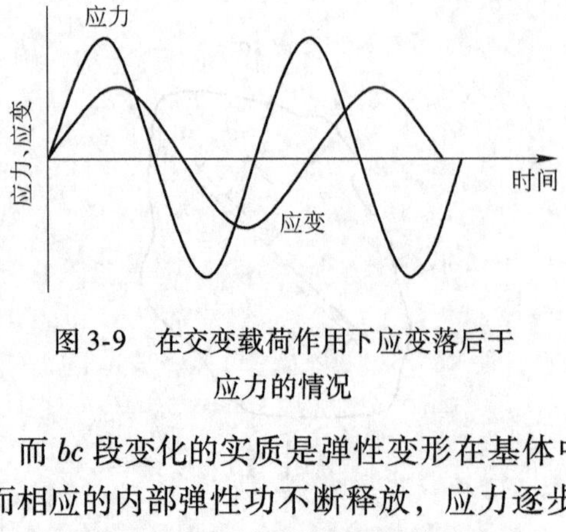

图3-9 在交变载荷作用下应变落后于应力的情况

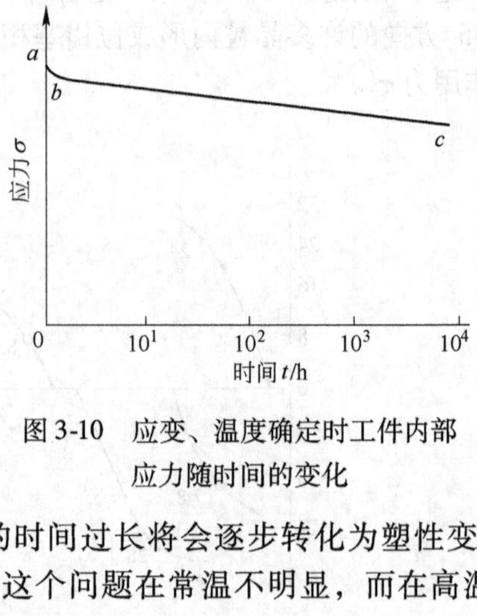

图3-10 应变、温度确定时工件内部应力随时间的变化

而*bc*段变化的实质是弹性变形在基体中保持的时间过长将会逐步转化为塑性变形，因而相应的内部弹性功不断释放，应力逐步降低。这个问题在常温不明显，而在高温显著，所以放在金属的高温性能部分讨论。

3.1.5.3 超弹性

1940 年，Г. В. КУРДЮМОВ 在银-镉合金中发现马氏体相变伴随大量弹性变形而进行。这种马氏体相变时发生的可逆转变是借助弹性变形实现的，比如温度降低马氏体长大，化学能增大，弹性变形增大；达到化学能和弹性变形能相平衡的时候马氏体长大停止，再进一步降低温度马氏体还可以长大。相变在物体内部积累了大量弹性变形。在一定的温度范围这种相变能够可逆地进行，被称作热弹性马氏体。在有热弹性马氏体的材料中还发现，即使温度不变化，而施加弹性应力，也能够形成马氏体和它的逆转变。这种现象在宏观上表现出大的弹性变形。这种大量的弹性变形称为超弹性。银-镉合金中的弹性变形可以达到5% ~6%，已经发现有些合金中的弹性变形达到10%。

研究证明，形成这样大变形量的弹性应变需要两个基本条件：

（1）从热力学上讲，这种相变的热滞量要小，即转变和逆转变的临界温度相近。通常不超过30℃。这样相变的势垒低，两相的比容差小。相变过程的切变量不大。

（2）研究证明，这种热弹性马氏体必须和母相之间保持共格界面。马氏体形成和逆转变是靠这个共格界面往复移动实现的。这样的转变过程不是依靠扩散，而是结构转变的弹性作用。

3.2 塑性变形

3.2.1 塑性变形的方式和特点

3.2.1.1 塑性变形的基本方式

在一般情况下金属材料塑性变形的方式主要有两种：滑移和孪生，在特殊情况下还有其他变形方式——晶界滑动和扩散蠕变。

A 滑移

滑移是金属在切应力作用下晶体的一部分沿着一定的晶面和晶向相对于另一部分进行的切变过程。这里提到的切应力是指剪应力，而正应力只能造成材料的正断，不能造成变形。这些引起滑移的晶面和晶向称为滑移面和滑移方向，在给定金属中都是确定的，如体心立方金属中是（110）和［111］，而在面心立方晶体中是（111）和［110］。每个滑移面和该面上的一个滑移方向组成一个滑移系，表示金属在滑移时可能采取的空间取向。一般来说，滑移面是原子排列密度最大的晶面，滑移方向是滑移面上原子排列密度最大的方向。金属的滑移系越多，其塑性可能越好（体心立方结构的潜在滑移系比较多，但是这些滑移系不是同时启动的，而是在不同的温度范围有不同的滑移系启动为主，所以体心立方金属的变形能力没有面心立方金属好）。滑移变形的位错运动机理说明，滑移不改变晶体位向。

B 孪生

孪生是发生在金属内局部区域的一个均匀切变过程，孪生在晶体中往往在部分区域内进行。孪生区域内发生的切变在相邻晶面之间引起等距离的位移。切变后，已变形区的晶体取向与未变形区的晶体取向之间以孪生面成镜面对称关系。它也是沿着晶体中特定的晶面和晶向进行的。除了特殊金属之外，孪生产生的变形量比较小，但它可以通过改变晶体的取向，使晶体的滑移系由原来难于滑动的取向转到容易滑动的取向，从而促进塑性变形。在同一种金属中，滑移变形与孪生变形相比较，滑移比较容易进行而孪生比较难以发生。

一般在滑移很难启动、应力变化速度过快（例如冲击）、温度比较低等情况下金属才以孪生方式变形。

C 晶界滑动和扩散蠕变

金属的塑性变形的辅助方式还有晶界滑动（移动）和扩散蠕变两种，这两种方式都是在特殊情况下发生的。在多晶体金属发生变形时，优先达到临界分切应力的晶粒开始滑移，随着变形量的不断增加，晶粒不断转动，由晶界上的滑动使相邻的晶粒保持连接，这是晶界进行调整的结果；在高温恒定应力作用下经过长时间运行时，发生应力作用下的扩散，也使晶粒不断变形。

3.2.1.2 塑性变形的特点

A 单晶体金属塑性变形的特点

单晶体金属塑性变形是位错运动的结果，在克服了远低于整体滑移切应力的位错滑移阻力（P-N 力）后，位错逐步滑移，实现塑性变形。

B 多晶体金属塑性变形的特点

多晶体金属塑性变形的机理与单晶体相同，是由无数的单晶体集体变形或相继变形而产生的，具有以下特点：

（1）塑性变形的不同时性。各个不同的晶粒中晶体取向有利于滑移的晶粒将首先达到临界分切应力值而发生塑性变形。继续增大应力，其他晶粒以晶体位向有利顺序先后投入变形。

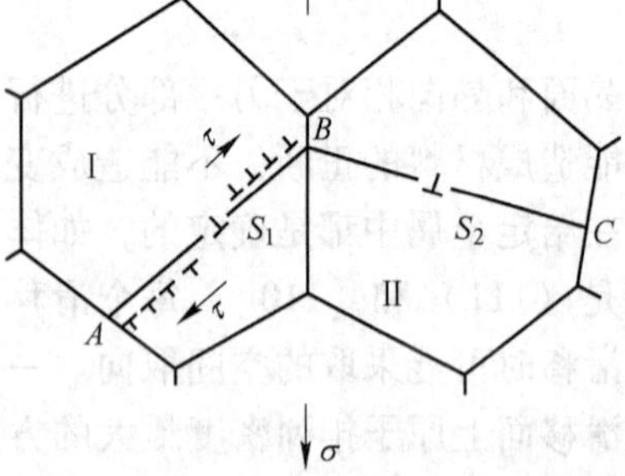

图 3-11 多晶体相邻晶粒滑移变形模型

多晶体塑性变形是由各个晶粒的变形共同实现的，虽然各个晶粒提供的变形量不同，随着变形量的增大，各晶粒的变形量差异逐步变小。每一个晶粒内部变形过程也主要是滑移过程。图 3-11 表示两个相邻晶粒位错塞积数量不同、变形不同。

1）各个晶粒上可以观察到滑移线，但都终止于晶界。晶界两侧的滑移线并不连续，这说明每个晶粒内都有自己的位错，并沿自己的滑移面运动，从而产生自己的变形，而不是一个位错可以连续穿过几个晶粒运动，以实现塑性变形。其过程可由图 3-11 示意说明。

2）晶粒 I 的位错源首先开动，由于晶界的阻碍，这些位错环被塞积成一个位错塞积群。必定在晶界处产生一个很大的应力集中。

3）位错塞积群不仅对晶界有应力集中，且对前端的应力场也很大，作用到晶粒Ⅱ的位错源 S_2处，与以施加在晶体上的切应力叠加在此处共同作用，使 S_2位错源开动。

4）变形过程以这样的方式不断传递下去。

（2）变形的不均匀性。由于各个晶粒处于不同的应力状态和不同的晶体位向，滑移程度不同，变形彼此相互制约，所以即使是同一晶粒的不同部位，变形也是不相同的。不同的晶粒更是由于分切应力不同，变形程度不同。

（3）晶界的作用。晶界在晶体中是提供强度的部分，尤其是在单相合金中。晶界的强度比晶粒内部高，所以通过细化晶粒提高强度是常用的强化方法。另一方面，在变形过程中，金属作为一个整体，其各个晶粒必须保持相互连接或不发生重叠，变形时必须相互协调，否则晶体开裂或重叠。这样的协调是通过晶界来实现的。至今还没有令人满意的晶界协调作用的物理模型。我们可以认为，在大角度晶界上随着变形，晶界的厚度在一定范围内发生变化以适应变形的晶体结构。

3.2.2 屈服现象和屈服点

3.2.2.1 屈服现象

金属材料受到的拉伸应力超过弹性极限时，从弹性变形过渡到塑性变形，这时不增加应力，试样仍然伸长；或者应力突然下降，然后在应力不增加或上下波动的情况下，试样继续伸长，这种现象称为屈服现象。应力上下波动的屈服现象称为物理屈服。如图3-12所示，很多材料的拉伸曲线不出现明显的屈服平台，如黄铜的拉伸曲线。对于这样的材料，屈服的定义是产生一定百分比的应变所对应的载荷便是屈服强度 $R_{0.2}$。测定方法参见第2章。

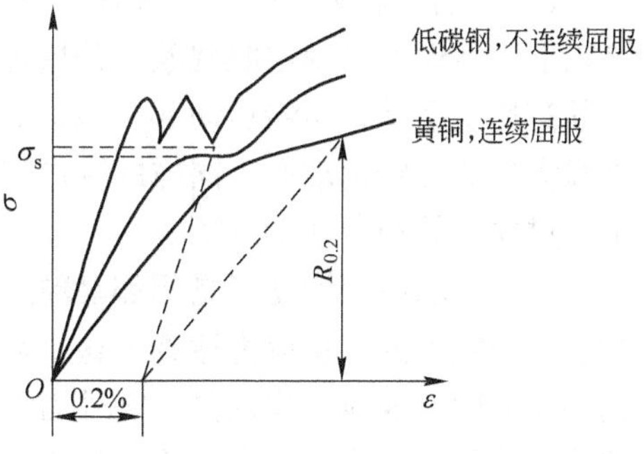

图3-12 低碳钢和黄铜的不同屈服现象

锯齿状曲线波动部分的第一个拐点对应的应力是上屈服点 R_{HL}，而将下屈服点对应的应力 σ_s 称为屈服点用符号 R_{eL} 表示，材料在屈服过程中的伸长变形是不均匀的，从上屈服点下降到下屈服点，材料的局部出现与拉伸轴成45°的变形痕迹，并沿试样长度方向逐渐扩展，当这样的变形痕迹布满试样长度时，试样进入均匀塑性变形阶段。拉伸曲线进入连续上升阶段。

物理屈服发生后，卸载随即马上加载，屈服现象不再出现；如果屈服现象出现后停留足够的时间在进行拉伸，屈服现象还会出现，这个现象称为屈服时效。屈服时效后加载屈服强度则增大。

在均匀塑性变形阶段卸载后把试件在100～200℃温度下回火2h，再加载，则屈服强度升高，且又出现物理屈服现象，称之为应变时效。

如果物理屈服现象的锯齿形应力-应变曲线在一些其他条件下伴随塑性变形间断或不间断的出现，属于一种特殊现象：如一般低碳钢在200～300℃拉伸会出现这个现象，它是金属的蓝脆。

A 物理屈服的机制

物理屈服有两种理论：

（1）柯氏气团。低碳钢的屈服现象可用位错理论说明：退火低碳钢是以铁素体为基的合金，铁素体中固熔的碳（氮）原子形成的膨胀应变与刃位错交互作用形成柯氏气团（图3-13），从而钉锚了刃型位错，使整个系统处于低能量状态，外力使位错移开始运动，

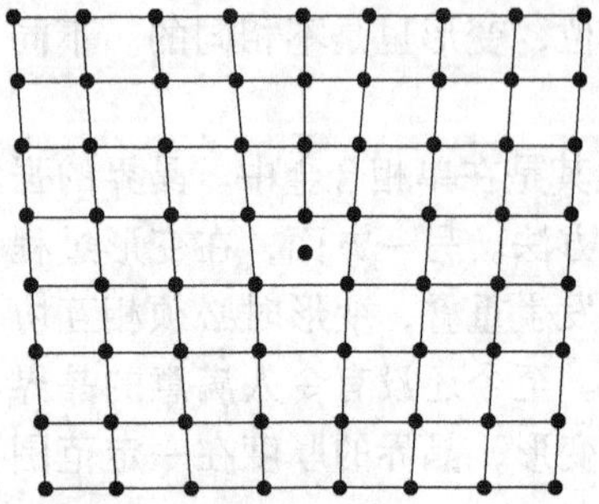

图 3-13 刃型位错下端的熔质原子松弛位错的应力场

系统的能量升高，位错运动遇到阻力。因此在开始塑性变形时，必须提高外力克服柯氏气团的锚力，才能使位错运动。但是位错一旦脱离了溶质原子的锚固，继续运动阻力就小了。这就是上屈服点。脱离了溶质原子的钉锚作用位错的运动阻力减小，金属就可以在比较小的外力作用下继续滑移，一直到位错数目大幅度增加，形成新的滑移阻力，这个时候便出现了下屈服点。所以屈服点的出现应该有这样一些条件：

1）铁素体晶体中有少量间隙杂质元素；

2）晶体中开始滑移时位错数目比较少而随变形增加位错数目迅速增加；

3）晶体的原始状态是非加工硬化的。

（2）在没有碳（氮）等间隙原子的另外一些晶体也发现有屈服点现象。这种现象应该在下列条件下出现屈服现象：开始运动位错数量比较少，所以产生一定的变形要求位错必须高速度运动，位错运动起来以后，很快相互之间交割、繁殖，使位错数量迅速增加。这样大量的位错运动产生同样的变形位错的速度可以慢下来，或者需要的外力可以比较小了。这样屈服现象就形成了。

由于多晶体塑性变形是相邻晶粒逐个进行的，其中某个晶粒中位错源开动是通过外力在这个晶粒中的分切应力达到了这个晶粒的临界分切应力而开始滑移变形。而这个变形在相邻晶粒中造成应力作用叠加在外力上，使相邻晶粒的位错源启动。依此类推，不同位向的晶粒按照分切应力的大小依次投入滑移，积累的位错形成位错塞积，塞积群产生新的作用应力。塞积群的应力集中作用是多晶体变形的主要机理。每个晶粒位错源的开动都需要克服柯氏气团的锚力，但开动后，因变形应力又很快降下来，于是就形成了锯齿形的屈服曲线。

根据这种解释，可以说明应变时效现象为什么在预先塑性变形（使位错脱离了间隙原子的钉锚）后不再出现和加热时效或者放置一段时间（间隙原子又重新扩散到位错受膨胀部位而再次形成柯氏气团）后又再次出现的原因。

少量的预先塑性变形是避免屈服点现象的最有效的方法。

如果在卸载后再加热时效，由于位错的应力场和碳（氮）原子造成的应变场相互作用，这些间隙原子又会扩散移至刃位错周围形成柯氏气团。第二次加载开始屈服变形时，就需要重新克服柯氏气团作用，再次出现屈服现象。由于第二次加载前，材料因前次变形位错密度升高其弹性极限升高，所以在第二次加载时，在弹性极限提高的基础上又须再进一步克服柯氏气团的作用，因而屈服平台较第一次的应力水平高，这种现象称为时效。

在 200～300℃时出现金属的硬度提高而塑性降低的现象，由于断口是氧化蓝色所以称为蓝脆，应力-应变曲线变成锯齿形，这是由于塑变使柯氏气团消失，而 200～300℃温度又使柯氏气团形成。这样周而复始，应力-应变曲线就成锯齿形。这个过程由于热运动及扩散，碳、氮原子运动因温度而加快，能够追上位错的运动。蓝脆是一个危害材料力学性能的一个重要现象。在热处理中很多操作工艺都是为避开这一危害而设定的。

在一些没有溶质原子的金属中也观察到屈服现象，这时柯氏气团就不能解释这个现象了。位错理论告诉我们，出现屈服现象必须在下列条件之下：

（1）材料中开始时可移动位错数量比较少，这样产生一定塑性变形必须加大外力使少量位错快速运动。

（2）开始后，必须通过位错运动能够很快形成比较多的位错，因大量的位错运动而变形抗力短时下降。

（3）随即产生加工硬化进入均匀变形阶段。

B 危害

物理屈服现象有两个明显的作用：变形过程没有产生加工硬化作用——应力不增加情况下变形量增加；金属不能发生均匀变形——屈服塑性变形是不均匀的。不产生加工硬化对于变形加工来讲降低能量消耗是一件好事，但是对于构件安全使用构成巨大的危害。不能发生均匀变形对于冲压件的生产带来很大的麻烦——很易产生皱褶、制耳造成废品。

应变时效使性能随时间而改变，一般为屈服强度 σ_s（$R_{0.2}$）增加而塑性 φ（延伸率 $A\%$ 或断面收缩率 $Z\%$）降低，冲击韧性降低，K_{IC}降低，韧脆转变温度 T_c升高，易于出现冷脆断裂。

蓝脆也严重地损害材料的力学性能，其危害类似于应变时效，这种危害面广、危害大必须予以足够的重视。

C 去除办法

皱褶与制耳是物理屈服造成的，在冲压以前先实施微量轧制，使之产生少量塑性变形越过物理屈服再冲压，就可以避免这些缺陷的形成。

3.2.2.2 屈服强度 σ_s（$R_{0.2}$）

屈服强度是表征材料对微量塑性变形的抵抗力。对于拉伸实验中出现屈服平台或屈服齿的材料应力-应变曲线，直接以平台或下屈服齿对应的应力表示材料的屈服强度 σ_s；对于没有明显物理屈服现象的材料，则规定残余应变为 0.2% 对应的应力为屈服强度，用 $R_{0.2}$表示。

3.2.2.3 金属材料的屈服判据

屈服强度是金属材料重要的力学性能指标，它是工程上从静强度角度选择韧性材料的基本判据，因为实际零件不可能在抗拉强度对应的那样大的均匀塑性变形条件下服役。

机件选材步骤如下：根据服役条件（采用屈服判据）确定构件受力水平→根据使用经验（选择所谓的安全系数）确定材料屈服应力→试验分析材料性能并选择合适的材料。

因此，传统的强度设计方法规定，许用应力 $[\sigma]=\dfrac{\sigma_s}{n}$，$n$ 为安全系数，$n\geqslant 1$。

即使是对于复杂的受载状况，单向拉伸试验测得的 σ_s（$R_{0.2}$）仍然是建立屈服判据的重要指标。传统的屈服判据有两种：

（1）最大切应力屈服判据（屈雷斯加判据，第三强度理论）。最大切应力或当量最大切应力达到金属的拉伸屈服强度时将出现屈服现象。利用材料力学可以推导出最大切应力屈服判据为：

$$\sigma_1-\sigma_3\geqslant\sigma_s$$

（2）畸变能屈服判据（米赛斯判据，第四强度理论，较接近实际）。当畸变能达到单向拉伸屈服的畸变能时将出现屈服现象，利用材料力学可以推导出畸变能屈服判据为：

$$(\sigma_1-\sigma_2)^2+(\sigma_2-\sigma_3)^2+(\sigma_3-\sigma_1)^2\geqslant 2\sigma_s^2$$

式中 σ_1，σ_2，σ_3——主应力，$\sigma_1>\sigma_2>\sigma_3$。

屈服判据的理论基础为：对单晶体来说，它表示位错开始滑移，位错源开始启动，并在晶体表面出现第一条滑移线对应的抗力；对多晶体来说，第一条滑移线无法观察，而是把产生微量塑变（三个以上的晶粒参加滑移）时的应力定义为屈服强度。

屈服判据实际上就是机件开始塑性变形的强度设计准则。按这些准则设计机件，人们自然希望选择屈服强度高的材料，以减轻机件的质量，减小机件的体积、尺寸和节约材料。但追求过高的屈服强度，会增大屈服强度与抗拉强度的比值（屈强比），不利于某些应力集中部位的应力重新分布，极易引起脆性断裂。

对于具体机件，应选择多大数值的屈服强度的材料为最佳，原则上应视机件的形状及其所受的应力状态、应变速率等决定。实践证明，若机件截面形状变化较大、所受应力状态较硬、应变速率较高，则应选择屈服强度数值较低的材料，以防机件发生脆性断裂。

3.2.3 屈服强度的影响因素及提高屈服强度的途径

金属材料一般是多晶体合金，不仅具有多晶粒，往往具有多相组织，因此，讨论影响屈服强度的因素，必须注意以下三点：

（1）屈服变形是位错增殖和运动的结果，凡影响位错增殖和运动的各种因素必然要影响屈服强度；

（2）实际金属材料的力学行为是由许多晶粒综合作用的结果，因此，要考虑晶界、相邻晶粒的约束、材料的化学成分以及第二相的影响；

（3）各种外界因素通过影响位错运动而影响屈服强度。

下面从内、外两方面因素来进行分析。

3.2.3.1 内在因素

A 金属本性及晶格类型

金属的塑性变形是外力作用于晶体，通过克服晶体内部各种微观结构造成的位错运动阻力使位错滑移而产生的切变。位错密度增大，位错运动所受的阻力也增大，屈服强度也随之提高。滑移阻力由下列因素构成：

（1）晶格阻力（派-纳力 $\tau_{\text{p-n}}$）。纯金属单晶体的屈服强度从理论上来说是使位错开始运动的临界切应力，其值由位错在滑移面上启动的晶格摩擦力决定。晶格的内摩擦力在20世纪40年代后期由Pereils和Nabarro分别证明得到的，称为派-纳力 $\tau_{\text{p-n}}$。

$\tau_{\text{p-n}}$ 与位错宽度及柏氏矢量有关，两者又都与晶体结构有关。

$$\tau_{\text{p-n}}=\frac{2G}{1-\nu}\exp\left[-\frac{2\pi a}{b(1-\nu)}\right]=\frac{2G}{1-\nu}\exp\left(-\frac{2\pi w}{b}\right) \tag{3-7}$$

式中 G——切变模量；

ν——泊松比；

a——滑移面的晶面间距，即垂直于滑移方向的原子间距；

b——柏氏矢量的模，即沿滑移方向的原子间距；

w——位错半宽度，$w=\dfrac{a}{1-\nu}$。

派-纳力指出了位错滑移的选择性（滑移面是原子间距最大的那些晶面；滑移方向是原子间距最小的晶向）和滑移要素的确定性（各种晶体中滑移面和滑移方向都是确定不变的，变形沿阻力最小的原子面和阻力最小的晶体方向进行）。

（2）位错源开动的阻力。两端被固定的一段位错如果滑移，它就有可能成为位错源。两头被钉扎的一段位错弯曲需要的外力，与位错弯曲的曲率半径成反比。这是由于位错弯曲时畸变能增加需要额外的作用力。可以证明

$$\tau=\frac{T}{br}=\frac{Gb}{2r}=\frac{Gb}{L} \tag{3-8}$$

式中 G——切变模量；

b——滑移矢量；

L——两端固定的位错线长度。

L 越短，滑移阻力越大。这样的钉扎作用显然与晶粒大小有关。晶粒细化时 L 就减小，变形阻力增加。

如果 L 长度位错两端被固定而能够滑移弯曲成半圆，那么这段位错就可以作为 F-R 源启动并使晶体屈服了。

（3）位错间交互作用阻力。这种作用力可以认为有两种：

1）平行位错间交互作用产生的阻力——平行的同号、同类型位错之间相互排斥，同类型异号位错之间相互吸引，而平行的螺位错和刃位错之间没有相互作用；

2）运动位错与林位错（与运动位错不在同一个滑移面上的其他位错）间交互作用产生的阻力。当运动位错切割这些林位错时，两者之间相互交割形成割节或者扭折。两者都正比于 Gb，而反比于位错间距离 d，即

$$\tau=\frac{\alpha Gb}{d} \tag{3-9}$$

式中 α——比例系数；

其他符号意义同前。

位错理论中，四种位错运动阻力，都与 G 成正比。金属自身所有的 G、b、α 都对屈服强度有影响。位错密度增加，τ 也增加，所以屈服强度也随之提高。

B 晶粒大小和亚结构

晶粒大小决定了晶界的数量，而晶界是位错运动的障碍，所以晶粒越小，屈服强度越大（细晶强化，纳米金属材料中有专门的研究）。金属的晶粒大小对屈服强度的影响符合 Hall-Petch 关系式：

$$\sigma_s=\sigma_i+K_y d^{-\frac{1}{2}} \tag{3-10}$$

式中 σ_i——晶内滑移阻力，位错在金属中运动受到的总阻力（摩擦阻力），决定于位错密度和晶体结构；

K_y——晶界对强化贡献大小的钉扎常数；

d——晶粒平均粒径，mm。

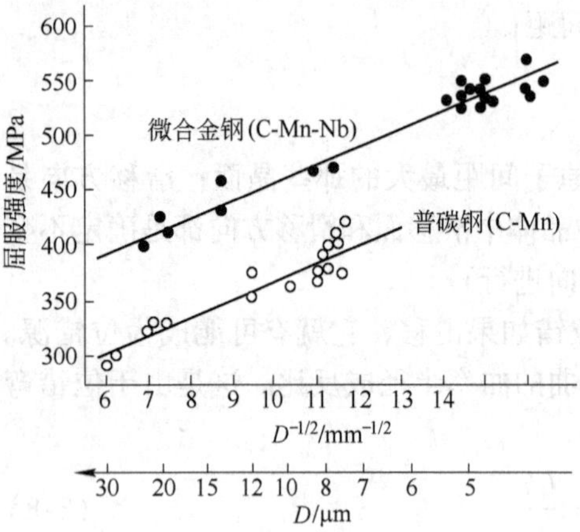

图 3-14 普碳钢和微合金钢晶粒大小与屈服强度的关系

普碳钢和微合金钢的晶粒大小与屈服强度的关系如图 3-14 所示。

细晶强化不仅可以提高金属的屈服强度，而且还可以提高塑性和韧性，是金属强韧化的一种好方法，是其他强化方法难以达到的。

对于以铁素体为基的钢而言，晶粒大小在 0.3～400μm 之间都符合这一关系。奥氏体钢也适用这一关系，但其 K_y 值较铁素体的小 1/2，这是因为奥氏体晶体结构具有更高的对称性和具有更密排的原子面，位错的钉扎作用较小所致。Hall-Petch 关系中的 d 不仅可以表示晶粒大小对强度的贡献，还可以表示诸如珠光体中片层间距、亚晶尺寸大小、珠光体集团大小、甚至铸造组织中共晶团的大小等组织因素与强度之间的关系。

因为 bcc 金属比 fcc 和 hcp 金属的 K_y 值都高，所以 bcc 金属细晶强化效果最好，而 fcc 和 hcp 金属则较差。

亚晶界也阻碍位错的运动，提高屈服强度，其影响规律也符合 Hall-Petch 关系式，只是 K_y 值不同。

C 溶质元素

固溶体合金中溶质原子引起原子周围的晶格发生畸变，产生应力场，与位错应力场相互作用，使位错运动受阻，从而使屈服强度提高，称为固溶强化。无论是置换溶质原子还是间隙溶质原子，都能够不同程度地造成强化。除了由于原子尺寸不同使晶格平直原子排列致密情况发生变化外，还通过其他一系列途径造成位错运动阻力。间隙原子造成的强化比代位原子造成的强化程度大得多。

固溶强化包括溶质原子造成的尺寸不同、结合方式不同、弹性模量不同、化合倾向不同等原因造成的强度提高以外，固溶强化的主要原因是位错和溶质的交互作用结果。有的是对位错的钉扎作用，影响位错启动造成强化，间隙溶质原子碳、氮与刃位错交互作用造成强化称为“柯氏气团”、与螺位错交互作用形成的强化称为“史氏气团”，而如果与层错相互作用形成的强化称为“铃木气团”。铁素体钢中不同合金元素对于屈服强度的影响如图 3-15 所示。有的是对位错运动起阻碍作用，影响位错运动。所以固溶强化不仅提高屈服强度，同时也提高整个应力应变曲线水平。

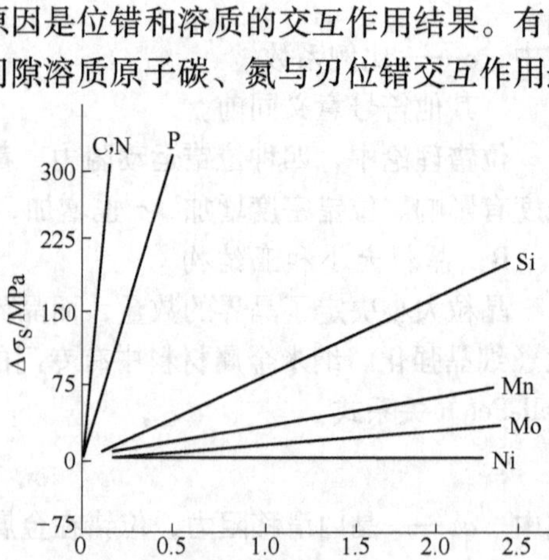

图 3-15 低碳铁素体钢中各元素的固溶强化作用

合金元素每增加 1% 对铁素体强度和冲击转变温度的影响见表 3-4。

D 第二相

工程上的金属材料，特别是高强度合金，其显微组织一般是多相的。除了基体相以外的

表 3-4 合金元素每增加 1% 对铁素体强度和冲击转变温度的影响

性能指标	C	N	P	Sn	Si	Cu	Mn	Mo	Ni	Cr	Al
屈服强度/MPa	4600	4600	670	140	85	39	32	11	0	-30	0
抗拉强度/MPa	6800	6800	670	—	85	9	28	45	9	-28	0
韧脆转化温度/℃	—	700	400	150	44	—	0	—	—	—	75

所有其他相都称为第二相。基体相由于部分溶质元素的溶入产生固溶强化，第二相对屈服强度的影响更为显著。

金属材料中的第二相有外来的弥散颗粒（如陶瓷）和内生的第二相两大类。内生的第二相也分为凝固过程及凝固之前形成的和固溶处理和随后的冷却过程中形成的两种。它们都能不同程度地提高金属屈服强度。

还可将第二相质点分为不可变形的（如钢中的碳化物与氮化物等）和可变形的（如时效铝合金中 GP 区的共格析出物 θ'' 相及粗大的碳化物等）两类。

（1）不可变形的（绕过机制）。位错线只能绕过不能切过（图 3-16），为此，必须克服弯曲位错的线张力。其强度 $\tau = Gb/\lambda$。λ 为相邻质点的间距。运动的位错线留下的位错环。

随 λ 降低，τ 增加，即因此质点数量越多，越分散，屈服强度越高。

随着绕过位错数量的增加，质点周围留下的位错环越来越多，故而其相当质点间距越来越小，弯曲位错所需切应力就越来越高，表现为形变强化现象，这是两相合金形变强化的原因之一。

（2）可变形的（切过机制）。位错可以切过质点，使之同基体一起产生变形，由此也能提高屈服强度。这是由于质点的 G 高，位错切过第二相质点产生的割台，增加第二相的表面积，导致界面总能增加造成的（图 3-17）。这类质点的强化效果与粒子本身的性质及其与基体的结合情况有关。质点越多，强化效果越大。

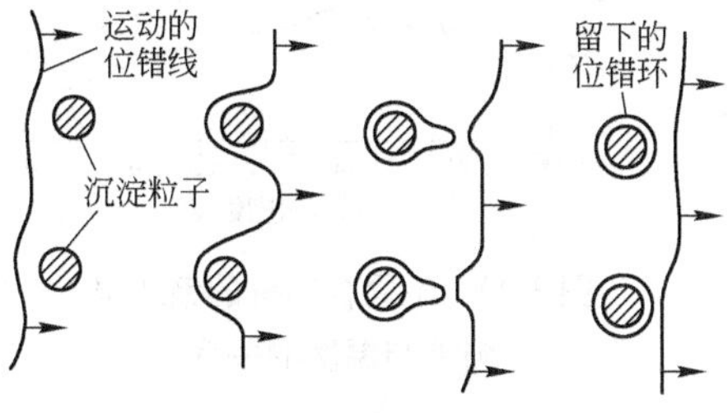

图 3-16 位错绕过机制

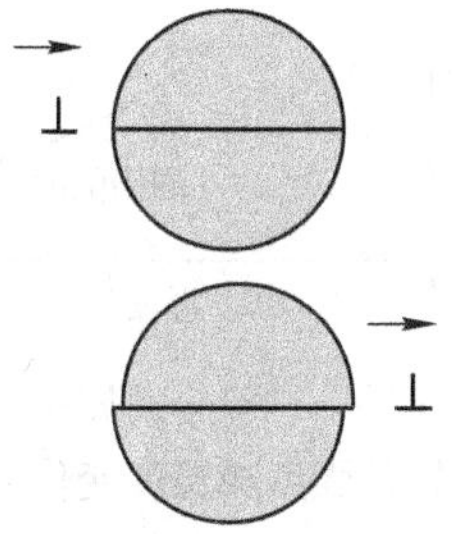

图 3-17 位错切割机制

实际金属材料的强化往往是多种强化机理共同发挥作用。如经热处理的 40CrNiMo 钢，其屈服强度可达 1380MPa，就是固溶强化、相变强化、晶界与亚晶共同作用的结果；而经热处理的 18Ni 马氏体时效钢的屈服强度可达 2000MPa，则是沉淀强化、晶界与亚晶强化的共同贡献。

3.2.3.2 外在因素

A 温度

一般来说，温度升高，屈服强度下降；反之，屈服强度增大（低温脆性）。不同晶体

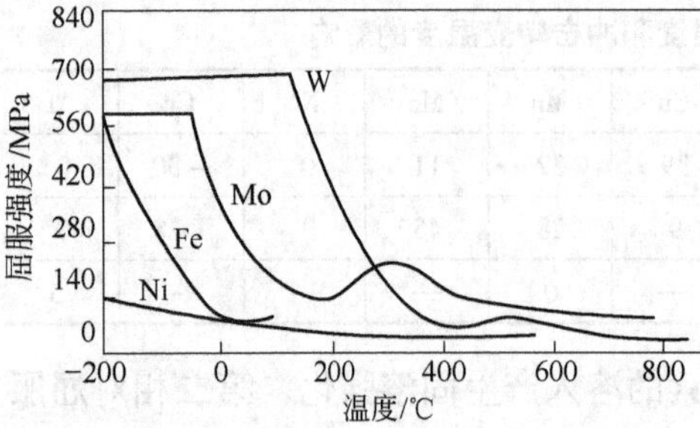

图 3-18 几种金属屈服强度与温度的关系

结构屈服强度的变化趋势不一样，如图 3-18 所示。

bcc 金属的屈服强度对温度敏感：温度下降，屈服强度急剧升高，如铁由室温降到 −196℃，屈服强度提高 4 倍。

fcc 金属的屈服强度温度效应则较小：如镍由室温下降到 −196℃，屈服强度只升高 0.4 倍。hcp 金属屈服强度的温度效应与 fcc 金属类似。

原因：在 bcc 金属中，$\tau_{p\text{-}n}$值比 fcc 金属高很多，$\tau_{p\text{-}n}$在屈服强度中占有较大比例，而$\tau_{p\text{-}n}$属短程力，对温度十分敏感。因此，bcc 金属的屈服强度具有强烈的温度效应，可能是$\tau_{p\text{-}n}$起主要作用所致。

温度降低时金属屈服强度变化不同于抗拉强度的变化。两者的变化区别见如图 3-19、图 3-20 所示。

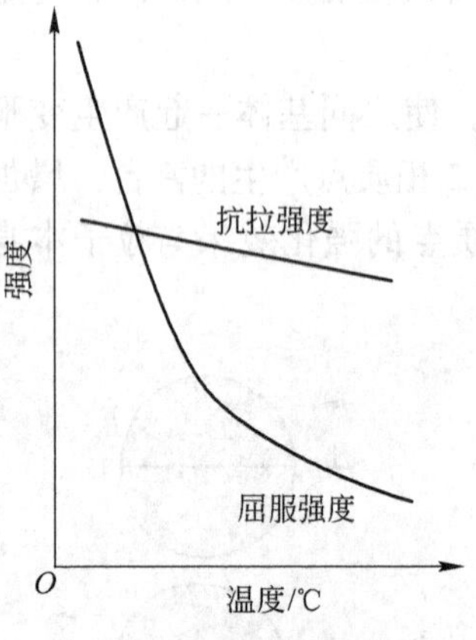

图 3-19 一般金属屈服强度与抗拉强度随温度变化趋势

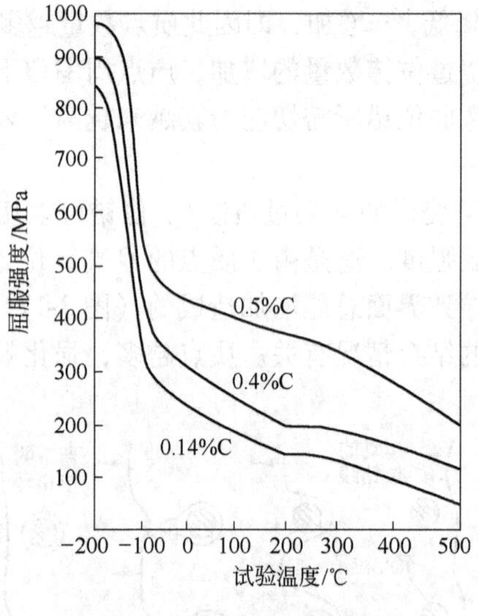

图 3-20 不同含碳量的钢屈服强度与温度的关系

多数常用结构钢是 bcc 结构的 Fe-C 合金，因此，其屈服强度也有强烈的温度效应，这便是这类钢低温变脆的原因（低温脆性）。

B 应变速率（加载速率）

应变速率增大，金属的强度增大。屈服强度随应变速率的变化比抗拉强度的变化要剧烈得多，如图 3-21 所示。材料在一定变形温度、应变和应变速率下屈服极限称为流变应力。

变形速度增大，钢强度增加。对于原子扩散有关的位错运动的阻力，变形速度与温度的

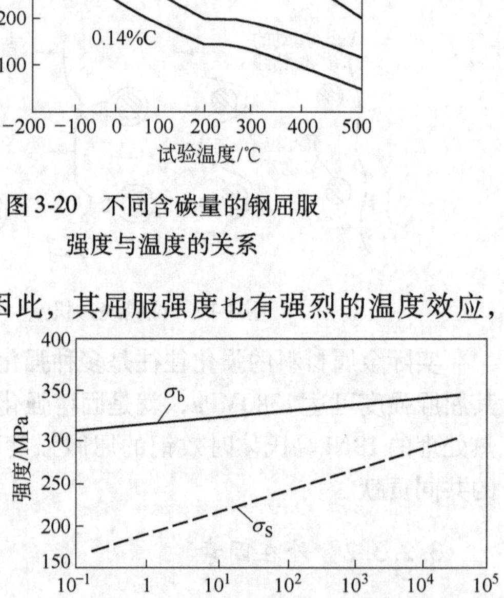

图 3-21 应变速率对于屈服强度的影响

影响是等效的。增大变形速度相当于降低温度。

C 应力状态

应力状态也影响屈服强度，切应力分量越大，越有利于塑性变形，屈服强度则越低，所以扭转比拉伸的屈服强度低，拉伸要比弯曲的屈服强度低。必须指出，不同应力状态下材料屈服强度不同，并非是材料性质变化，而是材料在不同条件下表现的力学行为不同而已。

屈服强度是一个组织结构敏感的力学性能指标，强化途径有合金化、热处理或冷变形等方法，改变材料的组织结构，阻碍位错的运动，达到提高屈服强度的目的。

3.2.4 形变强化（应变硬化）

3.2.4.1 定义

金属材料在室温下屈服后，必须不断增大外部应力，塑性变形才能继续进行，说明屈服塑性变形后，金属内部出现一种阻止继续塑性变形的能力，这种现象称为材料的应变硬化（加工硬化、形变强化）。

另一种情况，金属预先变形量越大，屈服强度提高的幅度越大，这种现象也是形变强化。形变强化的本质是位错增殖、运动受阻的结果。

3.2.4.2 均匀塑性变形的数学表达式——Hollomon 方程

对于金属塑性变形状态下的应力应变关系，有过许多种描述。由于塑性变形的影响因素比较多，所以两者的定量关系的影响参数也比较多，关系式也比较复杂。不同于弹性变形状态。在常温，被大多数人接受的一种关系式称为 Hollomon 方程：

$$S = K\varepsilon^{n} \tag{3-11}$$

式中 S——真应力；

ε——真实应变；

K——形变强化（或强度）系数；

n——形变强化（或应变硬化）指数。

公式可以叙述为：变形抗力与带有 n 次指数的变形量 ε 成正比。变形量与变形抗力之间成指数关系。形变强化指数越大，形变强化越明显。n 是表征金属材料形变强化行为的性能指标。

如果：

（1）$n=0$，$S=K=$常数，应力将与应变之间没有关系，材料为理想塑性体，没有应变硬化能力；

（2）$n=1$，$S=K\varepsilon$，与虎克定律描述的线性关系相同，材料为理想弹性体，真应力与真应变成正比关系。

显然，n 的取值范围在 0～1 之间。大多数金属材料的 n 在 0.1～0.5 之间。

研究表明，n 与晶体的层错能有关。层错能低的材料由于位错扩展的比较宽，不易产生交滑移。位错在障碍附近产生的应力集中要高于层错能高的材料，所以层错能低的材料形变强化程度大、n 值也大。

表3-5为部分金属的层错能和应变硬化指数 n。

表3-5 部分金属的层错能和应变硬化指数 n

金 属	晶体结构	层错能/$mJ \cdot m^{-2}$	应变硬化指数 n
奥氏体不锈钢	面心立方	<10	≈0.45
铜（Cu）	面心立方	≈90	≈0.40
铝（Al）	面心立方	≈250	≈0.25
室温铁（α-Fe）	体心立方	≈259	≈0.2

由于层错能低的晶体中位错扩展宽度宽，而扩展位错交滑移前必须使两个偏位错合并（束集）成一个全位错，才可以滑移。合并的难易取决于位错宽度。所以层错能低，扩展位错宽，难以合并为一个全位错，不易交滑移，所以 n 大。

3.2.4.3 形变强化的工程意义

形变强化指数 n（应变硬化）的工程意义是十分明显的。

（1）若金属的 n 值较大，机件在服役时承受偶然过载的能力也就比较大，从而有利于在局部超载情况下机件安全服役。

（2）n 对材料冷变形工艺有重要影响。使金属塑性变形均匀进行，保证冷变形工艺的顺利进行。若没有形变强化，会造成严重不均匀塑变。n 大的材料，冲压性能好，变形均匀，增大极限变形程度，机件不易产生裂纹。

（3）与合金化、热处理一样，形变强化是一种金属强化方法。尤其对不能热处理强化的金属材料都可以用形变强化方法强化，具体方法如冷拉拔、冷冲压、冷轧、喷丸、表面滚压等，处理后可有效地提高强度和疲劳强度。如18-8奥氏体不锈钢 n 值高，变形前强度值为 $R_{0.2}(\sigma_{0.2})=196MPa$，$R_m=588MPa$；经40%轧制后，$R_{0.2}(\sigma_{0.2})=784\sim980MPa$，提高3~4倍，$R_m(\sigma_b)=1174MPa$，提高一倍。常见金属的应变硬化指数 n 和强度系数 K 见表3-6。

表3-6 常见金属的应变硬化指数 n 和强度系数 K

项 目	纯铜退火	黄铜退火	纯铝退火	纯铁退火	40钢调质	40钢正火	T8钢调质	T12钢退火	60钢淬火+600℃回火
n	0.443	0.423	0.25	0.237	0.228	0.221	0.209	0.17	0.1
K/MPa	448.3	745.8	157.5	575.3	920.7	1043.5	1018.0	1103.3	157.0

3.2.4.4 形变强化的影响因素

形变强化的影响因素主要有：

（1）金属的本性和晶格类型。层错能低的金属材料容易产生比较高的应力集中，所以应变硬化程度高。

面心立方金属中，层错能低的扩展位错宽度宽，难以合并为全位错，很难交滑移，所以形变强化趋势大（如铜和奥氏体不锈钢）；层错能高的，形变强化趋势较低，如铝等。

体心立方金属中位错很难扩展，所以强化趋势低。

(2) 晶粒大小。晶粒细化除了提高屈服强度之外，也能提高应变强化的程度。形变强化的本质是位错增殖、位错塞积，位错运动受阻的结果。晶粒细化了，位错塞积群的长度变小了、塞积位错的数目少了、应力集中程度比较小、变形分配更多的晶粒中，更容易发生均匀变形。

(3) 合金化。合金固溶体不仅屈服强度高于纯金属，而且应变硬化也高于纯金属。

1) 溶质元素的畸变场影响位错运动状态。

2) 合金元素通过降低层错能，阻止交滑移。如硅、磷、钼、钒等，奥氏体不锈钢中加入铁素体形成元素可以降低层错能。

(4) 温度。形变强化随温度升高总是降低的。应变硬化是提高金属材料强度，特别是弹性极限、屈服强度的一种重要技术手段。

3.2.5 缩颈现象和抗拉强度

3.2.5.1 定义

缩颈是在拉伸过程中，金属从均匀塑性变形阶段过渡到不均匀集中（局部）塑性变形阶段时变形集中于局部区域的特殊现象。缩颈的起点就是外载荷的最高点（图 3-22 中 b 点）。

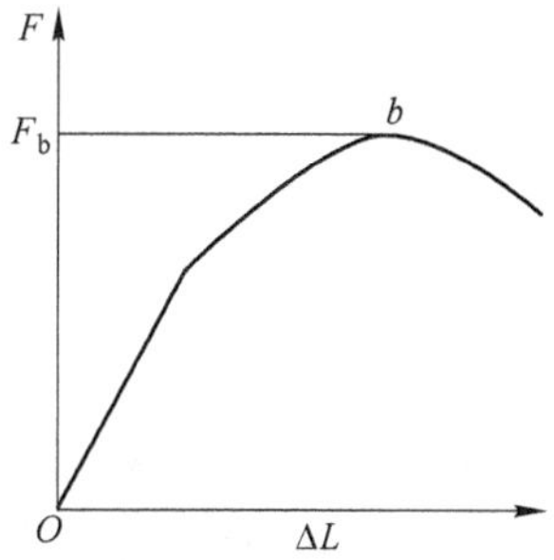

图 3-22 缩颈判据图解

3.2.5.2 缩颈判据

根据拉伸曲线，缩颈其实是在拉伸曲线的 b 点开始发生的，这点 $dF=0$，可以进行下列推导：

由 $S=K\varepsilon^n$ 转换得

$$F = KA\varepsilon^n$$

对上式进行全微分，并利用 $dF=0$

$$dF = K\varepsilon^n dA + KAn\varepsilon^{n-1}d\varepsilon = \frac{F}{A}dA + \frac{nF}{\varepsilon}d\varepsilon = 0$$

利用 $d\varepsilon=\frac{dl}{l}=-\frac{dA}{A}$得

$$\frac{F}{A}dA - \frac{nF}{\varepsilon}\frac{dA}{A} = 0$$

若要等式成立，必有

$$\varepsilon = n \tag{3-12}$$

当然这个与 n 对应的 ε 是 b 点对应的最大均匀变形量 ε_b。所以这个结论告诉我们，材料的应变硬化指数在数值上等于这个材料能够发生的最大均匀变形量。n 值实际上是应力应变曲线的斜率。材料发生 n 值那样大的均匀变形之后如果再加大变形量必然出现缩颈。确切地说，材料在加工过程中一次变形的均匀变形量不能大于 n 值。

3.2.5.3 抗拉强度 $R_m(\sigma_b)$

抗拉强度是金属试样在拉伸过程中所能承受的最大拉伸应力，对应于工程应力-应变曲线的最大应力，反映金属最大均匀塑性变形的抵抗力。

对于不同性质的材料，抗拉强度有不同物理内涵：

(1) 韧性金属材料，R_m表示静拉伸条件下的最大承载应力；

(2) 脆性金属材料，$R_m(\sigma_b)$表示金属的断裂强度；

(3) σ_b的大小取决于屈服强度和应变硬化指数。抗拉强度主要取决于材料内部原子结合能力，所以在工程上提高抗拉强度有时候不是很容易的。

有工程应力-应变曲线上缩颈产生的载荷

$$F_b = S_b A_b = Kn^n A_b$$

缩颈产生的工程应力

$$\sigma_b = Kn^n \frac{A_b}{A_0}$$

由于

$$\varepsilon_b = \ln \frac{A_0}{A_b}$$

$$\Rightarrow \quad \frac{A_0}{A_b} = e^{\varepsilon_b} = e^n$$

$$\Rightarrow \quad \frac{A_b}{A_0} = e^{-n}$$

$$\Rightarrow \quad \sigma_b = (Kn^n)e^{-n} = K\left(\frac{n}{e}\right)^m = K\left(\frac{\varepsilon}{e}\right)^n$$

式中 K——强度系数；

n——应变硬化指数；

ε——最大真实均匀变形量；

e——自然对数的底。

可以说，对于塑性比较好的金属材料，诸如低碳钢，其强度极限仅仅取决于强度系数和应变硬化指数。

4 金属的断裂

机械零部件的失效方式主要包括磨损、腐蚀、断裂（危害最大）三种主要类型。断裂从宏观现象看是形成新表面的过程。断裂研究为工程实践提供了大量避免灾难性事故的依据。本章将讨论金属断裂的宏观和微观特征、断裂机理、断裂的力学条件和影响因素。这些内容对于机械零部件材料选择和断裂事故原因分析是必不可少的。

在光学显微镜或电子显微镜下可对金属表面（或金属薄膜）进行裂纹萌生、扩展过程进行直接观察，或连续观察外，还可以用扫描电子显微镜或透射电子显微镜进行断口表面的微观分析，也可以用原子力显微镜显示断裂表面的原子级图像。这是目前断裂过程观察的最常用手段。因为零件或试样的断口上总是一定程度地保留着从裂纹萌生、扩展直到最后分离（断裂）的整个断裂过程的若干信息。

因此，在充分了解零件断裂前历史的基础上，对断口形貌特征进行充分观察分析，是材料分析中极为重要的研究内容，也是了解断裂原因和断裂机理的主要手段。

应用电子显微镜对断裂进行描述和解释，称为电子断口分析。分析表明，尽管在断口处可以找到裂纹源区和相应裂纹萌生的一些信息，但断口上更多地或主要记录着的仍是裂纹扩展的各种信息。

为了阐明断裂的全过程（包括裂纹的生核和扩展，以及环境因素对断裂过程的影响和裂纹快速扩展断裂等），提出种种微观断裂模型，以探讨其物理实质，称为断裂机制。在断口的分析中，各种断裂机制的提出主要是以断口的微观形态为基础，并根据断裂性质、断裂方式以及同环境和时间因素的密切相关性而加以分类。根据大量的研究成果，目前已知主要的金属断裂微观机制可以归纳在表 4-1。

表 4-1 断裂的几种类型

断裂性质	断裂机制	断裂方式
脆性断裂	沿晶脆性断裂	裂纹沿晶界扩展，断裂表面上显示出晶粒外形
	解理断裂	穿晶（沿一定晶面），沿解理面分离
	准解理断裂	穿晶（沿一定晶面），沿解理面撕裂，可能有撕裂棱
	机械疲劳断裂	沿晶界（少见）或穿晶（常见）
	热疲劳断裂	沿晶界或穿晶
	应力腐蚀断裂	沿晶界或穿晶
	氢脆断裂	沿晶界或穿晶
延性（韧性）断裂	纯剪切变形断裂	单系滑移、多系滑移、穿晶断裂
	韧窝断裂	微孔聚集型、穿晶、沿晶界断裂
	蠕变断裂	通常高于常温、长时间应力作用，沿晶界、穿晶断裂

断裂理论认为，大多数金属的断裂包括裂纹形成（形核）、裂纹扩展和断裂三个阶段。

4.1 脆性断裂类型和断口特征

断裂类型的划分有许多方法和角度。从断裂前的变形程度和断裂的危险性角度出发可把断裂分为韧性和脆性两类。韧性断裂由于存在一定的塑性变形，构件或零部件发生变形并能够发现其已经不能正常工作，在未发生重大事故之前可以更换或者避免重大事故。而脆性断裂则因没有明显的塑性变形，往往造成灾难性的事故。所以需要特别警惕。断裂分类方法比较多，从不同的应用方面、从裂纹形成的机理方面、从裂纹扩展的途径方面划分等。无论属于哪种方法里边的一个断裂方式，都体现了断裂的主要特征因素：断裂的裂纹形成、裂纹扩展和断口形貌。脆性断裂主要指沿晶断裂、解理断裂、准解理断裂和疲劳断裂几大类。疲劳断裂放在第7章讨论。

4.1.1 沿晶断裂

由于金属材料多数使用状态下是多晶体，所以沿晶断裂在金属中比较常见，沿晶断裂的裂纹首先在晶界上形成，继续沿着晶界扩展，把金属分成两块。断口形貌完全描述了金属中晶粒的形状。由于晶粒的形状都没有发生变化，可以推断金属在沿晶断开时不发生任何塑性变形。图4-1所示为典型的沿晶断口的形貌。断口组织显示了晶粒形状和大小称为石状断口。图4-2所示为过热的工具钢沿晶断裂的形貌，由于过热，晶界变得异常薄弱，裂纹的形成和扩展均以低能量状态进行。

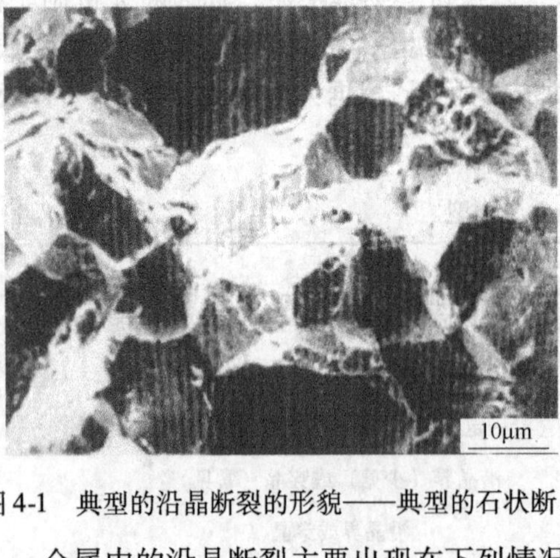

图4-1 典型的沿晶断裂的形貌——典型的石状断口

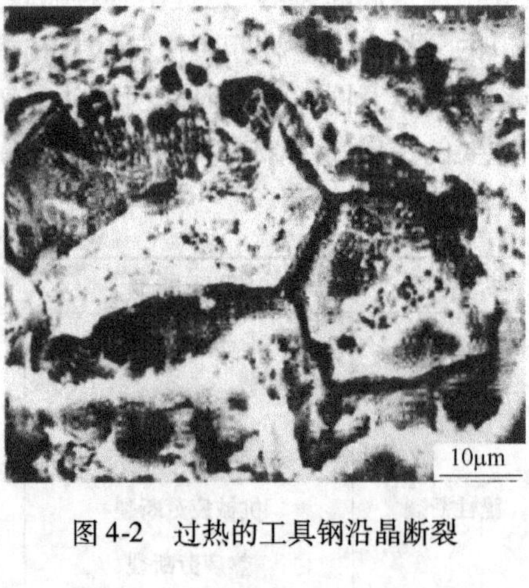

图4-2 过热的工具钢沿晶断裂

金属中的沿晶断裂主要出现在下列情况：

（1）组织中出现了沿晶界分布的脆性第二相，割裂基体相各晶粒之间的相互联结。

（2）晶界上聚集了比较多的有害杂质，降低了晶界强度。

（3）热处理或者其他热加工过程中工艺不当，如过热/过烧等产生晶界氧化，弱化晶界。

（4）金属在高温下工作或工作温度超过等强温度，晶界强度低于晶内强度。

4.1.2 脆性穿晶断裂

脆性穿晶断裂，断裂前基本上不发生塑性变形或者没有明显的塑性变形。在工程上，当构件的断面收缩率小于5%时就认为是脆性断裂。断裂的主要特征是：裂纹一旦形成便快速扩展，穿过晶粒内部，引起突然断裂，脆性断裂往往造成灾难性事故。在这个过程中材料无法通过塑性变形强化，所以不能延缓断裂的发生。断裂过程可以简单描述为：作用应力尖端形成一次（次生）裂纹，在应力继续作用下低能量撕裂，主裂纹向前扩展，次生裂纹向后扩展，裂纹连接使构件分离。就整个零部件来讲这样的断裂发生的时候不一定全部穿过晶粒，在个别地方可能也沿着晶粒边界扩展。

在材料发生脆性穿晶断裂时，裂纹的形成主要起源于：

（1）性能差别比较大的异相结合部位（相界面）。

（2）应力集中部位（由于几何尺寸的原因或者应力状态的原因）。

（3）有分布和形态不利的硬而脆的第二相尖端部位。

（4）体心立方或密排六方金属在较低的温度或受到突然变化的载荷。

（5）由于各种原因形成的位错塞积造成的显微裂纹。

在多数情况下，断裂面与正应力垂直因而也通常与试样受力轴线垂直，多数断口平整光亮，呈放射状或结晶状。

穿晶断裂是裂纹穿过晶粒内部发生的断裂，可以是韧性断裂（室温下），也可以是脆性断裂（低温下）；脆性穿晶断裂是裂纹沿着晶粒边界或者晶粒内部形成，扩展时在晶粒内部快速扩展发生的断裂，由于裂纹快速扩展，一般来不及发生塑性变形，属于脆性断裂。多为晶界被弱化位置形成裂纹源，由晶界上一层第二相或夹杂物，或是杂质元素向晶界偏聚引起的。如磷、硫杂质及碳化物在回火时向晶界析出或富集。或者应力集中比较大的地方提供裂纹形核的条件。

穿晶断裂的断口特征：断口是较为平坦的、肉眼看上去有发亮的结晶状断面。相当于韧性断裂试样中局部放射区域的组织。穿晶断裂大部分是解理断裂，在电子显微镜观察起来有很多的起伏不平。

4.1.3 解理断裂

解理断裂全部是穿晶断裂，只不过具有自身特点和规律。解理断裂是金属以极快的速率沿一定晶体学平面产生的穿晶断裂，这种晶体学平面称为解理面，解理面是表面能最低的晶面，一般是低指数的晶面。断口特征如上述的穿晶断裂（把金属原子正向分离开）。常发生在体心立方、密排六方金属中，bcc 金属发生解理断裂是沿着 {100} 晶面（图 4-3）。解理断裂虽然沿着特定的原子面发生，但是在多晶体金属中不同的晶粒的低指数晶面不能彼此平行，所以裂纹发展跨越晶粒的时候，解理断裂在断口上形成解理台阶（图 4-4）。解理断裂的裂纹像河流一样聚集扩大，故形成许多类似河流形状的图案，称为河流花样（图 4-5）。

舌状花样也是解理断口上一种常见的微观特征，因其形态似舌头而得名（图 4-6）。低碳钢在低温下拉伸或冲击时，断口上常可见到这种舌状花样。这些“舌头”是孪晶在断口上的露头，是解理裂纹遇到孪晶和基体的交界面时，裂纹改变走向后形成的。而孪晶则是

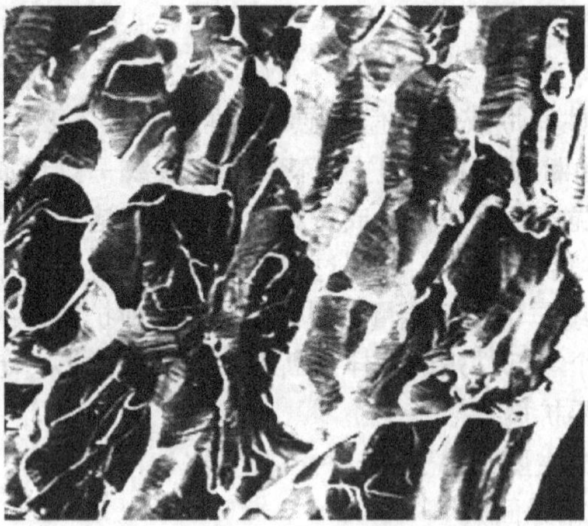

图 4-3　穿晶脆性断裂（2500 ×）

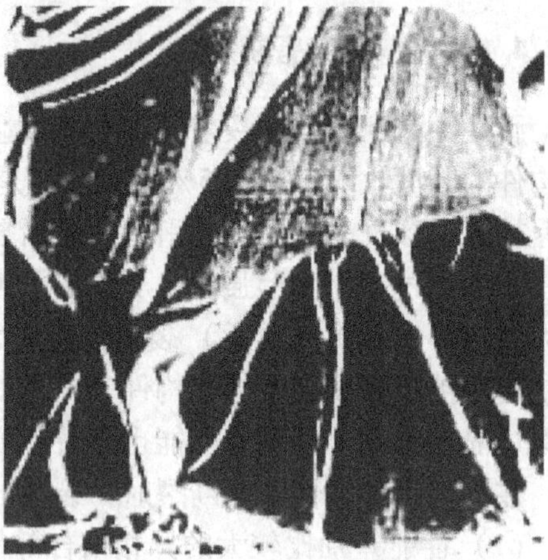

图 4-4　解理脆性断裂（1500 ×）

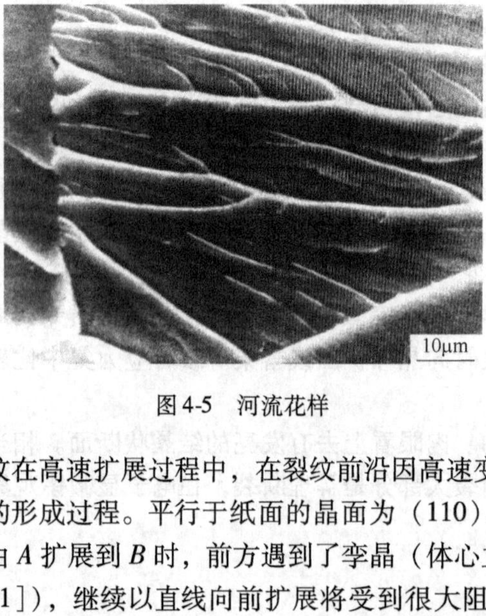

图 4-5　河流花样

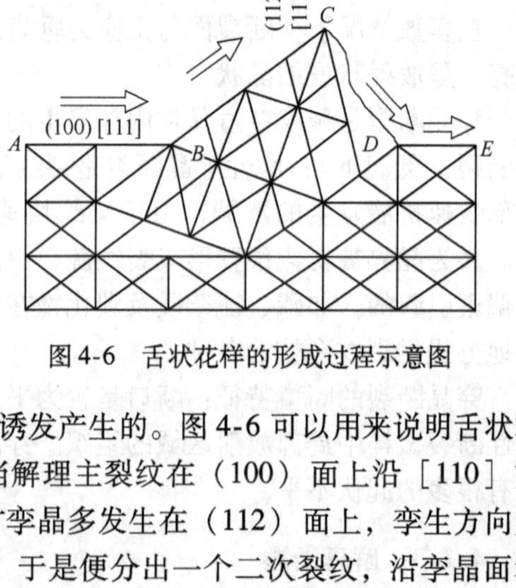

图 4-6　舌状花样的形成过程示意图

裂纹在高速扩展过程中，在裂纹前沿因高速变形诱发产生的。图 4-6 可以用来说明舌状花样的形成过程。平行于纸面的晶面为（110）。当解理主裂纹在（100）面上沿［110］方向由 *A* 扩展到 *B* 时，前方遇到了孪晶（体心立方孪晶多发生在（112）面上，孪生方向为［111］），继续以直线向前扩展将受到很大阻碍，于是便分出一个二次裂纹，沿孪晶面和（110）面的交线［111］，也就是沿着孪生方向扩展。与此同时，*AB* 面上的主裂纹则绕过孪晶（在纸面以外）扩展到 *D*，并继续沿 *DE* 方向向前扩展。当二次裂纹沿孪晶面（112）［111］方向由 *B* 扩展到 *C* 时，主裂纹与二次裂纹之间因形变增大而从 *CD* 断开，于是整个裂纹又都回到（100）面上继续扩展，形成了解理舌 *BCD*。这意味着舌的倾角必定是一个特定值（在这里是 35°16′）。这已为试验所证实。

4.1.4　准解理断裂

准解理断裂在宏观上通常都表现为脆性断裂。有人认为准解理断裂属于解理断裂范畴，但也有人认为它是一种独立的断裂形式。实际上就断裂机制来说，准解理断裂并不是独立的，它是解理断裂机制和微孔聚合两种机制的混合。这种断裂的形貌是由解理台阶逐渐过渡到撕裂棱，断裂面由平直的解理逐步过渡到准解理这种断裂形式，常见于淬火回火钢中，电子断口金相分析表明除了可看到大多呈辐射状的河流花样位于断裂小平面内之外，还可看到许多撕裂棱分布在小平面内和小平面之间，有人将分布于断裂小平面之间较粗的那些连接称为撕裂线。断裂小平面不像退火或正火态的低碳钢那样容易确定，因为它像解理又不完全像解理，准解理的名词即由此而来。现已查明准解理的断裂面仍为（100）。图 4-7 说明了准解理断裂过程，两侧的解理裂纹扩展相遇，形成撕裂棱。

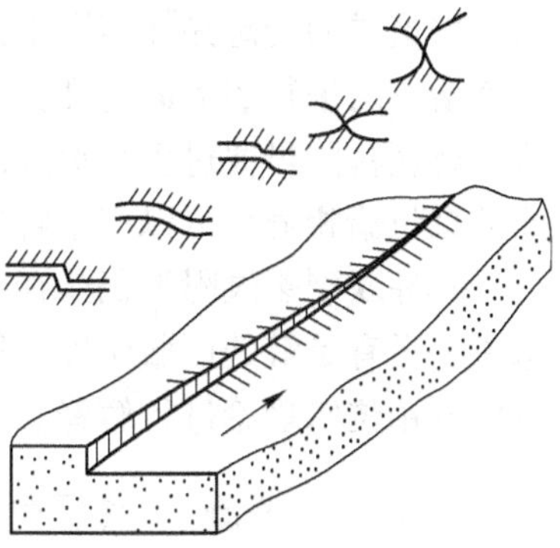
图 4-7　准解理断裂过程示意图

尽管如此，准解理与解理有两点主要的不同：

（1）准解理断裂是起始于断裂小平面的内部，这些小的裂纹逐渐长大，被撕裂棱连接起来；而解理裂纹则起始于断裂的一侧，向另一侧延伸扩展，直至断裂。

（2）准解理是通过解理台阶、撕裂棱把解理、微孔聚合这两种机制掺合在一起，两者没有截然的分界。

准解理断裂是解理断裂的一个变种，裂纹起点通常是晶粒内的硬质点，形成从质点出发的放射状河流花样，断口有很多撕裂棱；与解理断裂一样，都是穿晶断裂，有小解理面。

解理断裂断裂的裂纹源头一般是晶界，准解理断裂的裂纹源头一般是晶内的硬质质点或者相界面。

4.1.5　正断型和切断型断裂

若断裂面取向垂直于主受力方向，即垂直于 σ_{max}，往往对应于解理断裂、工件的受力状态使塑性变形受较大约束情况下的断裂。

若断裂面取向与主受力方向呈 45°或者平行 τ_{max}。塑性变形不受约束或约束较小的断裂，如剪切唇。

总体上，韧性断裂多为微孔聚集型断裂，解理断裂为典型的脆性断裂。解理断裂不是脆性断裂的唯一形式。

4.2　解理断裂机理

4.2.1　裂纹的形成

金属在外力作用下沿着一定结晶学平面（某些特定的晶面）发生断裂的现象称为解理，这个平面称为解理面。通常，解理断裂表现为脆性断裂，但有时也可能在试样的其他部分发生了相当的塑性变形后的剩余部分才出现。因此，不能将“解理”和“脆性断裂”视为同义词。前者代表裂纹扩展途径、表示断裂的一种微观机制，而后者代表断裂前和断裂过程中吸收的能量大小或断裂前发生的塑性变形的大小。断裂过程中吸收能量小就是脆性的，反之是韧性的。在电子显微镜下，解理断口的主要特征是由解理台阶组成的河流花样。照理说，一个理想完整的晶体若沿其解理面断裂时，其断口应该是一个平坦的完整晶面。但这样的理想晶体实际上是不存在的，由于存在缺陷，断裂并不是沿单一晶面解理，而是沿一组平行的晶面解理，于是在不同高度上平行的解理面之间就形成了所谓的解理台阶。解理台阶可通过多种形式而形成。例如，当解理裂纹沿解理面扩展时，与垂直于解理面的螺位错相遇就可以产生解理台阶。

解理断裂裂纹附近仍然存在少量的塑性变形，从塑性变形是位错运动的反映这个观点来说，只有足够的屈服塑性变形才可能生成微裂纹，才能发生断裂。可以看出，解理断裂可以利用位错理论进行解释。

4.2.1.1 甄纳-斯特罗位错塞积理论

甄纳（Zener）和斯特罗（Stroh）认为，在切应力作用下，滑移面上的刃型位错运动遇到障碍（晶界或者第二相颗粒），产生位错塞积，当塞积群的应力集中不能通过塑性变形得到松弛时，塞积端点处的最大拉应力可以达到理论断裂强度而形成楔形裂纹，如图 4-8 中的水平面为滑移面，切应力作用下形成塞积并引发裂纹（图 4-8 阴影区）。

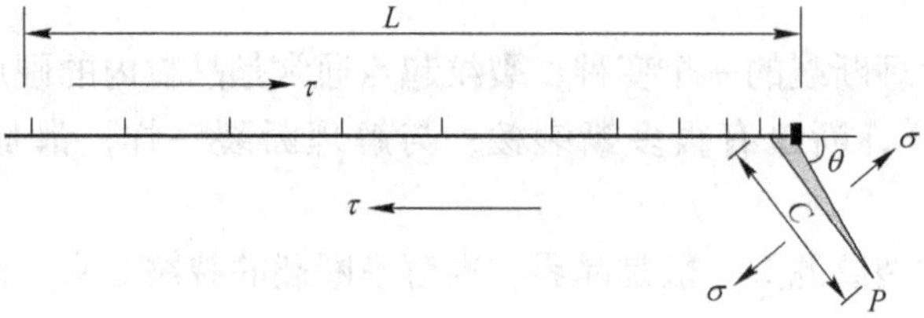

图 4-8　位错塞积群的前端应力集中和裂纹形成

形成裂纹的有效切应力 $\tau - \tau_i$ 必须满足以下关系式：

$$\tau - \tau_i = \left(\frac{2Er\gamma_s}{da_0}\right)^{\frac{1}{2}} \tag{4-1}$$

式中 τ——外加切应力；

τ_i——晶格摩擦阻力；

E——弹性模量；

r——塞积头到裂纹形成点的长度；

γ_s——产生裂纹新表面的表面能；

a_0——晶面间距；

d——晶粒直径。

裂纹扩展并导致解理断裂的条件是外加正应力 σ 达到临界应力 σ_c

$$\sigma_c = \frac{2G\gamma_s}{K_y\sqrt{d}} \tag{4-2}$$

式中 G——切变模量；

K_y——Hall-Petch 关系式中的钉扎常数。

由式（4-2）可以看出，晶粒越小，断裂应力提高，材料脆性降低。

一般的分析很容易证明在塞积群前端的切应力集中，实际上塞积群前端还存在正应力集中。Stroh 根据这一思想重新计算了在此处的应力，并假设此正应力达到格里菲斯切口理论强度时便会产生裂纹，弹性理论计算结果表明，距塞积群前端 r 处的正应力与 θ 角有如下关系：

$$\sigma = \frac{3}{2}\left(\frac{L}{r}\right)^{\frac{1}{2}}\tau\sin\theta\cos\frac{\theta}{2} \qquad (r << L) \tag{4-3}$$

显然，应力值的大小与 θ 角有很大关系。将上式采用对 θ 角求极值的方法，可求出 $\cos\theta=\frac{1}{3}$即 $\theta=70.5°$时 σ 有一极大值。说明由于位错塞积产生的正应力在 θ 角的变化过程中出现极值。代入式（4-3）得到：

$$\sigma_{\max} = \frac{2}{\sqrt{3}}\left(\frac{L}{r}\right)^{\frac{1}{2}}\tau \tag{4-4}$$

若将此正应力视为产生长为 c 的裂纹所需应力，并将它沿裂纹长取平均值 $\bar{\sigma} = \frac{1}{c}\int_0^c \sigma_m \mathrm{d}r$ 。

根据格里菲斯公式，产生裂纹长度为 c 的裂纹的临界应力为：

$$\sigma_c = \left[\frac{4\nu E}{\pi c(1-\nu^2)}\right]^{\frac{1}{2}} \tag{4-5}$$

这里令

$$\bar{\sigma} = \sigma_c$$

并考虑 $E=2G(1+\nu)$

则
$$\tau^2 = \frac{3}{2(1-\nu)}\frac{\gamma G}{\pi L} \tag{4-6}$$

已经知道在 L 长度距离内塞积的刃位错数目 n 与应力 τ 之间关系为：

$$n = \frac{(1-\nu)\pi\tau L}{Gb}$$

用上式中的 n 代替式（4-6）中的 L，并考虑到 $\sigma=2\tau$，有

$$n\sigma b = 3\gamma$$

即
$$n = \frac{3\gamma}{\sigma b}$$

利用这个关系式，若某材料的抗拉强度为 500MPa，位错的柏氏矢量 $b=2\times10^{-10}$m，表面能为 $\gamma=2\mathrm{J/m^2}$，试问塞积多少条位错将形成裂纹？

根据 $n=\frac{3\gamma}{\sigma b}$，即形成裂纹的位错塞积数与表面能成正比，与材料强度成反比。代入题设条件可求出 $n=60$ 条。

但应指出，该理论存在如下缺点：

（1）在单晶中很难存在构成位错塞积的障碍，不容易形成足以开裂的位错塞积。

（2）在密排六方金属中虽然能够形成位错塞积，但是滑移面与解理面均为（0001）面，不存在该理论中的 70.5°角度差。

（3）个别晶体中计算值和实际测量值差别较大，如锌单晶形成裂纹的应力比按该模型

计算的应力小10倍。

(4) 在该理论推导中假定，$\bar{\sigma}$ 等于格里菲斯切口强度 σ_c 时裂纹形成，实际上 σ_c 是裂纹失稳扩展抗力，而且两种裂纹性质不同。

(5) 该裂纹生成机制只与外加切应力有关与事实不符。所以该理论是不够严格的，但位错塞积引起应力集中而导致开裂的思想是正确的。

4.2.1.2 柯垂耳位错反应理论

该理论是柯垂耳（Cottrell）为了解释晶内解理与bcc晶体中的解理而提出的。

如图4-9所示，在bcc晶体中，有两个相交滑移面（101）和（$10\bar{1}$）与解理面（001）相交，三面的交线为［010］。现沿（101）面有一群柏氏矢量为 $\frac{a}{2}$［$\bar{1}\bar{1}1$］的刃型位错。

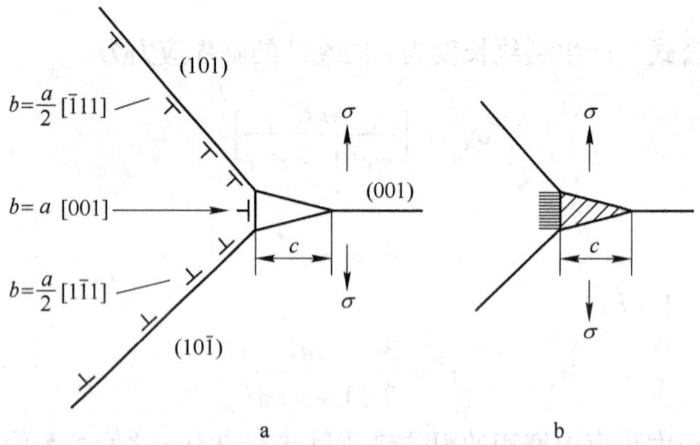

图4-9 位错反应形成裂纹示意图

而沿（$10\bar{1}$）面有柏氏矢量为 $\frac{a}{2}$［111］的刃型位错，两个位错相互靠近，并产生下列反应：

$$\frac{a}{2}[\bar{1}\bar{1}1] + \frac{a}{2}[111] \longrightarrow a[001]$$

新形成的位错线在（100）面上，其柏氏矢量为 a［001］。这个位错是纯刃位错，因为（100）面不是bcc晶体的固有滑移面，故 a［001］为不动位错。结果两相交的滑移面上的位错群就在该不动位错附近产生塞积。当塞积位错较多时，其多余半原子面如同楔子一样插入解理面中间，形成高度为 nb 的裂纹。

柯垂耳提出的位错反应理论是降低能量的过程，因而裂纹成核是自动进行的。在拉应力的作用下，裂纹扩展并导致出现解理断裂。这种机理只适用于bcc金属。

两种理论成立共同的条件都是材料能够塑性变形；位错运动受阻，在一定条件下便会形成裂纹。实验证实，裂纹往往在晶界、亚晶界、孪晶交叉处出现。

柯垂耳分析了位错反应形成裂纹的能量问题。在体心立方晶体的两个相互交叉的滑移面（10$\bar{1}$）和（101）上分别有一组矢量为 $b=\frac{a}{2}$［$\bar{1}$11］和 $b=\frac{a}{2}$［1$\bar{1}$1］的位错，相向滑移，到交叉线上相遇反应生成 $b=a$［001］的位错，位于（100）面上，是个不能滑移的纯刃型位错。当有 n 个位错滑移相遇，反应生成具有 nb 矢量的大位错就相当于在晶体中形成了一个微裂纹（如图 4-9b 中阴影部分）。对应形成沿（001）面分布的长度为 c 厚度为一个单位的裂纹，其总能量可以表示为

$$W=\frac{Gn^2b^2}{4\pi(1-\nu)}\ln\left(\frac{4R}{c}\right)+2\gamma c-\frac{\pi(1-\nu)\sigma^2c^2}{8G}-\frac{\sigma nbc}{2}$$

式中 $\frac{Gn^2b^2}{4\pi(1-\nu)}\ln\left(\frac{4R}{c}\right)$——单位长度一个大位错的能量，计算距离 R 可以理解为晶体中嵌镶块尺寸，$R\gg c$；

$2\gamma c$——形成面积为 c 的两个表面的裂纹表面能；

$-\frac{\pi(1-\nu)\ \sigma^2c^2}{8G}$——裂纹形成后周围体积释放的弹性能；

$-\frac{\sigma nbc}{2}$——裂纹形成时外力所作的膨胀功。

实际上面心立方晶体中也有相似的位错反应，也可以写出位错锁，阻碍其他位错的继续滑移。但其原因是面心立方结构的滑移系、滑移方向多，形成裂纹没有体心立方和密排六方那么容易。

4.2.1.3 渗碳体开裂形成裂纹

通常，渗碳体难以塑性变形，所以对铁素体中位错运动形成障碍。如果铁素体晶粒内部滑移面是形成位错塞积，应力会集中到渗碳体片上。使渗碳体开裂的切应力条件为

$$\tau_C\geqslant\left[\frac{4E\gamma_{\text{cem}}}{\pi(1-\nu)d}\right]^{\frac{1}{2}}\qquad(4\text{-}7)$$

式中 γ_{cem}——渗碳体裂纹形成表面能；

d——铁素体晶粒直径（图 4-10）。

与珠光体相邻的渗碳体上断裂的实物照片如图 4-11 所示。

4.2.2 裂纹的扩展

解理裂纹形成后，不意味可以迅速扩展，解理断裂包括几个阶段：屈服塑变、形成终止于晶界的裂纹、裂纹在同一晶粒内初期长大、裂纹越过晶界向相邻晶粒扩展。与多晶体金属的塑变过程相似，裂纹形成、扩展过程如图 4-12 所示，解理裂纹越过解理平台如图 4-13 所示。

形成终止于晶界的裂纹是在屈服以后，按照前面讲的 Stroh、Cattrell 机制生产的。初生裂纹的解理面与相邻晶粒的解理面的空间取向不同，因此终止于晶界。

巨大的应力集中，使相邻晶粒开裂，这个开裂也沿｛100｝晶面（空间位相改变了）。

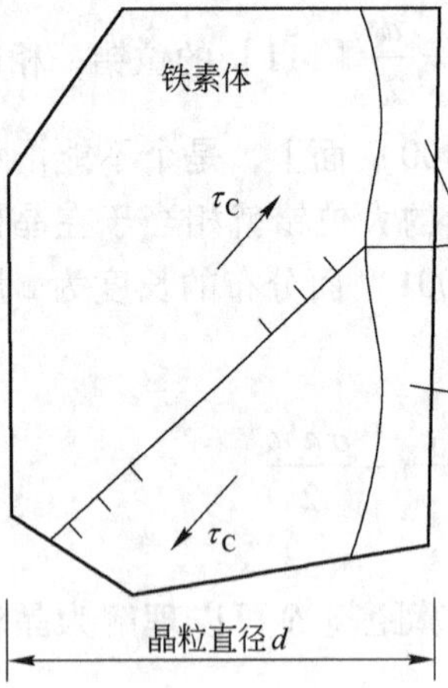

图 4-10 铁素体中位错塞积在渗碳体上形成裂纹示意图

图 4-11 与珠光体相邻的渗碳体片上开裂

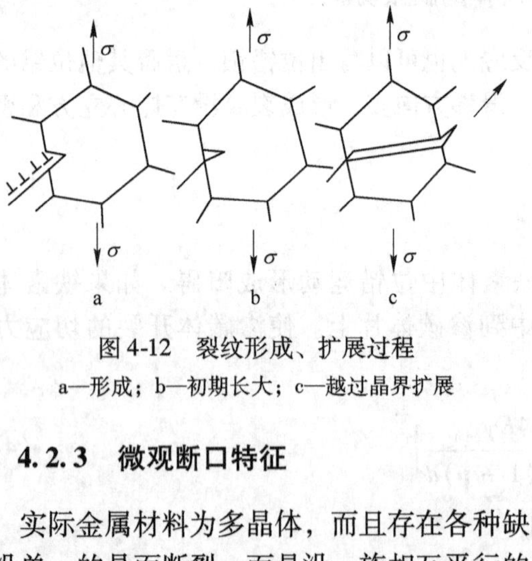

图 4-12 裂纹形成、扩展过程

a—形成；b—初期长大；c—越过晶界扩展

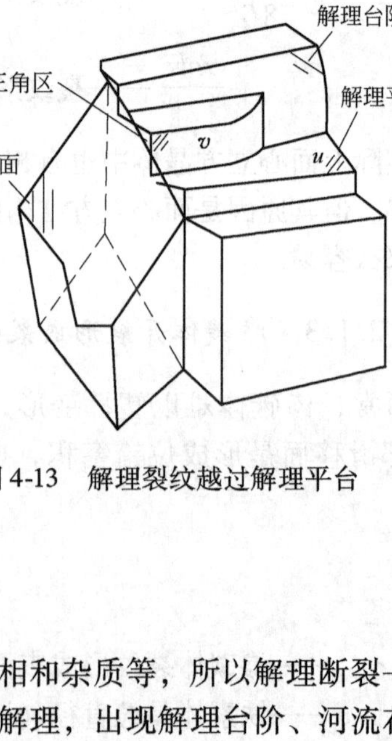

图 4-13 解理裂纹越过解理平台

4.2.3 微观断口特征

实际金属材料为多晶体，而且存在各种缺陷、第二相和杂质等，所以解理断裂一般不是沿单一的晶面断裂，而是沿一族相互平行的晶面发生解理，出现解理台阶、河流花样与舌状花样一起被称为解理断裂的三个微观特征。

解理断裂是沿特定界面（原子面）发生的脆性穿晶断裂，其微观特征应该是极平坦的镜面。但是，实际的解理断裂断口是由许多大致相当于晶粒大小的解理面集合而成的。这种大致以晶粒大小为单位的解理面称为解理刻面。在解理刻面内部只从一个解理面发生解理破坏实际上是很少的。在多数情况下，裂纹要跨越若干相互平行的而且位于不同高度的解理面，从而在同一刻面内部出现了解理台阶和河流花样。后者实际上是解理台阶的一种标志。

“河流”的流向与裂纹扩展方向一致（图 4-14），河流的反方向指向断裂源（为了表面能的降低）。经常由此判断裂纹源和断裂事故。

舌状花样是解理裂纹沿孪晶界扩展留下的凹坑和突台。

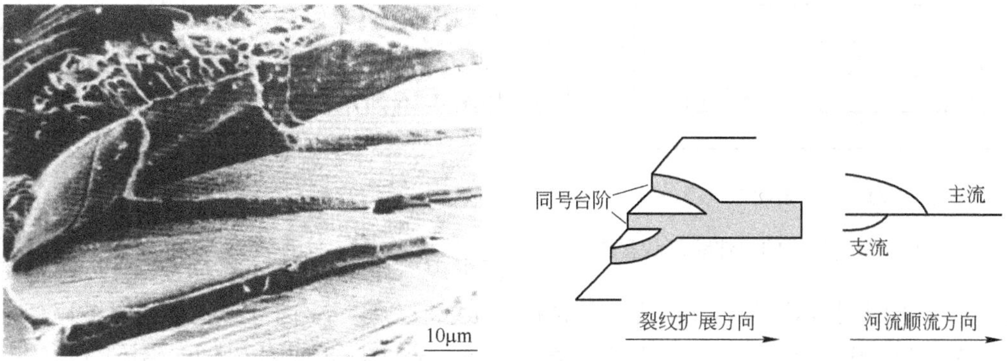

图 4-14 河流花样和裂纹走向关系

4.3 韧性断裂

4.3.1 韧性断裂的普遍特征

金属材料断裂前产生明显塑性变形，断口呈灰暗的纤维状形貌。由于载荷超过材料的屈服强度，材料发生一定的塑性变形之后发生的断裂，所以也称为延迟断裂。韧性断裂是多数金属材料常见的断裂形式之一。

4.3.1.1 拉伸作用力下韧性断裂

光滑的圆柱体试样拉伸时断口形貌基本上具有纤维区、放射区和剪切唇（与主应力成 45°角）三个部分（图 4-15）。这是典型的塑性材料断裂特征。各个区域的大小表征试样或材料的塑性程度或者脆性程度：纤维区比较大则表示试样塑性比较好；放射线变细而放射区比较大表示试样脆性比较大；剪切唇的大小则与试样形状、尺寸有关。这样的断口也称为锥杯状断口。这是由于断开的两侧一侧呈锥状、另一侧呈杯状。裂纹开始在金属内部形成。随着外加载荷不断增加，裂纹逐步向四周围发展，这种裂纹缓慢扩大阶段属于裂纹的稳定扩展阶段。裂纹连接起来的截面积达到比较大的时候，裂纹会快速扩展，形成放射区，这样裂纹面积足够大以致剩余连接截面积变得比较小的时候，实际应力特别大的同时应力状态发生变化，使剩余金属之间发生剪切分离而形成剪切唇。

其他形状的试样断口形貌根据试样的截面形状，从试样内部（中心）向表面大体上也

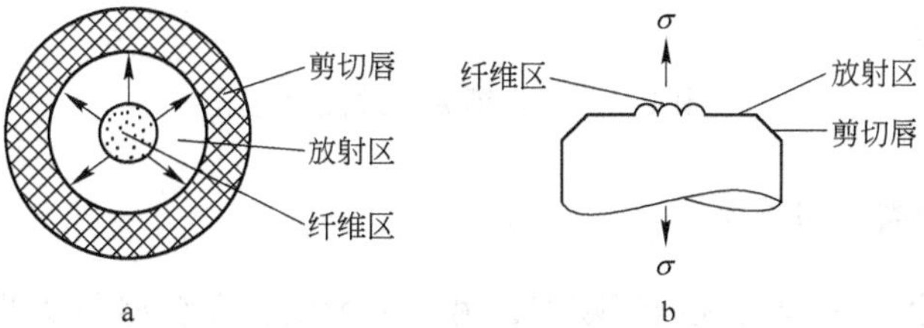

图 4-15 韧性断裂断口三个区域

a—塑性材料拉伸断口的正面；b—塑性材料拉伸断口的侧面

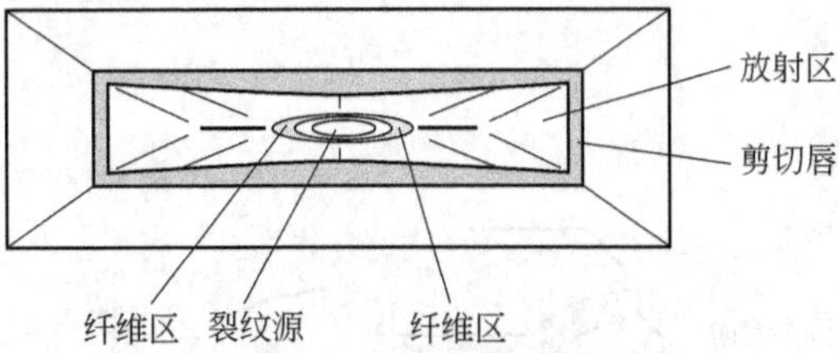

图 4-16 板状试样的拉伸断口示意图

表现出具有纤维区、放射区和剪切唇的区域特征。对于板状试样裂纹源可能比较清楚，如图 4-16 所示。

4.3.1.2 断裂过程

当变形进行到一定程度时金属发生颈缩而出现不均匀变形，这样在颈缩区域的实际应力会远大于试样承受的名义应力，并且在颈缩区域会形成多向应力状态（图 4-17a），这样应力集中区域优先形成一些微裂纹（图 4-17b）。裂纹的萌生可以起源于剧烈变形的滑移带内（有大量位错塞积）、晶界、亚晶界和取向不利于解理的晶粒内或其他范性流变不连续处，也可以起源于夹杂物或第二相粒子所在处。后者是因为在外力作用下，夹杂物或第二相粒子与基体的界面处由于弹塑性性质的不同，或因结合力低而脱开，或因质点本身的解理而脱开，萌生成为微裂纹。在断裂表面上观察发现许多微小的、圆形或者扁圆形的一系列孔洞，底部光滑（有时候发现与微孔大小对应的第二相颗粒）。这些孔洞之间的连接过程被称作微孔聚集（所以这种断裂也称为微孔聚集形断裂）。断口上这些微孔称作韧窝。这个过程就是裂纹形核，也就是上面提到的裂纹形成。

应力继续增加，一部分微裂纹之间相互连接——形成韧窝并彼此之间相互连接（图 4-17c），形成纤维区。这样的微裂纹连接过程在圆柱体试样（表面光滑）拉伸时总是在试样的中心形成。这是断裂第二阶段——裂纹的扩展。在微裂纹形成并连接过程中，由于产生比较大的（局部）塑性变形，消耗大量的变形功，裂纹扩展速度通常是比较慢，所以这样的断裂也称为延迟断裂。

纤维区扩展达到一定大小之后，试样剩余截面积上的实际载荷远远超过材料的抗拉强度，试样失稳而裂纹迅速扩展，形成放射区和剪切唇。放射线平行于裂纹扩展方向而垂直于裂纹前端的轮廓线，并逆向指向裂纹源头。这是断裂的第三阶段——断裂。放射区和剪切唇区虽然形貌不同，都是裂纹迅速扩展时形成的。之所以它们的形貌不同是由于裂纹扩展到一定程度时试样剩余截面积上沿与外力成 45°角的方向滑移分切应力达到最大，形成滑移脱离（图 4-17d）或剪切分离（图 4-17e）。

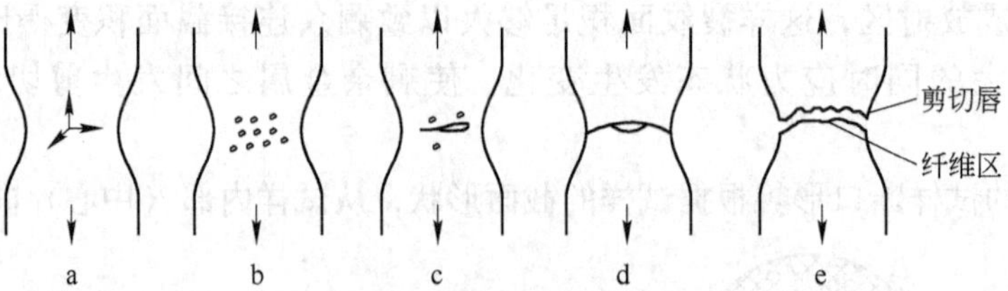

图 4-17 韧性断裂的过程示意图

4.3.2 微孔的成核和长大

剪切断裂有两类，一类为纯剪切断裂，另一类为微孔聚合型剪切断裂。如果说脆性断裂机制主要是解理和准解理，在断口上其微观特征主要表现为河流花样；那么韧性断裂的断裂机制就主要是微孔聚合型剪切，在断口上其微观特征就主要表现为韧窝了。

退火低碳钢试样在室温下拉伸时断口呈杯锥状。它是韧断的典型情况。那么对于这种宏观的断裂形式，它的微观断裂机制怎样？这就是现在我们要讨论的微孔聚合型剪切机制问题。

在低碳钢拉伸发生颈缩之后，由于三向应力的产生，在试样中心首先产生许多显微空洞。这些空洞长大后，相互连接而形成可见的裂纹。裂纹一经形成，由于裂纹尖端的应力集中，使塑性变形集中在裂纹尖端前的滑移带上，滑移带和拉伸轴成30°~40°，微孔在剪切变形中扩展情况如图4-18所示。多个微孔聚集成裂纹如图4-19所示。

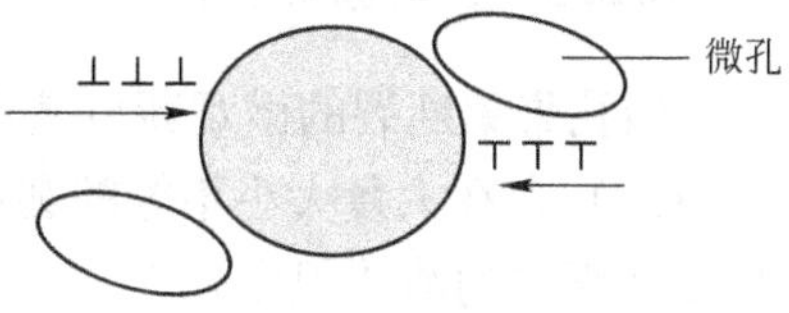

图4-18　微孔在剪切变形中扩展

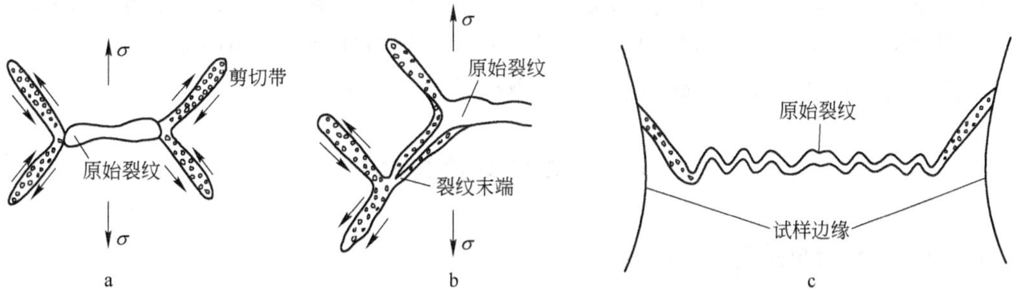

图4-19　多个微孔聚集成裂纹

在这个裂纹尖端的剪切带内变形十分强烈，结果在带内形成许多显微空洞，空洞的聚合造成裂纹的扩展，并把剪切带撕裂成两半。当裂纹贯穿了整个剪切带之后，裂纹尖端又要形成新的剪切带，出现新剪切带的位置有两个可能，一是继续在原裂纹的扩展方向上生成，越来越远离试样的中心，而三向应力相对成小，这不利于剪切带的形成；二是可能出现在与原裂纹相对称的位置上，由于这种剪切带（图4-19b）回到试样心部三向应力较大的地方，裂纹从中心呈锯齿形地不断向外扩展传播（图4-19c）。随着试样的承载面积不断减小，最后呈剪切断裂，因此断口呈杯锥状。这种断裂方式是Rogeres观察纯铜的断裂时得出的，在碳钢中也得到相似情况。

必须指出的是，在韧性断裂的断口上，通常总可以看到韧窝。但是，断口上有韧窝并不一定代表韧性断裂。这是因为韧窝的存在，只说明材料在局部微小区域内曾发生过强烈的剪切变形。此变形只限于断裂路径穿过的一个很小的体积范围内，即断口两侧的微观区域范围内。至于在宏观范围内材料是否有很大的塑性，却并不能由此来决定。例如，某些高强度材料在满足平面应变条件下裂纹作快速的不稳定低能量扩展，此时就整个构件而言，并未发生过普遍屈服，所以破坏是脆性的。但是在断口两侧的微观区域内却发生过很大的剪切变形，这种断裂是微孔聚合型的低能量撕裂，宏观上看是脆性断口，但在电子显微镜下看却是很浅的韧窝。

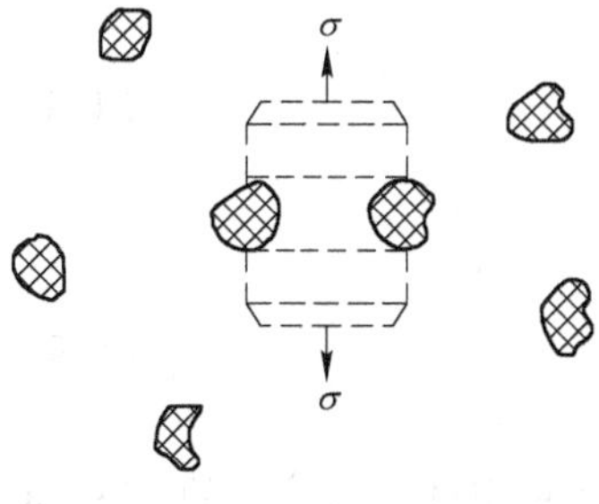

图4-20　微孔在基体和第二相之间形成

从前面分析的韧性断裂微观过程可以看到，微孔的形成是由于第二相质点碎裂或第二相质点与基体之间发生界面剥离而成核的（图4-20）。

成核过程为：位错在界面处塞积⟶界面分离⟶微孔成核。

相邻的微孔通过它们之间局部材料的内缩颈、断裂，连接成微裂纹。

微裂纹再与附近的微孔连接，裂纹就往前扩展，直到断裂。

4.3.3 微观断口特征

微孔聚集断裂的微观断口基本特征为：

（1）存在大量大小不等的圆形或椭圆形韧窝，韧窝的密度与第二相质点的尺寸和密度有关（钢材的清洁程度）。

（2）韧窝的大小（深度和直径）与基体材料的塑性和应变硬化指数，以及外加应力大小和状态有关。第二相密度大，韧窝尺寸减小；如第二相密度小、均匀分布且基体的塑性强，则韧窝大而深；如基体的加工硬化能力很强，则得到大而浅的韧窝。

一般来讲，韧窝尺寸大，断裂前发生的塑性变形大、塑性好。

4.4 断裂强度理论

4.4.1 理论断裂强度

决定材料强度的最基本因素是原子间结合力，结合力越大，强度和熔点越高。

理论断裂强度就是在拉伸应力的情况下，将两个原子面（晶面）拉断所需要的应力（原子间最大结合力）。如果是在切应力情况下，得到的应力为理论切变强度。

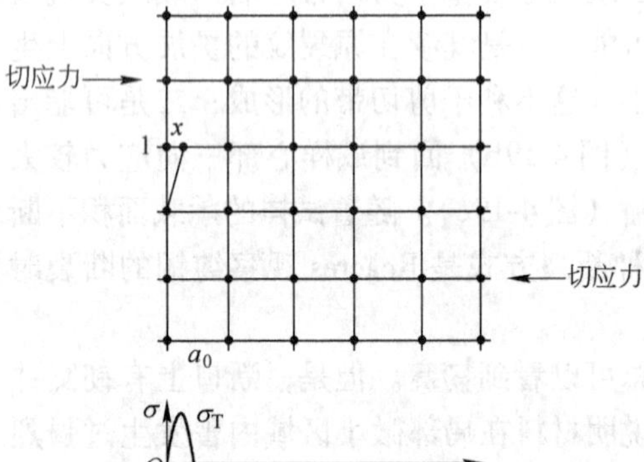

图 4-21 晶体点阵模型和应力周期场示意图

对于理想晶体的脆性断裂（即只有弹性变形阶段），可以通过理论推导得到理论断裂强度 σ_T（图 4-21）：设晶体为简单立方结构，晶体中的原子呈周期性排列，水平方向和垂直原子间距 a，晶体受到剪切应力作用。

设材料中原子之间刚性结合，那么规则排列的原子就位于周期点阵之中。每一个原子都受到周期作用力。假设这个周期作用力是遵循正弦波动规律。图 4-21 中 1 号原子在切应力作用下沿 x 方向有一个小位移 x，则原子在不同位置时所受到的力可以表示为：

$$\sigma = \sigma_T \sin\frac{2\pi x}{\lambda} \tag{4-8}$$

对于很小的位移，式（4-8）变为

$$\sigma = \sigma_T \frac{2\pi x}{\lambda} \tag{4-9}$$

对于这种情况我们还可以分析为，x 方向的位移 x 时产生的应变 $\varepsilon = \frac{x}{a_0}$，进而根据 HooK 定律马上可以写出应力分量

$$\sigma = E\varepsilon = E\frac{x}{a_0} \tag{4-10}$$

根据式（4-9）得到

$$\lambda = \frac{2\pi\sigma_{\mathrm{T}}a_0}{E} \tag{4-11}$$

另外对于正弦曲线，当 $x=\frac{\lambda}{4}$时应力达到峰值。所以根据弹性理论，将表面能表示成

$$2\gamma = \int_0^{\frac{\lambda}{2}} \sigma_{\mathrm{T}} \sin\left(\frac{2\pi x}{\lambda}\right) \mathrm{d}x = \frac{\lambda\sigma_{\mathrm{T}}}{\pi} \tag{4-12}$$

代入式（4-11）

$$\sigma_{\mathrm{T}} = \left(\frac{E\gamma}{a_0}\right)^{\frac{1}{2}} \tag{4-13}$$

式中 E——杨氏模量；

γ——裂纹面上单位面积的表面能；

a_0——晶面间距。

解理面的表面能越小，则 σ_{T}越小，越容易出现解理断裂。

对于铁，$\gamma \approx 2\mathrm{J/m^2}$，$a_0 = 2.5 \times 10^{-10}\mathrm{m}$，$E = 2 \times 10^{11}\mathrm{N/m^2}$；估计计算得到 $\sigma_{\mathrm{T}} \approx 4 \times 10^{10}\mathrm{N/m^2} \approx \frac{E}{5}$。对一般固体而言，弹性模量的十五分之一到四分之一。

实际金属材料的断裂强度只有理论值的 0.1% ~10%，其根本原因就是金属材料中存在各种缺陷，如位错和裂纹。格里菲斯（Griffith）从假定金属中存在原始裂纹出发，提出了切口强度理论，解释了这个问题。

4.4.2 断裂强度的裂纹理论

4.4.2.1 裂纹理论内容

格里菲斯理论的基本出发点就是认为材料中原来就存在裂纹，由于裂纹存在将引起应力集中（图 4-22），裂纹尖端处的应力将比平均应力高得多，当此处正应力达到理论强度值时，裂纹将迅速扩张而断裂，因此断裂时的平均应力远小于理论强度值。

裂纹的扩展是受能量条件所支配的。从热力学观点来看，凡是使能量降低的过程都将自发进行，凡使能量升高的过程必将停止，除非外界提供能量。

Griffith 从能量平衡的观点计算了裂纹自动扩张时的应力值，即带裂纹体的强度。当裂纹扩展时由于析出新的表面，需要额外的能量提供形成新表面的能量，同时裂纹扩展，会使一部分原来连接的部分分开，释放一部分弹性能量，使体系的能量下降，这两者达到平衡的状态便是裂纹将要扩展的临界状态。

设：厚度为一个单位的无限大板受到纵向均匀拉伸作用力 σ，其中心形成长度为 2c 的裂纹时形成的表面积是 $4c$，如果每单位表面积的表面能是 γ，则需要的表面能是 $U_1 = 4c\gamma$；同时由于 $2c$ 长度区域失去了连接，内部储存的弹性能将会释放，那么多大的区域释放弹性能呢？Griffith 假设短轴为 $2c$，长轴为 $4c$ 的一个椭圆区域释放了弹性能（图 4-23）。

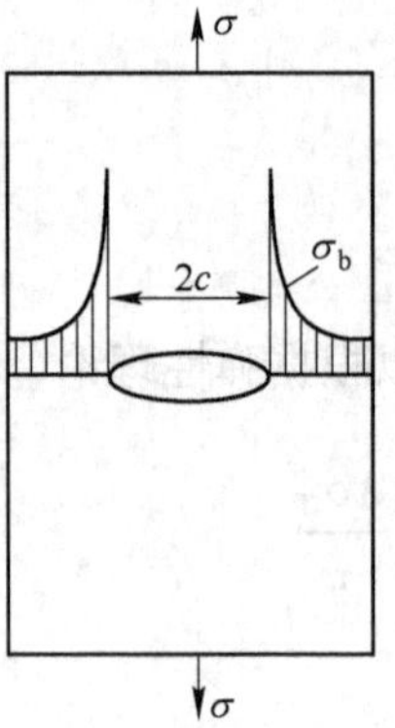

图 4-22 裂纹尖端应力集中情况

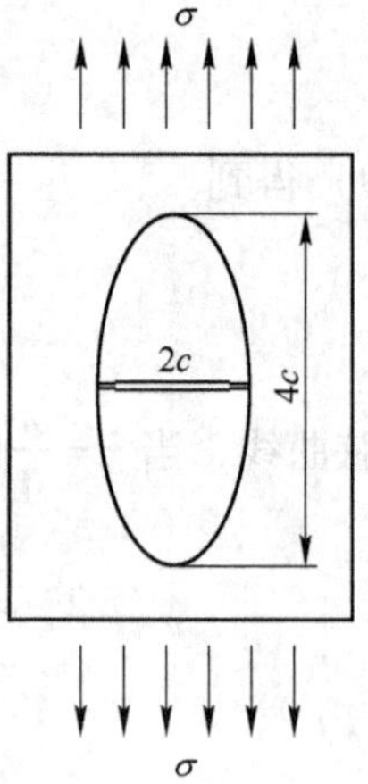

图 4-23 弹性能释放的椭圆区域

则椭圆的面积 $\pi ab=\pi c\cdot 2c$

释放的弹性能 $U_2=\dfrac{\sigma^2}{E}\pi c^2$

这个时候无限大板的能量变化就可以表示为

$$W = U_1 + U_2 = 4c\gamma - \frac{\sigma^2}{E}\pi c^2 \tag{4-14}$$

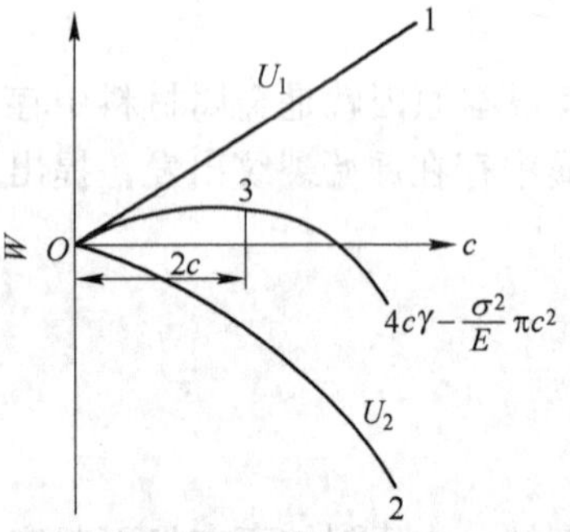

图 4-24 受力板中因裂纹能量变化情况

把这个方程做成曲线，如图 4-24 所示。

如图 4-24 所示，曲线 2 表示释放的弹性应变能，是负值；曲线 1 表示增加的裂纹表面能是正值；曲线 3 表示总的能量变化，是弹性能与表面能的代数和。由图 2-24 可见，当裂纹尺寸小于 $2c$ 时，裂纹扩展时表面能 W 随裂纹长度 c 的增加而快速增加，弹性能 U_2 的释放却变化较小。由于阻力大于动力，裂纹不能自动扩展；当裂纹尺寸大于 $2c$ 时，释放的弹性应变能开始快速增加，致使裂纹长大时，总的能量变化开始降低，因而裂纹将会自动扩展。

4.4.2.2 脆性断裂判据

根据前面假设，我们已经得到了由于形成长度 c 的裂纹时体系能量变化。弹性应变能和表面能的变化之和（符号负，表示能量减少）为

$$W = U_1 + U_2 = 4c\gamma - \frac{\sigma^2}{E}\pi c^2$$

由图 4-24 可知，当裂纹达到临界长度 $2c$ 时，总能量的变化达到极大值，所以求极值，对 c 求偏导数

$$\frac{\partial}{\partial c}(U_1 + U_2) = \frac{\partial}{\partial c}\left(4c\gamma - \frac{\sigma^2\pi c^2}{E}\right) = 0$$

从而求得

$$\sigma_c = \left(\frac{2E\gamma}{\pi c}\right)^{\frac{1}{2}} \tag{4-15}$$

式中 σ_c——裂纹扩展的临界应力，即断裂强度；

c——裂纹长度的一半。

式（4-15）称为格雷菲斯公式。将理论断裂强度公式（4-13）中 a_0 以 $\pi c/2$ 代替即变成格雷菲斯公式。

如果外界的应力小于 σ_c，则裂纹在使用过程中逐渐长大，达到一个临界长度 a_c 时，满足式（4-15）的临界条件，裂纹自动扩展并导致断裂发生。

$$c = \frac{2E\gamma}{\pi\sigma^2} \tag{4-16}$$

式中 σ——外界应力。

式（4-16）可计算临界裂纹尺寸。

具有临界尺寸 c 的裂纹称为格雷菲斯裂纹。

式（4-15）、式（4-16）都是脆性断裂的断裂（力学）判据。该断裂判据适用范围：脆性固体材料，如玻璃、陶瓷、金刚石、超高强度钢，即裂纹尖端塑性变形可以忽略的材料。

4.4.2.3 塑性断裂判据

对于塑性材料，由于在裂纹尖端处产生较大塑性变形，吸收大量的变形功，这部分变形功是裂纹扩展需要克服的主要阻力，所以格雷菲斯公式修正为：

$$\sigma_c = \left[\frac{E(2\gamma_s + \gamma_p)}{\pi c}\right]^{\frac{1}{2}} \tag{4-17}$$

式中 γ_p——单位面积裂纹表面吸收的塑性变形功；

$2\gamma_s + \gamma_p$——有效表面能。

式（4-17）称为格雷菲斯-奥罗万-欧文公式，是塑性金属材料的断裂判据。一般 $2\gamma_s + \gamma_p \gg 2\gamma_s$，因此也写为

$$\sigma_c = \left(\frac{E\gamma_p}{\pi c}\right)^{\frac{1}{2}} \tag{4-18}$$

Griffith 裂纹理论的前提是：材料中已经存在裂纹，但不涉及裂纹的来源。

后来人们根据这类金属断裂前存在塑性变形，提出位错塞积和位错反应理论，当裂纹扩展到 Griffith 裂纹长度时，就会发生断裂。

这里说的材料的断裂判据，是基于能量原理的表达式。基于材料是均匀的、各向同性的、受力均匀的这样假设。对于材料内部发生的塑性变形（尤其是裂纹尖端的塑性变形）、应力释放等问题，要经过断裂韧性（第 5 章）、冲击作用（第 6 章）和疲劳（第 7 章）内容之后才能真正加以综合评定。

5 金属的断裂韧度

断裂是机件（包括构件）的一种最危险失效形式，尤其是脆性断裂，极易造成安全事故和经济损失。为了防止断裂失效，传统的力学强度理论是根据材料的屈服强度，用强度储备方法确定机件工作应力，即

$$\sigma \leqslant \frac{\sigma_{0.2}}{n}$$

式中 σ——工作应力；

n——安全系数。

然后再考虑到机件的一些结构特点（存在缺口等）及环境温度的影响，根据材料使用经验，对塑性（σ、ϕ）、韧度（A_{KU}、A_{KV}、t_K）及缺口敏感度（NSR）等安全性指标提出附加要求，据此设计的机件，按理不会发生塑性变形和断裂，是安全可靠的。但是，实际情况并非总是这样，对高强度、超高强度钢的机件，中低强度钢的大型、重型机件（如火箭壳体、大型转子、船舶、桥梁、压力容器等）却经常在屈服应力以下发生低应力脆性断裂。

大量断裂事例分析表明，上述机件的低应力脆断是由宏观裂纹（工艺裂纹或使用裂纹）扩展引起的。例如，1950 年，美国北极星导弹固体燃料发动机壳体在试发射时就发生了爆炸。壳体材料是超高强度钢 D6AC，屈服强度为 1400MPa，常规性能都符合设计要求，事后检查发现，壳体破坏是由一个深度为 0.1 ~ 1mm 的裂纹引起的。由于裂纹破坏了材料的均匀连续性，改变了材料内部应力状态和应力分布，所以机件的结构性能就不再相似于无裂纹的试样性能，传统力学强度理论已不再适用。因此，需要研究新的强度理论和新的材料性能评定指标，以解决低应力脆断问题。

断裂力学正是在这种背景下发展起来的一门新型断裂强度科学。它是在承认机件存在宏观裂纹的前提下，建立了裂纹扩展的各种新的力学参量，并提出了含裂纹体的断裂判据和材料断裂韧度。可以说，断裂力学就是研究带裂纹体的力学，具有重大科学意义和工程价值。事故原因分析表明，金属的断裂是由宏观裂纹（工艺裂纹或使用裂纹）扩展引起的，如焊接接点和疲劳裂纹等。这些裂纹的生成是不可避免的。

由于存在裂纹和缺陷，破坏了材料的均匀连续性，改变了材料内部的应力状态和应力分布，所以传统的力学强度理论不再适用，需要发展出新的强度理论和新的材料性能评价指标，这就形成了专门研究裂纹体的力学——断裂力学。

断裂力学的研究内容包括：

（1）裂纹尖端的应力和应变；

（2）建立新的断裂判据；

（3）断裂力学参数的计算和测定；

（4）提高材料强度和韧性的途径（强韧化）。

本章将从材料角度出发，在简要介绍断裂力学基本原理的基础上，着重讨论线弹性条件下金属断裂韧度的意义、测试原理和影响因素。

5.1 线弹性条件下的金属断裂韧度

大量断口分析表明，金属机件（或构件）的低应力脆断断口没有宏观塑性变形痕迹。由此可以认为，裂纹在断裂扩展时，其尖端总是处于弹性状态，应力和应变应该呈线性关系。因此，在研究低应力脆断的裂纹扩展问题时，可以应用弹性力学理论，从而构成了线弹性断裂力学。线弹性断裂力学分析裂纹体断裂问题有两种方法：一种是应力应变分析方法，考虑裂纹尖端附近的应力场强度，得到相应的断裂 K 判据；另一种是能量分析方法，考虑裂纹扩展时系统能量的变化，建立能量转化平衡方程，得到相应的断裂 G 判据。从这两种分析方法中，分别得到断裂韧度 K_{IC}和 G_{IC}，其中 K_{IC}是最常用的断裂韧性指标，是本章重点讨论的内容。

5.1.1 裂纹扩展的基本形式

由于裂纹尖端附近的应力场强度与裂纹扩展类型有关，因此，首先讨论裂纹扩展的基本形式。含裂纹的金属机件（或构件），根据外加应力与裂纹扩展面的取向关系，裂纹扩展有三种基本形式，如图 5-1 所示。

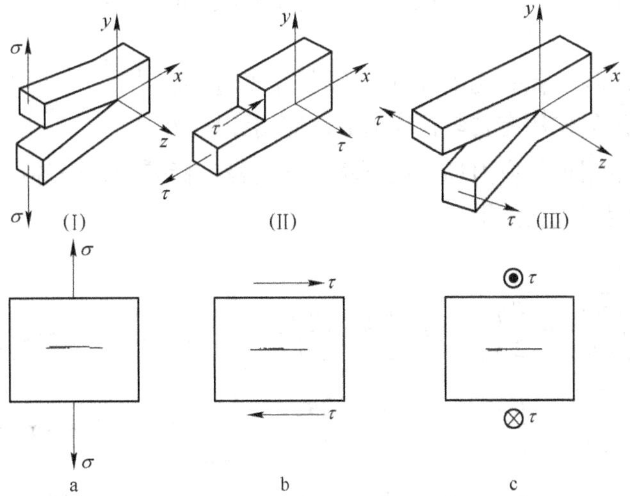

图 5-1 裂纹扩展的基本形式

a—张开型；b—滑开型；c—撕开型

（1）张开型（Ⅰ型）裂纹扩展。如图 5-1a 所示，拉应力垂直作用于裂纹扩展面，裂纹沿作用力方向张开，沿裂纹面扩展。如轴的横向裂纹在轴向拉力或弯曲力作用下的扩展，容器纵向裂纹在内压力下的扩展。

（2）滑开型（Ⅱ型）裂纹扩展。如图 5-1b 所示，切应力平行作用于裂纹面，而且与裂纹线垂直，裂纹沿裂纹面平行滑开扩展。如花键根部裂纹沿切向力的扩展。

（3）撕开型（Ⅲ型）裂纹扩展。如图5-1c 所示，切应力平行作用于裂纹面，而且与裂纹线平行，裂纹沿裂纹面撕开扩展。如轴的纵、横裂纹在扭矩作用下的扩展。

实际裂纹的扩展并不局限于这三种形式，往往是它们的组合，如Ⅰ—Ⅱ、Ⅰ—Ⅲ、Ⅱ—Ⅲ型复合形式。在这些不同的裂纹扩展形式中，以Ⅰ型裂纹扩展最危险，容易引起脆性断裂。因此，在研究裂纹体的脆性断裂问题时，总是以这种裂纹为对象。

5.1.2 应力场强度因子 K_{I} 及断裂韧度 K_{IC}

前面分析缺口试样的拉伸和弯曲时曾指出：缺口根部会出现两向或三向拉应力，使应力状态变硬，增加材料的脆性。可以想象，对于Ⅰ型裂纹试样，在拉伸或弯曲时，其裂纹尖端更是处于复杂的应力状态，最典型的是平面应力和平面应变两种应力状态。前者出现在薄板中，后者则出现在厚板中。

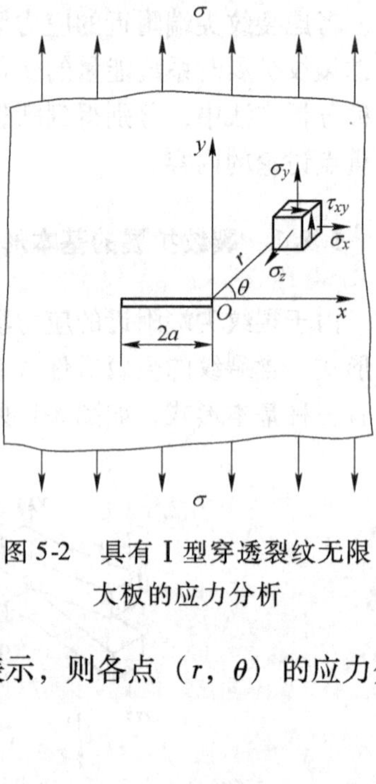

图5-2 具有Ⅰ型穿透裂纹无限大板的应力分析

5.1.2.1 裂纹尖端应力场

由于裂纹扩展是从其尖端开始向前进行的，所以应该分析裂纹尖端的应力、应变状态，建立裂纹扩展的力学条件。欧文（G. R. Irwin）等人对Ⅰ型裂纹尖端附近的应力应变进行了分析，建立了应力场、位移场的数学解析式。

如图5-2 所示，假设有一无限大板，其中有 $2a$ 长的Ⅰ型裂纹，在无限远处作用有均匀拉应力 σ，应用弹性力学可以分析裂纹尖端附近的应力场、位移场。如用极坐标表示，则各点（r，θ）的应力分量、位移分量可以近似表达如下：

（1）应力分量。

$$\left.\begin{aligned}
\sigma_x &= \sigma\sqrt{\frac{\pi a}{2\pi r}}\cos\frac{\theta}{2}\left(1-\sin\frac{\theta}{2}\sin\frac{3\theta}{2}\right)=\frac{K_{\mathrm{I}}}{\sqrt{2\pi r}}\cos\frac{\theta}{2}\left(1-\sin\frac{\theta}{2}\sin\frac{3\theta}{2}\right)\\
\sigma_y &= \sigma\sqrt{\frac{\pi a}{2\pi r}}\cos\frac{\theta}{2}\left(1+\sin\frac{\theta}{2}\sin\frac{3\theta}{2}\right)=\frac{K_{\mathrm{I}}}{\sqrt{2\pi r}}\cos\frac{\theta}{2}\left(1+\sin\frac{\theta}{2}\sin\frac{3\theta}{2}\right)\\
\tau_{xy} &= \sigma\sqrt{\frac{\pi a}{2\pi r}}\sin\frac{\theta}{2}\cos\frac{\theta}{2}\cos\frac{3\theta}{2}=\frac{K_{\mathrm{I}}}{\sqrt{2\pi r}}\sin\frac{\theta}{2}\cos\frac{\theta}{2}\cos\frac{3\theta}{2}
\end{aligned}\right\}\tag{5-1}$$

式中 K_{I}——应力场强度因子，$K_{\mathrm{I}}=\sigma\sqrt{\pi a}$。

σ_z的大小取决于板材的厚度，对于薄板板内应力处于平面应力状态，对于厚板板内应力处于平面应变状态。即

$$\sigma_z=0 \quad（平面应力）$$

$$\sigma_z=\nu(\sigma_x+\sigma_y) \quad（平面应变）$$

在裂纹延长线上有 $\theta=0$，利用式（5-1）可以计算出 $\tau_{xy}=0$，而 $\sigma_x=\sigma_y=\dfrac{K_{\mathrm{I}}}{\sqrt{2\pi r}}$，达到最大值。即裂纹最容易沿 x 轴方向扩展。

（2）位移分量（平面应变状态）。

$$\left.\begin{aligned} u &= \frac{1+\nu}{E}K_{\mathrm{I}}\sqrt{\frac{2r}{\pi}}\cos\frac{\theta}{2}\left[1-2\nu+\sin^2\frac{\theta}{2}\right] \\ v &= \frac{1+\nu}{E}K_{\mathrm{I}}\sqrt{\frac{2r}{\pi}}\sin\frac{\theta}{2}\left[2(1-\nu)-\cos^2\frac{\theta}{2}\right] \end{aligned}\right\} \tag{5-2}$$

式中 ν——泊松比；

E——弹性模量；

u，v——x，y 方向上的位移分量。

以上两式都是近似表达式，越接近裂纹尖端，其精度越高。所以，它们最适用于 $r<<a$ 的情况。

5.1.2.2 应力场强度因子 K_{I}

由式（5-1）可知，裂纹尖端区域各点的应力分量除了决定其位置（r，θ）外，还与强度因子 K_{I} 有关。对于某一确定的点，其应力分量就由 K_{I} 决定。因此，K_{I} 的大小直接影响应力场的大小：K_{I} 越大，则应力场各应力分量也越大。这样，K_{I} 就可以表示应力场的强弱程度，故称为应力场强度因子。其综合反映了外加应力和裂纹长度对裂纹尖端应力场的影响。下脚标注“Ⅰ”表示Ⅰ型裂纹，同理，K_{II}、K_{III} 分别表示Ⅱ型和Ⅲ型裂纹的应力场强度因子。

当 $r\rightarrow0$ 时，全部应力分量均趋于无限大。这就是，在裂纹尖端（$r=0$ 的点），其应力场具有奇异性，因此 K_{I} 就是用来描述这种奇异性的力学参量。$r=0$ 应排除。

式（5-1）中的 $K_{\mathrm{I}}=\sigma\sqrt{\pi a}$，是对无限大宽板试样并带有中心穿透裂纹的特殊条件下推导出来的。当试样的几何形状、尺寸以及裂纹扩展方式变化时，式中 K_{I} 就改变了，对于Ⅰ型的裂纹，K_{I} 的一般表达式为：

$$K_{\mathrm{I}} = Y\sigma\sqrt{a} \tag{5-3}$$

式中 a——裂纹长度的 $\dfrac{1}{2}$；

Y——裂纹形状系数，它是一个无量纲的系数，与板材尺寸和裂纹所处位置有关的量，有中心穿透裂纹的无限宽板 $Y=\sqrt{\pi}$。

由式（5-3）可见，K_{I} 大小取决于试件尺寸、外加应力和裂纹尺寸，它是一个复合力学量，单位为 $\mathrm{MPa}\cdot\mathrm{m}^{1/2}$ 或 $\mathrm{MN}\cdot\mathrm{m}^{-3/2}$，故 K_{I} 是一个能量指标，可以看作是推动裂纹扩展的动力。同理，对于Ⅱ、Ⅲ型裂纹，其应力场强度因子的表达式为：

$$\begin{aligned} K_{\mathrm{II}} &= Y\tau\sqrt{a} \\ K_{\mathrm{III}} &= Y\tau\sqrt{a} \end{aligned} \tag{5-4}$$

几种裂纹的 K_{I} 表达式见表 5-1。

表 5-1 几种裂纹的 K_I 表达式

裂纹类型	K_I 表达式		
无限大板穿透裂纹 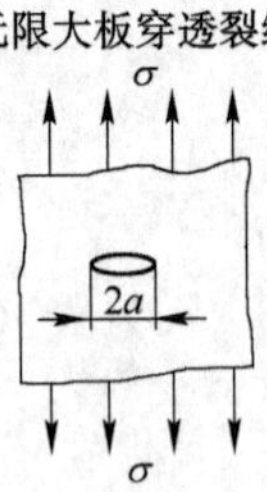	$K_I=\sigma\sqrt{\pi a}$		
有限大板穿透裂纹 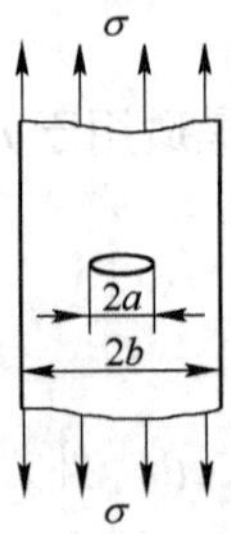	$K_I=\sigma\sqrt{\pi a}f\left(\frac{a}{b}\right)$	a/b	$f(a/b)$
		0.074	1.00
		0.207	1.03
		0.275	1.05
		0.337	1.09
		0.410	1.13
		0.466	1.18
		0.535	1.25
		0.592	1.33
有限宽板单边直裂纹 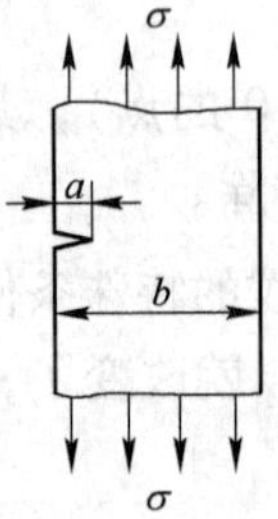	$K_I=\sigma\sqrt{\pi a}f\left(\frac{a}{b}\right)$ 当 $b>>a$ 时，$K_I=1.12\sigma\sqrt{\pi a}$	a/b	$f(a/b)$
		0.1	1.15
		0.2	1.20
		0.3	1.29
		0.4	1.37
		0.5	1.51
		0.6	1.68
		0.7	1.89
		0.8	2.14
		0.9	2.46
		1.0	2.89
受弯单边裂纹梁 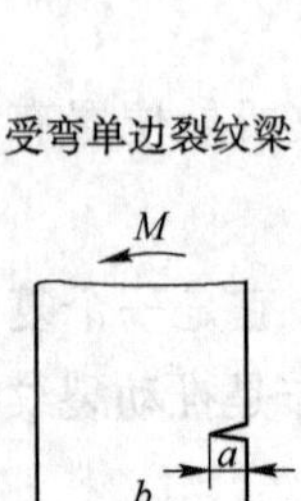	$K_I=\frac{6M}{(b-a)^{3/2}}f\left(\frac{a}{b}\right)$	a/b	$f(a/b)$
		0.05	0.36
		0.1	0.49
		0.2	0.60
		0.3	0.66
		0.4	0.69
		0.5	0.72
		≥0.6	0.73

续表 5-1

裂纹类型	K_I 表达式
无限大物体内部椭圆片裂纹，远处受均匀拉伸 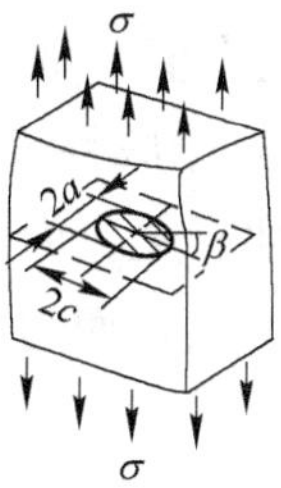	在裂纹边缘上任一点的 K_I 为 $K_I = \frac{\sigma\sqrt{\pi a}}{\phi}\left(\sin^2\beta + \frac{a^2}{c^2}\cos^2\beta\right)^{1/4}$ ϕ 是第二类椭圆积分： $\phi = \int_0^{\pi/2}\left(\cos^2\beta + \frac{a^2}{c^2}\cos^2\beta\right)^{1/2} d\beta$
无限大物体表面有半椭圆裂纹，远处受均匀拉伸 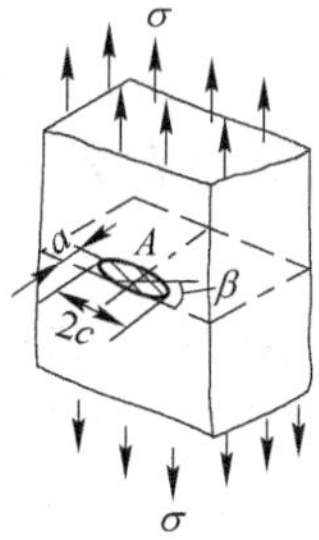	A 点的 K_I 为 $K_I = \frac{1.1\sigma\sqrt{\pi a}}{\phi}$ $\phi = \int_0^{\pi/2}\left(\cos^2\beta + \frac{a^2}{c^2}\cos^2\beta\right)^{1/2} d\beta$

5.1.2.3　断裂韧度 K_{IC} 和断裂 K 判据

既然 K_I 是决定应力场强弱的一个复合力学参量，就可将它看作是推动裂纹扩展的动力，以建立裂纹失稳扩展的力学判据和断裂韧度。

当 σ 和 a 单独或共同增大时，K_I 和裂纹尖端各应力分量也随之增大。当 K_I 增大达到临界值时，也就是在裂纹尖端足够大的范围内应力达到了材料的断裂强度，裂纹便失稳扩展而导致材料断裂。这个临界或失稳状态的 K_I 值记作 K_{IC} 或 K_C，称为断裂韧度。K_{IC} 为平面应变下的断裂韧度，表示在平面应变条件下材料抵抗裂纹失稳扩展的能力。K_C 为平面应力断裂韧度，表示在平面应力条件下材料抵抗裂纹失稳扩展的能力。

K_C（平面应力下断裂韧度）：裂纹尖端为平面应力状态下，τ_{max} 较大，易于塑变，不利于裂纹扩展。

K_{IC}（平面应变下断裂韧度）：裂纹尖端为三向应力状态，τ_{max} 较小，塑变困难，裂纹易扩展。

它们都是 I 型裂纹的材料断裂韧性指标。但 K_C 值与试样厚度有关。当试样厚度增加，使裂纹尖端达到平面应变状态时，断裂韧度趋于一稳定的最低值，即为 K_{IC}，它与试样厚度无关，而是真正的材料常数。在临界状态下所对应的平均应力，称为断裂应力或裂纹体断裂强度，记作 σ_c；对应的裂纹尺寸称为临界裂纹尺寸，记作 a_c。

三者的关系为：

$$K_{IC} = Y\sigma_c \sqrt{a_c} \tag{5-5}$$

可见，材料的 K_{IC}越高，则裂纹体的断裂应力或临界裂纹尺寸就越大，表明难以断裂。因此，K_{IC}表示材料抵抗裂纹失稳扩展的能力。这里断裂韧度是根据强度理论进行定义的。

应该指出，K_I 和 K_{IC}是两个不同的概念。两者的区别和 σ 与 σ_s的区别相似。金属在拉伸试验时，当应力 σ 增大到临界值 σ_s时，材料发生屈服，这个临界应力值 σ_s称为屈服点。同样，当应力场强度因子 K_I 增大到临界值 K_{IC}时，材料发生断裂，这个临界值 K_{IC}称为断裂韧度。因此，K_I 和 σ 对应，都是力学参量，只和载荷及试样尺寸有关，而和材料无关；而 K_{IC}和 σ_s对应，都是力学性能指标，只与材料成分、组织结构有关，而与载荷及试样尺寸无关。

K_C或 K_{IC}的量纲及单位与 K_I 相同。常用的单位为 $MPa \cdot m^{1/2}$或 $MN \cdot m^{-3/2}$。

根据应力场强度因子和断裂韧度的相对大小，可以建立裂纹失稳扩展脆断的断裂 K 判据，由于平面应变断裂最危险，通常就以 K_{IC}为标准建立，即

$$K_I \geqslant K_{IC} \tag{5-6}$$

裂纹体在受力时，只要满足上述条件，就会发生脆性断裂。反之，即使存在裂纹，若 $K_I < K_{IC}$，也不会断裂，这种情况称为破损安全。

断裂判据式（5-6）是工程上很有用的关系式，它将材料断裂韧度同机件（或构件）的工作应力及裂纹尺寸的关系定量地联系起来了，因此可以直接用于设计计算，如用以估算裂纹体的最大承载能力 σ、允许的裂纹尺寸 a，以及用于正确选择机件材料、优化工艺等。

同理，Ⅱ型、Ⅲ型裂纹的断裂韧度为 K_{II}、K_{III}，断裂判据为 $K_{II} \geqslant K_{IIC}$、$K_{III} \geqslant K_{IIIC}$。

5.1.2.4 裂纹尖端塑性区及 K_I 的修正

从理论上讲，按 K_I 建立的脆性断裂判据 $K_I \geqslant K_{IC}$，只适用于线弹性体，即只适用于弹性状态下的断裂分析。其实，金属材料在裂纹扩展前，其尖端附近总要先出现一个或大或小的塑性变形区（塑性区或屈服区），这和缺口前方存在塑性区很相似。因此，在塑性区内的应力应变之间就不再是线性关系，上述 K_I 表达式则不适用。但是，试验表明，如果塑性区尺寸较裂纹尺寸 a 及净截面尺寸小的话（小一个数量级以上），即在所谓小范围屈服下，只要对 K_I 进行适当的修正，裂纹尖端附近的应力应变场的强弱程度仍可用修正的 K_I 来描述。为了求得 K_I 的修正方法，需要了解塑性区的形状和尺寸及等效裂纹的概念。

A 塑性区的形状和尺寸

为确定裂纹尖端塑性区的形状和尺寸，就要建立符合塑性变形临界条件（屈服判据）的函数表达式 $r = f(\theta)$。该式对应的图形即代表塑性区边界形状，而其边界值即为塑性区的尺寸。

由材料力学可知，通过一点的主应力 σ_1、σ_2、σ_3 与 x、y、z 方向的各应力分量的关系为：

$$
\left.\begin{aligned}
\sigma_1 &= \frac{\sigma_x+\sigma_y}{2}+\sqrt{\left(\frac{\sigma_x-\sigma_y}{2}\right)^2+\tau_{xy}^2}\\
\sigma_2 &= \frac{\sigma_x+\sigma_y}{2}-\sqrt{\left(\frac{\sigma_x-\sigma_y}{2}\right)^2+\tau_{xy}^2}\\
\sigma_3 &= \nu(\sigma_1+\sigma_2)
\end{aligned}\right\}\tag{5-7}
$$

将式（5-1）的应力分量代入式（5-7），求得裂纹尖端附近任一点 $P(r,\theta)$ 的主应力：

$$
\left.\begin{aligned}
\sigma_1 &= \frac{K_{\mathrm{I}}}{\sqrt{2\pi r}}\cos\frac{\theta}{2}\left(1+\sin\frac{\theta}{2}\right)\\
\sigma_2 &= \frac{K_{\mathrm{I}}}{\sqrt{2\pi r}}\cos\frac{\theta}{2}\left(1-\sin\frac{\theta}{2}\right)\\
\sigma_3 &= 0(\text{平面应力})\\
\sigma_3 &= \frac{2\nu K_{\mathrm{I}}}{\sqrt{2\pi r}}\cos\frac{\theta}{2}(\text{平面应变})
\end{aligned}\right\}\tag{5-8}
$$

将式（5-8）代入米赛斯屈服判据（参见第1章），整理合并得：

$$
\left.\begin{aligned}
r &= \frac{1}{2\pi}\left(\frac{K_{\mathrm{I}}}{\sigma_s}\right)^2\left[\cos^2\frac{\theta}{2}\left(1+3\sin^2\frac{\theta}{2}\right)\right](\text{平面应力})\\
r &= \frac{1}{2\pi}\left(\frac{K_{\mathrm{I}}}{\sigma_s}\right)^2\left[(1-2\nu)^2\cos^2\frac{\theta}{2}+\frac{3}{4}\sin^2\frac{\theta}{2}\right](\text{平面应变})
\end{aligned}\right\}\tag{5-9}
$$

式中 σ_s——材料的屈服点或屈服强度 $\sigma_{0.2}$。

式（5-9）为塑性区边界曲线方程，其图形如图5-3所示。由图5-3可见，不管是平面应力或平面应变的塑性区，都是沿 x 方向的尺寸最小，消耗的塑性变形功也最小，所以裂纹就容易沿 x 方向扩展。这和式（5-3）的结论是一致的。为了说明塑性区对裂纹在 x 方向扩展的影响，就将沿 x 方向的塑性区尺寸定义为塑性区宽度。其值可令 $\theta=0$，由式（5-9）求得：

$$
\left.\begin{aligned}
r_0 &= \frac{1}{2\pi}\left(\frac{K_{\mathrm{I}}}{\sigma_s}\right)^2 \quad(\text{平面应力})\\
r_0 &= \frac{(1-2\nu)^2}{2\pi}\left(\frac{K_{\mathrm{I}}}{\sigma_s}\right)^2(\text{平面应变})
\end{aligned}\right\}\tag{5-10}
$$

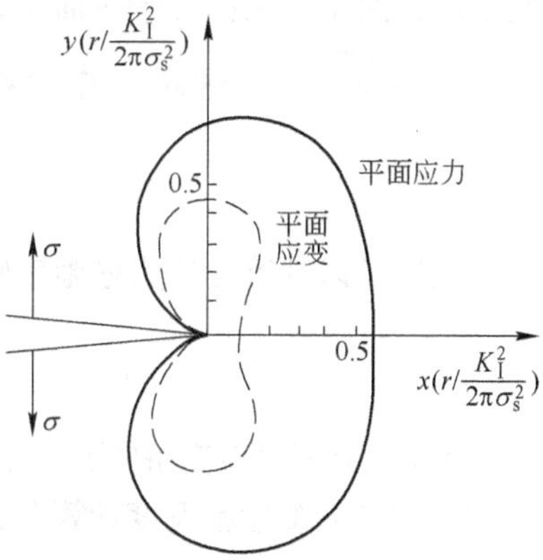

图5-3 裂纹尖端附近塑性区的形状和尺寸

若把式（5-8）代入屈雷斯加屈服判据，所得 x 轴上塑性区宽度与式（5-10）相同，但描述塑性区形状的方程式不同。若取 $\nu=0.3$，则由式（5-10）可以看出，平面应变的塑性区宽度比平面应力的小得多，前者仅为后者的1/6。因此，平面应变是一种最硬的应力状态，其塑性区最小。

如图5-4所示，上述估算仅指在 x 轴上裂纹尖端的应力分量 $\sigma_{ys}>\sigma_s$ 的一段距离（即

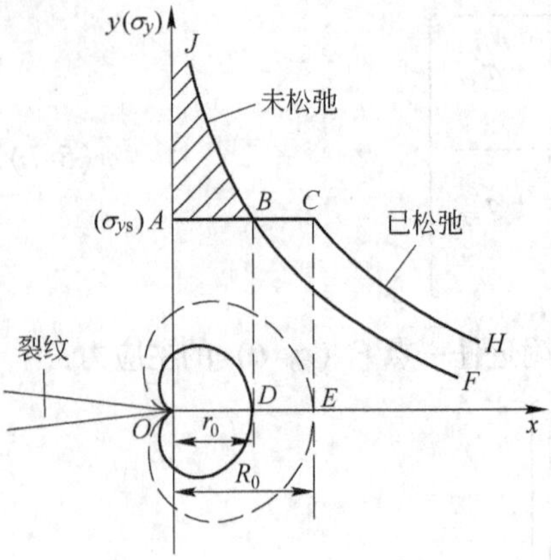

图 5-4 应力松弛对塑性区尺寸的影响

图 5-4中的 AB），而没有考虑图 5-4 中影线部分面积内应力松弛的影响。这种应力松弛可以使塑性区进一步扩大，由 r_0扩大至 R_0。图 5-4 中 σ_{ys}是在 y 方向发生屈服时的应力，称为 y 向有效屈服应力。在平面应力状态下，$\sigma_{ys}=\sigma_s$；在平面应变状态下，$\sigma_{ys}\approx 2.5\sigma_s$。

为求 R_0，现从能量角度考虑，图 5-4 中影线部分面积应该等于矩形面积 $BDEC$，或者是影线面积 + 矩形面积 $ABDO$，等于面积 $ACEO$，即

$$\int_0^{r_0}\frac{K_{\mathrm{I}}}{\sqrt{2\pi r}}\mathrm{d}r = \sigma_{ys}R_0$$

积分得

$$K_{\mathrm{I}}\sqrt{\frac{2r_0}{\pi}} = \sigma_{ys}R_0$$

将式（5-10）中平面应力的 r_0值代入，并注意 $\sigma_{ys}=\sigma_s$，得

$$K_{\mathrm{I}}\sqrt{\frac{2}{\pi}}\sqrt{\frac{K_{\mathrm{I}}^2}{2\pi\sigma_s^2}} = \sigma_s R_0$$

故

$$R_0 = \frac{1}{\pi}\left(\frac{K_{\mathrm{I}}}{\sigma_s}\right)^2 = 2r_0 \tag{5-11}$$

可见，考虑应力松弛之后，平面应力塑性区宽度正好是 r_0的两倍。

厚板在平面应变条件下，其塑性区是一个哑铃形的立体形状（图 5-5），中心是平面应变状态，两个表面都处于平面应力状态，所以 y 向有效屈服应力 σ_{ys}小于 $2.5\sigma_s$。欧文建议为 $\sigma_{ys}=\sqrt{2\sqrt{2}}\sigma_s$。这样，式（5-10）中平面应变实际塑性区的宽度应为

$$r_0 = \frac{1}{4\sqrt{2}\pi}\left(\frac{K_{\mathrm{I}}}{\sigma_s}\right)^2 \tag{5-12}$$

同样可以计算在应力松弛影响下，平面应变塑性区宽度为：

$$R_0 = \frac{1}{2\sqrt{2}\pi}\left(\frac{K_{\mathrm{I}}}{\sigma_s}\right)^2 \tag{5-13}$$

可见，在平面应变条件下，考虑了应力松弛的影响，其塑性区宽度 R_0也是原 r_0的两倍。

裂纹尖端塑性区宽度计算公式见表 5-2。

表 5-2 裂纹尖端塑性区宽度计算公式

应力状态	未考虑应力松弛影响		考虑应力松弛影响	
	一般条件	临界条件	一般条件	临界条件
平面应力	$r_0=\frac{1}{2\pi}\left(\frac{K_{\mathrm{I}}}{\sigma_s}\right)^2$	$r_0=\frac{1}{2\pi}\left(\frac{K_{\mathrm{IC}}}{\sigma_s}\right)^2$	$R_0=\frac{1}{\pi}\left(\frac{K_{\mathrm{I}}}{\sigma_s}\right)^2$	$R_0=\frac{1}{\pi}\left(\frac{K_{\mathrm{IC}}}{\sigma_s}\right)^2$
平面应变	$r_0=\frac{1}{4\sqrt{2}\pi}\left(\frac{K_{\mathrm{I}}}{\sigma_s}\right)^2$	$r_0=\frac{1}{4\sqrt{2}\pi}\left(\frac{K_{\mathrm{IC}}}{\sigma_s}\right)^2$	$R_0=\frac{1}{2\sqrt{2}\pi}\left(\frac{K_{\mathrm{I}}}{\sigma_s}\right)^2$	$R_0=\frac{1}{2\sqrt{2}\pi}\left(\frac{K_{\mathrm{IC}}}{\sigma_s}\right)^2$

由表5-2可见，不论是平面应力或平面应变，塑性区宽度总是与 $(K_{IC}/\sigma_s)^2$ 成正比。材料的 K_{IC} 越高和 σ_s 越低，其塑性区宽度就越大。因此，在测定材料的 K_{IC} 时，为了使裂纹尖端处于小范围屈服，需参照 $(K_{IC}/\sigma_s)^2$ 值进行试样设计。

B 有效裂纹及 K_I 的修正

由于裂纹尖端塑性区的存在，将会降低裂纹体的刚度，相当于裂纹长度的增加，因而影响应力场及 K_I 的计算，所以要对 K_I 进行修正。最简单而实用的方法是在计算 K_I 时，采用虚拟有效裂纹代替实际裂纹。如图5-6所示，裂纹 a 前方区域在未屈服前，其 σ_y 的分布曲线为 *ADB*。屈服并应力松弛后的 σ_y 分布曲线为 *CDEF*，塑性区宽度为 R_0。如果将裂纹延长为 $a+r_y$，即裂纹顶点由 O 点移至 O'，称 $a+r_y$ 为有效裂纹长度，则在它的尖端 O' 外的弹性应力 σ_y 分布曲线为 *GEH*，基本上和因塑性区存在的实际应力分布曲线 *CDEF* 中的弹性应力部分 *EF* 相重合。

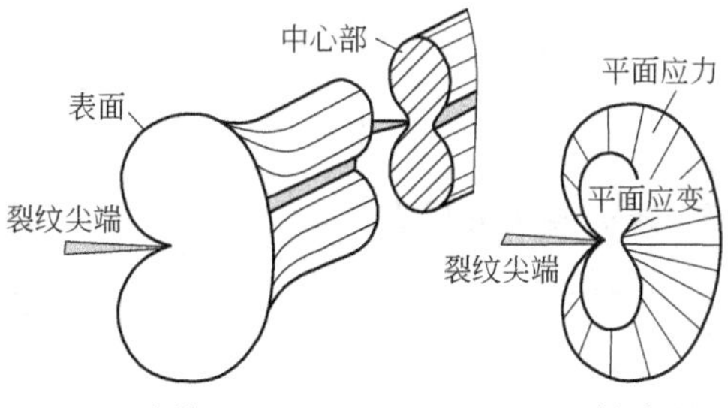

图5-5 实际试样塑性区形状和大小

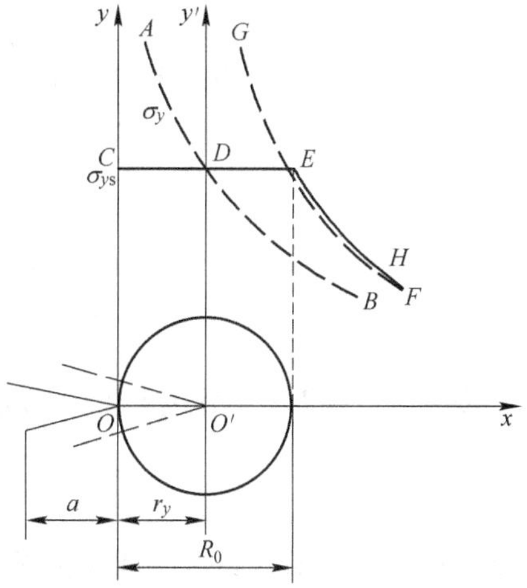

图5-6 用有效裂纹修正 K_I

这就是用有效裂纹代替原有裂纹和塑性区松弛联合作用的原理。这样，线弹性理论仍然有效。计算应力场强度因子时应为

$$K_I = Y\sigma\sqrt{a+r_y} \tag{5-14}$$

计算表明，有效裂纹的塑性区修正值 r_y，正好是应力松弛后塑性区的半宽，即

$$\left.\begin{aligned} r_0 &= \frac{1}{2\pi}\left(\frac{K_I}{\sigma_s}\right)^2 \approx 0.16\left(\frac{K_I}{\sigma_s}\right)^2 \quad (\text{平面应力}) \\ r_0 &= \frac{1}{4\sqrt{2}\pi}\left(\frac{K_I}{\sigma_s}\right)^2 \approx 0.056\left(\frac{K_I}{\sigma_s}\right)^2 \quad (\text{平面应变}) \end{aligned}\right\} \tag{5-15}$$

因此，根据不同的应力状态只要将式（5-15）代入式（5-14），即可求得修正后的 K_I 值

$$\left.\begin{aligned} K_I &= \frac{Y\sigma\sqrt{a}}{\sqrt{1-0.16Y^2\left(\dfrac{\sigma}{\sigma_s}\right)^2}} \quad (\text{平面应力}) \\ K_I &= \frac{Y\sigma\sqrt{a}}{\sqrt{1-0.056Y^2\left(\dfrac{\sigma}{\sigma_s}\right)^2}} \quad (\text{平面应变}) \end{aligned}\right\} \tag{5-16}$$

例如，对于无限板的中心穿透裂纹，考虑塑性区影响时，将 $Y=\sqrt{\pi}$代入式（5-16），即

$$
\left.\begin{aligned}
K_{\mathrm{I}} &= \frac{\sigma\sqrt{\pi a}}{\sqrt{1-0.5\left(\dfrac{\sigma}{\sigma_{s}}\right)^{2}}} \quad（平面应力）\\
K_{\mathrm{I}} &= \frac{\sigma\sqrt{\pi a}}{\sqrt{1-0.177\left(\dfrac{\sigma}{\sigma_{s}}\right)^{2}}} \quad（平面应变）
\end{aligned}\right\} \tag{5-17}
$$

对于大件表面半椭圆裂纹 $Y=\dfrac{1.1\sqrt{\pi}}{\phi}$，代入式（5-16），可得 K_{I} 的修正值公式

$$
\left.\begin{aligned}
K_{\mathrm{I}} &= \frac{1.1\sigma\sqrt{\pi a}}{\sqrt{\phi^{2}-0.608\left(\dfrac{\sigma}{\sigma_{s}}\right)^{2}}} \quad（平面应力）\\
K_{\mathrm{I}} &= \frac{1.1\sigma\sqrt{\pi a}}{\sqrt{\phi^{2}-0.212\left(\dfrac{\sigma}{\sigma_{s}}\right)^{2}}} \quad（平面应变）
\end{aligned}\right\} \tag{5-18}
$$

令 $Q=\phi^{2}-0.212\ (\sigma/\sigma_{s})^{2}$ 则平面应变的 K_{I} 修正值又可写为

$$K_{\mathrm{I}} = 1.1\sigma\sqrt{\frac{\pi a}{Q}} \tag{5-19}$$

Q 值称为裂纹形状参数，或称为塑性修正值。

式（5-19）又可改写为

$$K_{\mathrm{I}} = \frac{\phi}{\sqrt{Q}}\times 1.1\sigma\frac{\sqrt{\pi a}}{\phi} = M_{P}\times 1.1\sigma\frac{\sqrt{\pi a}}{\phi}$$

$$M_{P} = \frac{\phi}{\sqrt{Q}} = \frac{\phi}{\sqrt{\phi^{2}-0.212\left(\dfrac{\sigma}{\sigma_{s}}\right)^{2}}} > 1 \tag{5-20}$$

因为式（5-20）中 $1.1\sigma\sqrt{\pi a}/\phi$ 是不考虑塑性区影响的应力场强度因子，如果考虑塑性区的影响，则应力场强度因子 K_{I} 将增大 M_P 倍，故 M_P 称为塑性区修正因子。

ϕ 和 Q 值可由附录中查得。

在计算应力场强度因子 K_{I} 时，应注意在什么情况下需要修正。由式（5-16）可知 K_{I} 的修正项是公式的分母项，若 σ/σ_s 越接近于零，则修正项越接近 1，不存在塑性区的影响；若 σ/σ_s 越大，并接近于 1，则塑性区的影响最大，其修正值也越大。一般 $\sigma/\sigma_s \geqslant 0.7$ 时，其 K_{I} 变化就比较明显，需要进行修正。

5.1.2.5 K 判据的应用

传统的力学强度理论是用强度储备方法确定机件工作应力，即：$\sigma\leqslant\dfrac{\sigma_s}{n}$，按理不会发

生塑性变形和断裂，是安全可靠的。但实际却常在屈服应力以下低应力脆性断裂，原因：裂纹的生成是不可避免的。

由于存在裂纹和缺陷，破坏了材料的均匀连续性，改变了材料内部的应力状态和应力分布，所以传统的力学强度理论不再适用，新的性能指标——断裂韧性在承认裂纹存在的前提下，提出断裂判据，$K_{\mathrm{I}} \geqslant K_{\mathrm{IC}}$判据。$K_{\mathrm{IC}}$表征了材料抵抗裂纹扩展的能力。

$$Y\sigma\sqrt{a} \geqslant K_{\mathrm{IC}}$$

通过上面的讨论，我们知道对于一个带裂纹的物体来说，其裂纹前端的应力场强弱，可用K_{I}来定量描述（Ⅰ型裂纹扩展）；而材料抵抗裂纹失稳扩展的能力（平面应变状态下）可用K_{IC}来评定。由这两个量的相对大小就可以评定带裂纹体是否会发生失稳断裂。K判据是一个重要的公式，它将K_{IC}、裂纹尺寸a、机件的平均应力σ三者联系了起来，可以用来分析和计算一些实际问题。如判断带裂纹的构件是否发生脆断、计算带裂纹的构件的承载力、确定构件中临界裂纹尺寸，为选材和设计提供依据。

应用K判据进行计算时，平均应力一般指和裂纹面垂直的危险正应力，包括外加正应力和残余内应力。由于Ⅰ型裂纹较危险，所以重视研究Ⅰ型裂纹，需要根据裂纹形状确定形状系数Y；还要判断是否需要考虑塑性区对K的修正。

应用K判据进行计算的步骤：

（1）需要考虑裂纹尖端的应力状态，以便计算时合理选择计算公式；

（2）还需判断是否需要考虑塑性区对K的修正，判断方法一般如下：

1）外加应力与材料屈服强度的比值$\sigma/\sigma_s \to 0$时，修正项接近于1，不修正，应用简化的公式。

$$K_{\mathrm{I}} = Y\sigma\sqrt{a}$$

2）一般在$\sigma/\sigma_s \geqslant 0.7$时，须对$K_{\mathrm{I}}$进行修正。$\sigma/\sigma_s$越大，塑性区影响越大。如果计算$K$需要进行修正，那么应用式（5-16）。

在确定应力场强度因子K_{I}的公式后，就可以利用断裂K判据公式来分析和计算一些实际问题。如判断带裂纹的构件是否发生脆断、计算带裂纹的构件的承载能力、确定构件中临界裂纹尺寸，为选材和设计提供依据，现分述如下：

（1）确定带裂纹构件承载能力。若试验测定了材料的断裂韧性K_{IC}，根据探伤检验测定了构件中的最大裂纹尺寸，就能按断裂K判据估算使裂纹失稳扩展而导致脆断的临界载荷，即确定带裂纹构件的承载能力。

（2）确定构件安全性。根据探伤检验测定了构件中的缺陷尺寸，并计算出构件工作应力，即可计算出裂纹前端的应力场强度因子K_{I}。若$K_{\mathrm{I}} < K_{\mathrm{IC}}$则带裂纹构件是安全的，否则有断裂危险，因而就知道了所选材料是否合理。

根据传统设计方法，为了提高构件的安全性，总是加大安全系数，这样势必会提高材料的强度等级，对于高强度钢来说，往往造成低应力脆断。目前断裂力学提出了新的设计思想，为了保证构件安全，采用较小的安全系数，适当降低材料强度等级，增大材料的断裂韧性。K_{I}的安全系数与σ的安全系数不是一个数量概念，数量上不可混。

(3) 确定临界裂纹 (a_c) 尺寸。若已知材料的断裂韧性 K_{IC} 和构件工作应力，则可根据裂纹断裂判据确定允许的裂纹临界尺寸。如果探伤检测出的实际裂纹 $a_0 < a_c$，则构件时安全的，由此可建立相应的质量验收标准。

(4) K_{IC} 可作为材料工艺质量的新指标，追求高 σ_s 不一定是好事，而追求高的 K_{IC} 却一定是好事。

5.1.3 裂纹扩展能量释放率 G_I 及断裂韧度 G_{IC}

第 4 章曾从能量转化关系研究过裂纹扩展的力学条件，本节将从能量转化角度讨论断裂能量判据，并进一步理解断裂韧度的物理意义。

5.1.3.1 裂纹扩展时的能量转化关系

在绝热条件下，设有一裂纹体在外力作用下裂纹扩展，外力做功为 ∂W。这个功一方面用于系统弹性应变能的变化 ∂U_e。另一方面因裂纹扩展 ∂A 面积，用于消耗塑性功 $\gamma_p \partial A$ 和表面能 $2\gamma_s \partial A$。因此，裂纹扩展时能量转化关系为

$$\partial W = \partial U_e + (\gamma_p + 2\gamma_s)\partial A$$

即

$$\partial W - \partial U_e = (\gamma_p + 2\gamma_s)\partial A \tag{5-21}$$

$$-(\partial U_e - \partial W) = (\gamma_p + 2\gamma_s)\partial A$$

式 (5-21) 等号右端是裂纹扩展 ∂A 面积所需要的能量，是裂纹扩展的阻力；等号左端是裂纹扩展 ∂A 面积系统所提供的能量，是裂纹扩展的动力。

5.1.3.2 裂纹扩展能量释放率 G_I

根据工程力学，系统势能等于系统的应变能减外力功，或等于系统的应变能加外力势能，即 $U = U_e - W$，U 为系统的势能。因此，式 (5-21) 左端是系统势能变化的负值，表示裂纹扩展时，系统势能是下降的。

通常，我们把裂纹扩展单位面积时系统释放势能的数值称为裂纹扩展能量释放率，简称为能量释放率或能量率，并用 G 表示。对于 Ⅰ 型裂纹为 G_I，于是

$$G_I = -\frac{\partial U}{\partial A} \tag{5-22}$$

可以用能量分析的方法来解释：当裂纹扩展单位面积时，系统所提供的弹性能量 $\frac{\partial U}{\partial A}$ 是推动裂纹扩展的动力，其所需要提供的能量为裂纹扩展阻力。通常把裂纹扩展单位面积由系统所提供的弹性能量称为裂纹扩展力，或裂纹扩展时的能量释放率，简称能量释放率，以 G_I 表示（Ⅰ表示Ⅰ型裂纹扩展）。G 与外加应力 σ、试样尺寸和裂纹尺寸 a 有关。G_I 的量纲为 [能量]/[面积]^2，常用单位为 MJ/m^2。

如果裂纹体的厚度为 B，裂纹长度为 a，则式 (5-22) 可写成

$$G_I = -\frac{1}{B}\frac{\partial U}{\partial a} \tag{5-23}$$

当 $B=1$ 时，上式变为

$$G_{\mathrm{I}} = -\frac{\partial U}{\partial a} \tag{5-24}$$

此时，G_{I} 为裂纹扩展单位长度时系统势能的释放率。因为从物理意义上讲，G_{I} 是使裂纹扩展单位长度的原动力，所以又称 G_{I} 为裂纹扩展力，表示裂纹扩展单位长度所需的力，这个力和位错运动所受的力一样，也是组态力。在这种情况下，G_{I} 的单位为 MN/m。

既然裂纹扩展的动力为 G_{I}，而 G_{I} 为系统势能 U 的释放率，那么在确定 G_{I} 时就必须知道 U 的表达式。

由于裂纹可以在恒载荷 F 或恒位移 δ 条件下扩展，在弹性条件下可以证明，在恒载荷条件下系统势能 U 等于弹性应变能 U_{e} 的负值；而在恒位移条件下，系统势能 U 就等于弹性应变能 U_{e}。因此，上述两种条件下的 G_{I} 表达式为

$$\left.\begin{aligned} G_{\mathrm{I}} &= \frac{1}{B}\left(\frac{\partial U_{\mathrm{e}}}{\partial a}\right)_F \quad &(\text{恒载荷}) \\ G_{\mathrm{I}} &= -\frac{1}{B}\left(\frac{\partial U_{\mathrm{e}}}{\partial a}\right)_\delta \quad &(\text{恒位移}) \end{aligned}\right\} \tag{5-25}$$

在第 4 章讨论格里菲斯裂纹体强度时，其模型属于恒位移条件，裂纹长度为 $2a$，且 $B=1$，在平面应力条件下，弹性应变能 $U_{\mathrm{e}} = \frac{-\pi\sigma^2 a^2}{E}$；在平面应变条件下，弹性应变能 $U_{\mathrm{e}} = \frac{-(1-\nu^2)(\pi\sigma^2 a^2)}{E}$。由式（5-25）可得：

$$\left.\begin{aligned} G_{\mathrm{I}} &= -\left[\frac{\partial U_{\mathrm{e}}}{\partial (2a)}\right]_\delta = -\frac{\partial}{\partial (2a)}\left(\frac{-\pi\sigma^2 a^2}{E}\right) = \frac{\pi\sigma^2 a}{E} \quad &(\text{平面应力}) \\ G_{\mathrm{I}} &= \frac{(1-\nu^2)\pi\sigma^2 a}{E} \quad &(\text{平面应变}) \end{aligned}\right\} \tag{5-26}$$

可见，G_{I} 和 K_{I} 相似，也是应力 σ 和裂纹尺寸 a 的复合参量，只是它们的表达式和单位不同而已。

5.1.3.3 断裂韧度 G_{IC} 和断裂 G 判据

由于 G_{I} 是以能量释放率表示的复合力学参量，是裂纹扩展的动力，因此，也可由 G_{I} 建立裂纹失稳扩展的力学条件。由式（5-26）可知，随 σ 和 a 单独或共同增大，都会使 G_{I} 增大。当 G_{I} 增大到某一临界值时，G_{I} 能克服裂纹失稳扩展的阻力，则裂纹失稳扩展断裂。将 G_{I} 的临界值记作 G_{IC}，也称断裂韧度（平面应变断裂韧度），表示材料阻止裂纹失稳扩展时单位面积所消耗的能量，其单位与 G_{I} 相同。在 G_{IC} 下对应的平均应力为断裂应力 σ_{c}，对应的裂纹尺寸为临界裂纹尺寸 a_{c}。它们之间的关系由式（5-26）得

$$G_{\mathrm{I}} = \frac{(1-\nu^2)\pi\sigma_{\mathrm{c}}^2 a_{\mathrm{c}}}{E} \tag{5-27}$$

这样，就将断裂韧度 G_{IC}同断裂应力 σ_c及临界裂纹尺寸 a_c的关系定量地联系了起来。同理，在平面应力条件下的断裂韧度为 G_c。

根据 G_I 和 G_{IC}的相对大小关系，也可建立裂纹失稳扩展的力学条件，即断裂 G 判据

$$G_I \geqslant G_{IC}$$

与 K_{IC}和 K_C 的区别一样，G_{IC}是材料的性能指标，只和材料成分、组织结构有关；而 G_I 则是力学参量，主要取决于应力和裂纹尺寸。

5.1.3.4 G_{IC}和 K_{IC}的关系

尽管 G_I 和 K_I 的表达式不同，但它们都是应力和裂纹尺寸的复合力学参量，其间互有联系，如具有穿透裂纹的无限大板，其 K_I 和 G_I 可分别表示为

$$K_I = \sigma\sqrt{\pi a}$$

$$G_I = \frac{1-\nu^2}{E}\pi\sigma^2 a$$

比较两式，可得平面应变条件下 G_I 和 K_I 的关系

$$G_I = \frac{1-\nu^2}{E}K_I^2$$

$$G_{IC} = \frac{1-\nu^2}{E}K_{IC}^2 \tag{5-28}$$

由于 G_I 与 K_I 之间存在上述关系，所以 K_I 不仅可以度量裂纹尖端区应力场强度，而且也可度量裂纹扩展时系统势能的释放率。K_I 达到临界值 K_{IC}时，G_I 也达到临界值 G_{IC}。前者从力学角度分析裂纹体的断裂，后者从能量角度分析裂纹体的断裂。

5.2 影响断裂韧度 K_{IC}的因素

5.2.1 断裂韧度 K_{IC}与常规力学性能指标之间的关系

5.2.1.1 断裂韧度 K_{IC}与强度、塑性之间的关系

断裂韧度 K_{IC}与部分常规力学性能及组织结构的联系，因断裂性质不同而异。对于穿晶解理断裂，裂纹形成并能扩展要满足一定力学条件，即拉应力要达到 σ_c。而且拉应力必须作用有一定范围或特征距离，才可能使裂纹过界扩展，从而实现解理开裂。多数人认为，特征距离为两个晶粒尺寸。据此，Ritchie 等人用高含氮量的低碳钢研究了 K_{IC}与 σ_c的关系，得出：

$$K_{IC} \propto [(\sigma_c)^{(1-n)/2}/(\sigma_y)^{(1-n)/2}]X_c^{1/2} \tag{5-29}$$

式中 σ_c——解理断裂应力；

σ_y——屈服强度；

n——应变硬化指数；

X_c——特征距离，对低碳钢，X_c约为 2 ~ 3 个晶粒尺寸。

对于韧性断裂．在一特征距离 X_c的范围内，当其中应变达到某一临界应变值 ε_f^* 时就

发生断裂，其关系式为

$$K_{IC} \propto (E\sigma_y \varepsilon_f^* X_c)^{1/2} \tag{5-30}$$

式中 E——拉伸弹性模量；

σ_y——屈服强度；

ε_f^*——临界断裂应变；

X_c——特征距离，第二相质点间的平均距离。

由式（5-29）、式（5-30）可见，无论是解理断裂或韧性断裂，K_{IC}都是强度和塑性的综合性能，而X_c则是结构参量。

5.2.1.2 断裂韧度 K_{IC} 与冲击吸收功 A_{KV} 之间的关系

在建立 K_{IC} 与且 A_{KV} 之间的关系时，要注意温度和应变速率等外界因素对材料韧脆转变的影响，由于裂纹和缺口不同，以及加载速率不同，所以 K_{IC} 和 A_{KV} 的温度变化曲线不一样，由 K_{IC} 确定的韧脆转变温度比 A_{KV} 的高（图 5-7）。因此，只有在 $t < t_{K2}$ 和 $t > t_0$ 的温度范围内，两条曲线平行时才能建立两者的相对关系。

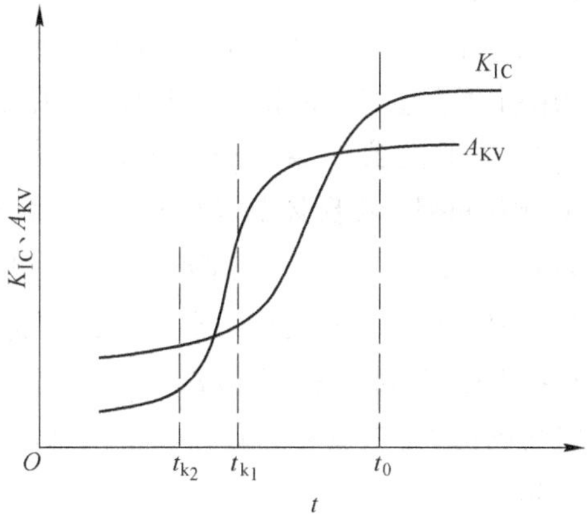

图 5-7 K_{IC} 和 A_{KV} 随温度 t 变化曲线示意图

茹尔夫（S. T. Rolfe）对一些中、高强度钢（$\sigma_{0.2}$ = 770 ~ 1680MPa，K_{IC} = 93 ~ 266MPa · $m^{1/2}$；A_{KV} = 22 ~ 120J）进行试验，发现（$K_{IC}/\sigma_{0.2}$）^{2} 与（$A_{KV}/\sigma_{0.2}$）呈线性关系，总结出下列经验公式

$$\left(\frac{K_{IC}}{\sigma_y}\right)^2 = \frac{5}{\sigma_y}\left(A_{KV} - \frac{\sigma_y}{20}\right)(\text{klbf/in}^2) \tag{5-31}$$

式中 A_{KV}——夏氏试样冲击吸收功；

σ_y——有效屈服强度。

若转化为国际制单位 MPa · $m^{1/2}$，则为如下关系：

$$K_{IC} = 0.79[\sigma_{0.2}(A_{KV} - 0.01\sigma_{0.2})]^{1/2} \tag{5-32}$$

式（5-32）只是在一定条件下的试验结果，缺乏可靠的理论根据，因此尚不能普遍推广使用。

5.2.2 影响断裂韧度 K_{IC} 的因素

金属断裂韧度 K_{IC} 和其他常规力学性能指标一样，也受材料化学成分、组织结构等内在因素及温度、应变速率等外界条件的影响。

5.2.2.1 材料成分、组织结构对 K_{IC} 的影响

工程上最常用的金属材料是钢铁，其相组成为基体相和第二相。裂纹扩展主要在基体相中进行，但受第二相的影响。不同的基体相和第二相的组织结构将影响裂纹扩展的途

径、方式和速率，从而影响 K_{IC}。

A 化学成分的影响

从已有资料来看，化学成分对 K_{IC} 的影响规律基本上和对 A_{KV} 的影响相似。其大致规律是：细化晶粒的合金元素因提高强度和塑性，可使 K_{IC} 提高；强烈固溶强化的合金元素因降低塑性而使 K_{IC} 降低，并且随合金元素浓度的提高，K_{IC} 降低越甚；形成金属化合物并呈第二相析出的合金元素，因降低塑性有利于裂纹的扩展，也使 K_{IC} 降低。

B 基体相结构和晶粒大小的影响

钢的基体相一般为面心立方和体心立方两种铁的固溶体。从滑移塑性变形和解理断裂的角度来看，面心立方固溶体容易产生滑移塑性变形而不产生解理断裂，并且 n 值较高，所以其 K_{IC} 较高。因此，奥氏体钢的 K_{IC} 较铁素体钢、马氏体钢的高。如果奥氏体在裂纹尖端应力场作用下发生马氏体相变，则因消耗附加能量会使 K_{IC} 进一步提高。基体晶粒大小也是影响 K_{IC} 的一个重要因素。一般来说，晶粒越细小，n 和 σ_c 就越高，则 K_{IC} 也越高。例如，40CrNiMo钢的奥氏体晶粒度从 5～6 级细化到 12～13 级，可使 K_{IC} 由 44.5MPa · $m^{1/2}$ 增至 84MPa · $m^{1/2}$。但是，在某些情况下，粗晶粒的 K_{IC} 反而较高。如 40CrNiMo 钢经 1200℃ 超高温淬火后，晶粒度可达 0～1 级，K_{IC} 为 56MPa · $m^{1/2}$；而 870℃ 正常淬火后晶粒度较细为 7～8 级，但 K_{IC} 仅为 36MPa · $m^{1/2}$。该钢材经两种不同热处理工艺处理后，塑性和冲击吸收功则与 K_{IC} 的变化正好相反。因此，晶粒大小对 K_{IC} 影响与对常规力学性能的影响不一定相同。

C 杂质及第二相的影响

钢中的非金属夹杂物和第二相在裂纹尖端的应力场中，若本身脆裂或在相界面开裂而形成微孔，微孔和主裂纹连接使裂纹扩展，从而使 K_{IC} 降低。当材料的 σ_s、E 相同时，随着夹杂物体积分数 φ_V 的增加，其 K_{IC} 下降。这是因为分散的脆性相数量越多，其平均间距越小所致（图 5-8），因此，减少材料中的夹杂物数量，提高材料的纯净度，可使 K_{IC} 提高。

第二相和夹杂物的形状及其在钢中的分布形式对 K_{IC} 也有影响，如钢中的碳化物呈球状时，其 K_{IC} 就比呈片状的高；碳化物沿晶界呈网状分布时，裂纹易于在此扩展，导致沿晶断裂，而使 K_{IC} 降低。

钢中某些微量杂质元素（如锑、锡、磷、砷等）容易偏聚于奥氏体晶界，降低晶间结合力，使裂纹沿晶界扩展并断裂，使 K_{IC} 降低。如一些合金结构钢的调质回火脆性就是这种情况。

D 显微组织的影响

板条马氏体是位错型亚结构，具有较高的强度和塑性，裂纹扩展阻力较大，呈韧性断裂，因而 K_{IC} 较高；针状马氏体是孪晶型亚结构，硬而脆，裂纹扩展阻力小，呈准解理或解理断裂，因而 K_{IC} 很低。回火索氏体的基体具有较高的塑性，第二相是粒状碳化物，分布间距较大，裂纹扩展阻力较大，因而 K_{IC} 较高；回火马氏体基体相塑性差，第二相质点小且弥散分布，裂纹扩展阻力较小，因而 K_{IC} 较低；回火索氏体的 K_{IC} 居于上述两者之间。图 5-9 所示为 40CrNiMo 钢的 K_{IC} 与回火温度的关系，完全说明了这种影响规律。

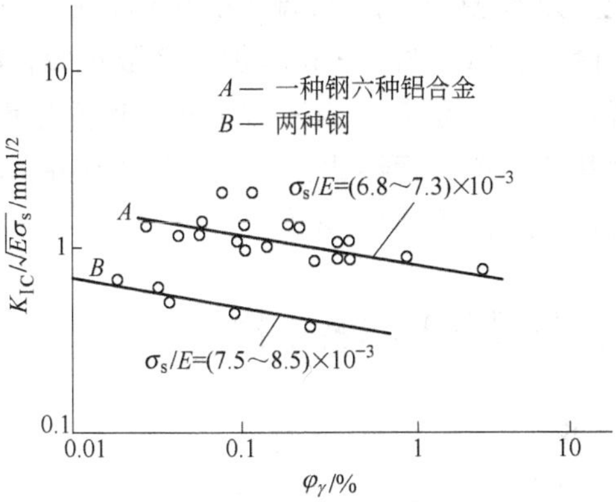

图 5-8 K_{IC} 与夹杂物含量的关系

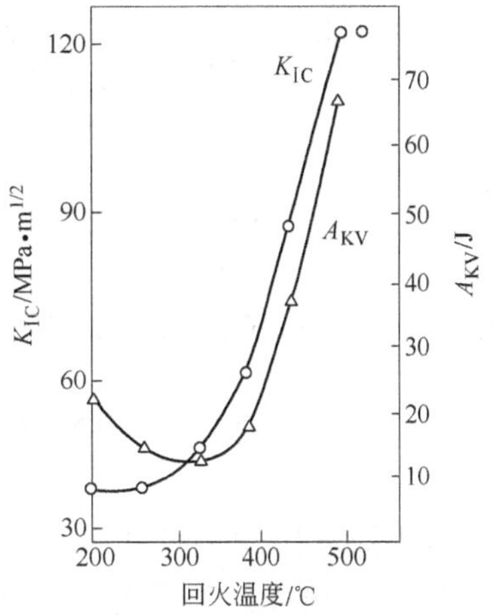

图 5-9 40CrNiMo 钢断裂韧度 K_{IC} 与回火温度的关系

在亚共析钢中，无碳贝氏体常因热加工工艺不当而形成魏氏组织，使 K_{IC} 下降。上贝氏体因在铁素体片层间分布有断续碳化物，裂纹扩展阻力较小，K_{IC} 较低。如将 35CrMo 钢的上贝氏体组织与等强度的回火索氏体组织相比，其 K_{IC} 下降 45% 左右。下贝氏体因在过饱和铁素体中分布有弥散细小的碳化物，裂纹扩展阻力较大，与板条马氏体相近似，K_{IC} 较高。调质钢下贝氏体组织与同硬度的回火马氏体组织相比，其 K_{IC} 较高，如图 5-10 所示。

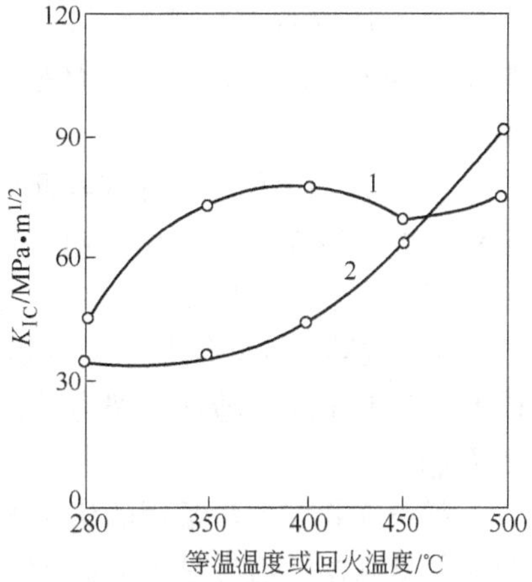

图 5-10 45Cr 钢等温淬火与淬火回火的断裂韧度比较

1—等温淬火；2—淬火回火

残余奥氏体是一种韧性第二相，分布于马氏体中，可以松弛裂纹尖端的应力峰，增大裂纹扩展的阻力，提高 K_{IC} 值。如某种沉淀硬化不锈钢通过不同的淬火工艺，可获得不同含量的残余奥氏体，当其含量为 15% 时 K_{IC} 可提高 2 ~ 3 倍。低碳马氏体的 K_{IC} 较高，其原因除了位错型亚结构外，马氏体板条束间的残余奥氏体薄膜也起很大作用。

5.2.2.2 影响 K_{IC} 的外界因素

A 温度

一般大多数结构钢的 K_{IC} 都随温度降低而下降。但是，不同强度等级的钢，在温度降低时 K_{IC} 的变化趋势不同。中、低强度钢都有明显的韧脆转变现象，在韧脆转变温度以上，材料主要是微孔聚集型的韧性断裂，K_{IC} 较高；而在韧脆转变温度以下，材料主要是解理型脆性断裂，K_{IC} 很低（图 5-7）。随材料强度增加，K_{IC} 随温度的变化逐渐趋于缓和， 其

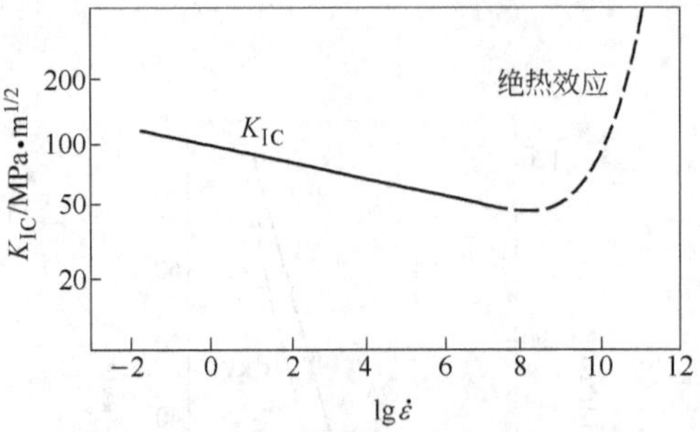

图 5-11 钢的 K_{IC}随应变速率的变化曲线

断裂机理不再发生变化。

B 应变速率

应变速率 $\dot{\varepsilon}$ 具有与温度相似的效应。增加应变速率相当于降低温度的作用，也可使 K_{IC}下降，一般认为，$\dot{\varepsilon}$ 每增加一个数量级，K_{IC}约降低 10%。但是，当 $\dot{\varepsilon}$ 很大时，形变热量来不及传导，造成绝热状态，导致局部升温，K_{IC}又复回升，如图 5-11 所示。

5.3 弹塑性条件下金属断裂韧度的基本概念

弹塑性断裂力学要解决以下两个方面的任务：

（1）一个任务是工程上广泛使用的中、低强度钢 σ_s低，K_{IC}又高，对其中小型机件而言，其裂纹尖端塑性区尺寸较大，接近甚至超过裂纹尺寸，已属于大范围屈服条件；有时塑性区尺寸甚至布满整个韧带宽度（W-a）［参见式（5-29）］，致裂纹扩展前韧带已整体屈服，如压力容器接管区、焊接件拐角处，这些由于应力集中和残余应力较高而屈服的高应变区，就属这种情况。此时，较小裂纹也会扩展而断裂。对这类弹塑性裂纹的断裂，用应力强度因子修正已经无效，而要借助弹塑性断裂力学来解决。

（2）另一个任务是如何实测中、低强度钢的平面应变断裂韧度 K_{IC}。对于中、低强度钢制作的大截面零件（如汽轮机叶轮、转子，船体等），虽然裂纹尖端塑性区较大，但是零件尺寸也较大，故相对塑性区尺寸比较小，仍可用 K_{IC}进行断裂分析。但若要测定材料的 K_{IC}，试样尺寸必须很大，才能满足平面应变状态，而且也难于在一般试验机上试验。因此，需要发展弹塑性断裂力学，用小试样测定材料在弹塑性条件下的断裂韧度，再换算成 K_{IC}值。

弹塑性断裂力学常用的研究方法有 J 积分法和 COD 法。前者是由 G_I 延伸而来的一种断裂能量判据；后者是由 K_{IC}延伸而来的断裂应变判据。本节将介绍两种断裂韧度的基本概念，关于它们的测试方法，读者可查阅国家标准 GB/T 21143—2007《金属材料 准静态断裂韧度的统一试验方法》。

5.3.1 J 积分及断裂韧度 J_{IC}

J 积分有两种定义或表达式：一是线积分；二是形变功差率。

前已述及，$G_I = -\dfrac{\partial U}{\partial A} = -\dfrac{\partial U}{B\partial a}$，当 $B = 1$ 时，$G_I = -\dfrac{\partial U}{\partial a}$。赖斯（J. R. Rice，1968）对受载裂纹体的裂纹周围（图 5-12）的系统势能 U 进行了线积分，得到了如下等式

$$G_I = -\frac{\partial U}{\partial a} = \int_\Gamma \left(\omega \mathrm{d}y - \frac{\partial \boldsymbol{u}}{\partial x}\boldsymbol{T}\mathrm{d}s\right) \tag{5-33}$$

式中 Γ——积分路线，由裂纹下表面任一点绕裂纹尖端地区逆时针走向裂纹上表面任一点止构成；

ω——Γ 所包围体积内的应变能密度，$\omega = \int \sigma_{ij} \mathrm{d}\varepsilon_{ij}$；

$\boldsymbol{u}$——位移矢量；

$\boldsymbol{T}$——应力矢量；

ds——沿 Γ 的弧长增量；

x，y——垂直裂纹前缘的直角坐标。

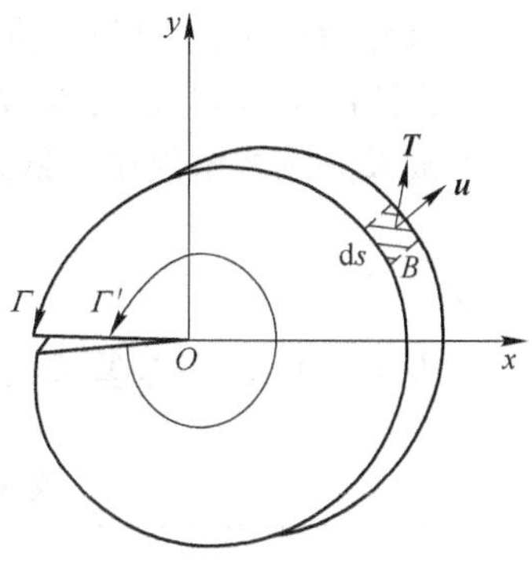

图 5-12 J 积分的定义

式（5-33）就是在线弹性条件下 G_{I} 的线积分表达式。在弹塑性条件下，如果将应变能密度 ω 改成弹塑性应变能密度，也存在式（5-33）等号右端的线积分，赖斯称其为 J 积分，即

$$J = \int_{\Gamma} \left(\omega \mathrm{d}y - \frac{\partial \boldsymbol{u}}{\partial x} \right) \boldsymbol{T} \mathrm{d}s \tag{5-34}$$

在线弹性条件下，$J_{\mathrm{I}} = G_{\mathrm{I}}$，$J_{\mathrm{I}}$ 为 I 型裂纹线积分。

赖斯还证明，在小应变条件下，J 积分和路线 Γ 无关（即沿路线 Γ 或路线 Γ'，J 积分值是不变的）。因此，我们可以把 Γ 取得很小，小到仅包围裂纹尖端。此时，因裂纹表面 $\boldsymbol{T}=0$，所以，J 积分值反映了裂纹尖端区的应变能，即应力应变集中程度。

在证明 J 积分与路线 Γ 无关时，要求应力与应变之间有一一对应关系（如此，ω 才有确定的物理意义）。对于弹性材料，这个关系是确定存在的；而对于弹塑性材料，由于塑性变形是不可逆的，只有在单调加载、不发生卸载时，应力与应变之间才有一定的对应关系，才存在 J 积分与路线无关。J 积分也可以用能量率的形式表达。

在线弹性条件下，$J_{\mathrm{I}} = G_{\mathrm{I}} = -\frac{1}{B} \cdot \frac{\partial U}{\partial a}$，$J_{\mathrm{I}}$ 与 G_{I} 完全等同。同样可以证明，在弹塑性小应变条件下，J_{I} 也可以用此式表示，但其物理概念与 G_{I} 不同。在线弹性条件下，$-\frac{\partial U}{\partial a}$表示含有裂纹尺寸为 a 的试样，扩展为 $a + \Delta a$ 后系统势能的释放率。而在弹塑性条件下，因为不允许卸载，裂纹扩展就意味着卸载，所以，$-\frac{\partial U}{\partial a}$表示裂纹尺寸分别为 a 和（$a + \Delta a$）的两个等同试样，在加载过程中的势能差值 ΔU 与裂纹长度差值 Δa 之比率，即所谓的形变功差率（图 5-13）。正是这样，通常 J 积分不能处理裂纹的连续扩展问题，其临界值对应点只是开裂点，而不一定是最后失稳断裂点。

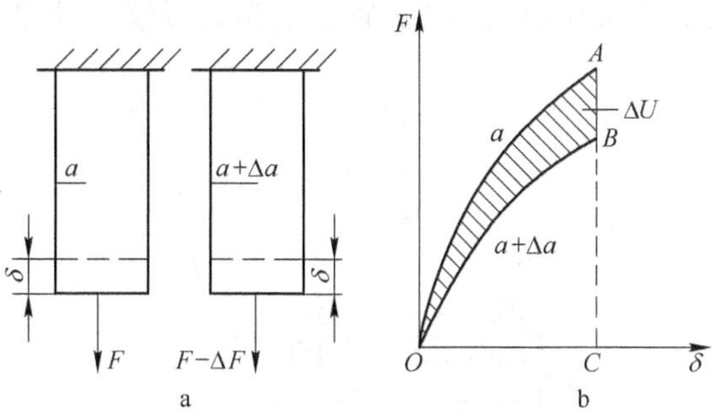

图 5-13 J 积分的形变功差率的意义

a—试样；b—载荷-位移曲线

在平面应变条件下，J 积分的临界值 J_{IC} 也称断裂韧度，但它是表示材料抵抗裂纹开始扩展的能力，其单位与 G_{IC} 相同，也是 MPa · m 或 MJ · m^{-2}。

根据 J_{I} 和 J_{IC} 的相互关系，可以建立断裂 J 判据：

$$J_{\mathrm{I}} \geqslant J_{\mathrm{IC}} \tag{5-35}$$

只要满足式（5-35），机件（或构件）就会开裂。

当测出 J_{IC}后，还可以借助下列等式（5-36）间接换算出 K_{IC}以代替大试样的 K_{IC}，然后再按 K 判据去解决中、低强度钢大型件的断裂问题。

$$K_{IC} = \sqrt{\frac{E}{1-\nu^2}}\sqrt{J_{IC}} \tag{5-36}$$

表 5-3 为 K_{IC}的换算值与实测值的比较，可见两者基本一致。

表 5-3　用 J_{IC}换算出的 K_{IC}与实测的 K_{IC}比较

材　料	状　态	小试样断裂韧度		实测 K_{IC}/MPa · $m^{1/2}$
		J_{IC}/kJ · m^{-2}	换算成 K_{IC}/MPa · $m^{1/2}$	
45 号钢	余热淬火 600℃回火	4.25 ~ 4.65	96 ~ 100	97 ~ 105
30CrMoA		3.5 ~ 4.1	88 ~ 94	84 ~ 97
14MnMoNbB	900℃淬火 620℃回火	11.0 ~ 11.4	155 ~ 158	156 ~ 167

5.3.2　裂纹尖端张开位移及断裂韧度 δ_c

本节一开始就言及，中、低强度钢机件，由于材料的 σ_s低，其裂纹尖端塑性应变区较大，在大范围屈服，甚至达到全面屈服后才断裂。既然这类弹塑性断裂前应变较大，因此可以以应变为参量，建立断裂应变判据。但是，由于裂纹尖端的应变量较小，难于精确测定，于是提出用裂纹尖端张开位移来间接表示应变量的大小。如图 5-14 所示，设一中、低强度钢无限大板中有Ⅰ型穿透裂纹，在平均应力 σ 作用下裂纹两端出现塑性区 ρ。裂纹尖端因塑性钝化不增加其长度 $2a$，但却沿 σ 方向张开，其张开位移 δ 即称为 COD（crack opening displacement）。

在大范围屈服条件下，达格代尔（Dugdale）建立了带状屈服模型（即 D-M 模型），导出了 COD 的表达式。

如图 5-15 所示，设理想塑性材料的无限大薄板中有长为 $2a$ 的Ⅰ型穿透裂纹（这是

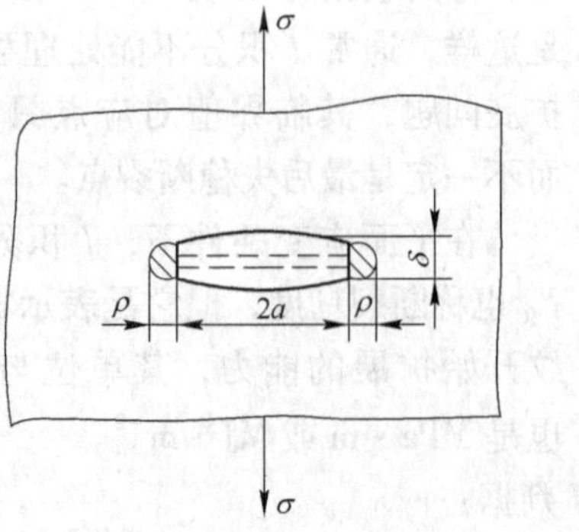

图 5-14　裂纹张开位移

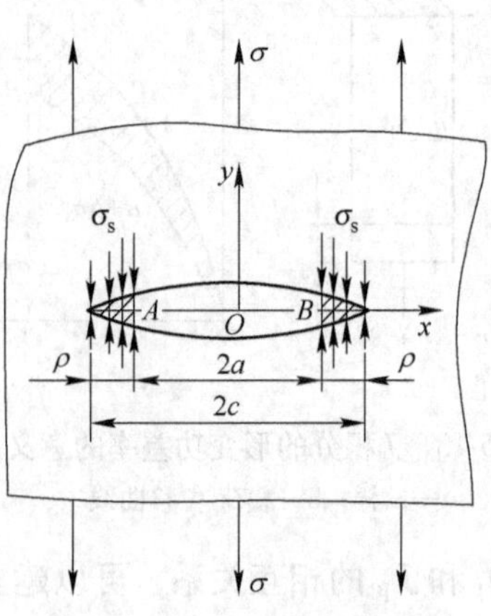

图 5-15　带状屈服模型

平面应力问题)，在远处作用有平均应力 σ，裂纹尖端的塑性区 ρ 呈尖劈形。假定沿 x 轴将塑性区割开，使裂纹长度由 $2a$ 变为 $2c$。但在割面上、下方代之以压应力 σ_s，以阻止裂纹张开。于是该模型就变为在（a，c）和（$-a$，$-c$）区间作用有压应力 σ_s，在无限远处作用有均匀 σ 的线弹性问题。通过计算得到 A、B 两点的裂纹张开位移，即 COD 的表达式为

$$\delta = \frac{8\sigma_s a}{\pi E}\ln\sec\left(\frac{\pi\sigma}{2\sigma_s}\right) \tag{5-37}$$

在裂纹开始扩展的临界条件下

$$\delta_0 = \frac{8\sigma_s a_c}{\pi E}\ln\sec\left(\frac{\pi\sigma_c}{2\sigma_s}\right) \tag{5-38}$$

δ_c 也是材料的断裂韧度，但它是表示材料阻止裂纹开始扩展的能力。因为大量试验表明，只有选择开裂点作为临界点所测出的 δ_c 才是与试样几何尺寸无关的材料性能，并可以根据 δ 和 δ_c 的相对大小关系，建立断裂 δ 判据

$$\delta \geqslant \delta_c \tag{5-39}$$

δ 和 δ_c 的量纲为［长度］，单位为 mm。一般钢材的 δ_c 大约为零点几到几毫米。

δ 判据和 J 判据一样，都是裂纹开始扩展的断裂判据，而不是裂纹失稳扩展的断裂判据。

根据式（5-38），如果已知材料的 δ_c、σ_s 和 E，并已知构件中的裂纹尺寸 a 后，就可算出含裂纹薄壁构件的开裂应力 σ_c；或已知 δ_c、σ_s、E 和外加应力 σ，确定允许存在的裂纹长度 a_c。

若将式（5-37）用级数展开，则得：

$$\delta = \frac{8\sigma_s a}{\pi E}\left[\frac{1}{2}\left(\frac{\pi\sigma}{2\sigma_s}\right)^2 + \frac{1}{12}\left(\frac{\pi\sigma}{2\sigma_s}\right)^4 + \frac{1}{45}\left(\frac{\pi\sigma}{2\sigma_s}\right)^6 + \cdots\right]$$

当 σ 较小时（$\sigma << \sigma_s$），$\left(\frac{\pi\sigma}{2\sigma_s}\right)$ 高次方项很小可以忽略，只取第一项得

$$\delta = \frac{\pi\sigma^2 a}{E\sigma_s} \tag{5-40}$$

在临界条件下

$$\delta_c = \frac{\pi\sigma_c^2 a_c}{E\sigma_s} \tag{5-41}$$

式（5-40）、式（5-41）是在小范围屈服条件下获得的，也可以建立断裂 δ 判据。同时，δ_c 与其他断裂韧度指标之间还可以联系起来。如在平面应力条件下，有

$$\delta_c = \frac{\pi\sigma_c^2 a_c}{E\sigma_s} = \frac{K_c^2}{E\sigma_s} = \frac{G_c}{\sigma_s} \tag{5-42}$$

在平面应变条件下，由于裂纹尖端金属材料的硬化作用，以及裂纹尖端存在三向应力状态，式（5-24）变为

$$\delta_c = \frac{(1-\nu^2)}{nE\sigma_s}K_{IC}^2 = \frac{G_{IC}}{n\sigma_s} \tag{5-43}$$

式中 n——关系因子，且 $1 \leqslant n \leqslant 1.5 \sim 2.0$，当裂纹尖端为平面应力状态时，$n=1$；平面应变状态时，$n=2$。

由此可见，在小范围屈服条件下，断裂韧度 δ_c 可以和 K_c（K_{IC}）、G_c（G_{IC}）互相换算，而且用它们建立的断裂判据是等效的。但在大范围屈服（$\sigma \leqslant 0.6\sigma_s$）条件下，仍然要使用式（5-37）、式（5-38）计算。如果材料发生了整体屈服（$\sigma = \sigma_s$），则 D-M 模型不能应用。

6　钢的冷脆及冲击韧性

各种零部件在服役过程都会经受很多复杂的应力作用。面对这些错综复杂的应力状态和应力水平，强度指标是比较容易确定的。根据工作条件的应力水平，根据零部件尺寸和形状，利用一定的安全系数计算确定材料的强度水平。但是过去发生的许多断裂是在强度条件完全满足的情况下出现的，所以采用韧性的指标来考核材料在复杂应力状态下工作的能力。

韧性这个指标可以这样理解：材料或者构件在承受载荷（这里的载荷包括静力作用、变动载荷、复合应力状态等）时，其内部形成裂纹、裂纹扩展、最后断裂整个过程中吸收能量的本领。

一般认为有三种韧性：静力韧性、冲击韧性和断裂韧性（第5章）。三者都具有上述那些含义：断裂失效之前吸收能量的本领。本章讨论静力韧性和冲击韧性两个部分。

6.1　静力韧性

6.1.1　静力韧性的概念

静载荷作用下试样或构件在变形、裂纹形成、断裂过程中吸收的能量称为静力韧性。其特征是：作用载荷变化速度缓慢，材料的变形和断裂过程受控于这些材料在受到作用力时的变形过程和变形的机理，试样或者构件在断裂过程中吸收能量的本领主要依赖于材料的塑性变形能力和变形抗力。例如，在拉伸试验时，我们把拉伸曲线下面的面积理解为静力韧性。如果只在弹性变形阶段计算，那就等于弹性变形功——弹性应变能。如果计算整个断裂之前的范围则表示整个弹性变形、裂纹形成、裂纹扩展以及断裂全过程吸收的能量。这种分析方法得到的指标显示了载荷缓慢变化时吸收能量的本领。存在的问题是静力韧性相同的材料可能具有相差很大的韧性特征和服役功能。在伸长、载荷曲线上，静力韧性具有如图6-1所示的形式。

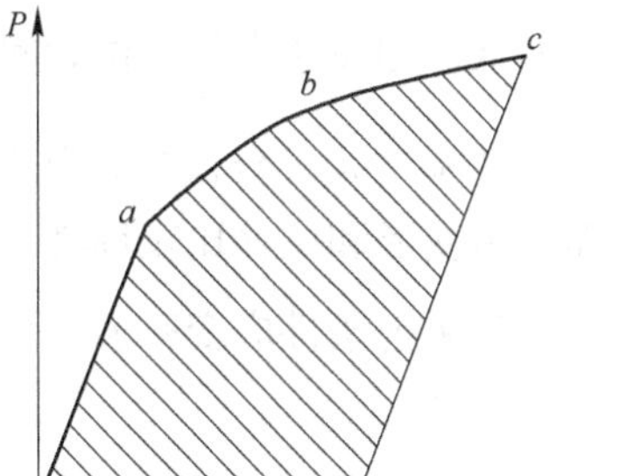

图6-1　拉伸曲线下面的面积

对于载荷用牛顿，伸长量用米表示的情况下，试样吸收的能量是焦耳（1N · m = 1J）。曲线下面的面积越大，材料的韧性越高。说明在断裂、变形过程中吸收了比较大的能量。相同的试验条件、相同的材料、相同形状的试样，这个曲线下面的面积可以进行比较。显然，静力韧性的具体处理计算还需要特殊的规定。这个能量不能用整个试样的体积去考虑，而应该在试样的颈缩区域——颈缩体积内计算。这样我们可以得到静力韧性的具体数值指标。

由于颈缩体积的测量和确定有一定困难，曲线包围的面积显然是弹性变形、均匀塑性变形、集中塑性变形和断裂等不同过程中吸收能量的总和；再加之人们希望，材料韧性好就是材料在裂纹扩展过程中吸收能量大。由于以上的两个原因静力韧性指标应用得比较少。但是这个曲线下面的面积大小表征了试样在变形和断裂过程中所吸收的能量，以此比较不同材料的静力韧性。在缓慢加载条件下，金属吸收的能量越大，曲线包围的面积越大、需要的变形功越大，韧性越高（参见 3.1.4 节）。

对于应力-应变曲线而言，有必要区分弹性变形阶段和塑性变形阶段，弹性变形阶段是材料吸收的弹性比功，塑性变形阶段可以认为是静力韧性。静力韧性的单位具有强度单位的量纲（见第 2 章弹性比功的论述）。

6.1.2 静力韧性的应用和局限性

静力韧性在静载荷作用下零部件的断裂有重要评判作用。拉伸曲线下面的面积越大，材料断裂之前吸收的能量越大、具有更大的静力韧性。可以作为定性分析材料韧性的一个判据。在弹性变形阶段，曲线下面面积测定比较准确，其意义与弹性比功有相同的功效。但是拉伸曲线下面面积相同，不能具有相同的静力韧性，这是静力韧性指标不能广泛使用的重要原因。正如前面所述，在实际零部件，甚至在标准试样上变形体积的测量比较困难，静力韧性的工程应用受到了限制。

6.2 冲击试验和冲击韧性

6.2.1 冲击载荷特征与形变速率

冲击载荷与静载荷的最大区别在于加载速率的差别，前者加载速率很高，而后者加载速率低。加载速率是单位时间内作用于试样上的加载应力增加值，即$\frac{d\delta}{dt}$（单位为 MPa/s）。加载速率越大，金属的形变速率越大，在工程实践中测量工件承受的载荷变化比较困难，而测量变形和位移比较容易。所以在很多文献中用形变速率表示加载速率。

如果把条件应变率表示为$\dot{\delta}$（s^{-1}）则有（δ为条件应变）：

$$\dot{\delta}=\frac{d\delta}{dt}=\frac{d(l-l_0)/l_0}{dt}=\frac{l}{l_0}\frac{dl}{dt}=\frac{v}{l_0}$$

可见$\dot{\delta}$与冲击速度v成正比，只要冲击速度（如冲锤速度或试验机夹头移动速度）确定，则条件应变率也就确定。但真实应变率却不是这样，如果把真应变速率（相对变形速率）表示成$\dot{\varepsilon}$，则

$$\dot{\varepsilon}=\frac{d\varepsilon}{dt}=\frac{d[\ln(l/l_0)]}{dt}=\frac{l}{l_0}\frac{dl}{dt}=\frac{v}{l}$$

相对形变速率是单位时间内真应变的变化量，也称为应变率，单位为s^{-1}，常用的是相对形变速率。可见即使夹头移动速度v确定，但$\dot{\varepsilon}$并不确定，因为试样长度l是在变化的。真实应变率和条件应变率$\dot{\delta}$之间的关系为

$$\dot{\varepsilon} = \frac{v}{l} = \frac{l_0\dot{\delta}}{l} = \frac{\dot{\delta}}{1+\delta}$$

一般地，应变率小于 $10^{-2}s^{-1}$ 金属力学性能没有明显变化，可以按静载荷处理；应变率大于 $10^{-2}s^{-1}$（爆炸成形的应变速率可达 $10^4 \sim 10^6 s^{-1}$），力学性能发生明显变化，金属材料出现变脆趋势，此时需要考虑冲击载荷对金属力学行为和力学性能的影响。

6.2.2 冲击载荷对弹性变形的影响

弹性变形在介质中以声速传播，钢中的声速约为 5×10^3m/s，而普通机械冲击时的绝对形变速率在 10^3m/s 以下（摆锤试验冲击试样的速度约为 4.0 ~ 5.5m/s），弹性形变速率高于加载形变速率，所以加载速度对弹性性能没有影响。

6.2.3 冲击载荷对塑性变形和断裂的影响

塑性变形发展缓慢，如果加载速率较大，则塑性变形来不及充分进行或者不能进行，因此加载速率对与塑性变形和断裂的许多性能有显著的影响。

6.2.3.1 附加强化

冲击载荷──→位错运动速率增大──→晶格阻力（派纳力）增大──→位错滑移的临界切应力增大──→金属产生附加强化（屈服强度、流变应力、抗拉强度）。

6.2.3.2 塑性变性不均匀性

冲击载荷──→位错源同时开动──→抑制易滑移──→增加位错密度和滑移系数量──→减少位错运动平均自由程、增加点缺陷浓度──→塑性变形极不均匀──→屈服强度、流变应力和抗拉强度显著提高。

6.2.3.3 断裂方式对断裂应力和塑性的影响

（1）对于切断型材料（塑性材料），冲击载荷下断裂应力随应变率增大显著增加，塑性可能不变，也可能提高（密排六方金属爆炸成形）；

（2）对于正断型材料（脆性和低塑性材料），冲击载荷下断裂应力变化不大，塑性随应变率增大而减小。

（3）对于不含缺口的试样，冲击能被试样均匀吸收，试样内的应力和应变分布是均匀的。对于含有缺口的试样，则缺口根部的单位体积将吸收更多的能量，使局部应变和应变速率大幅度提高。通过测定缺口试样在冲击载荷下的冲击韧性，可以反映出加载速率和缺口效应对金属材料韧性的综合影响。

6.2.4 静力和冲击作用应力的区别与冲击韧性的含义

冲击情况在工件或构件的工作过程中经常遇到。但是冲击这个概念被认为没有确切而无争议的定义，因为很难说什么样的载荷是冲击载荷而另一些不是。普遍认为快速作用的载荷或者载荷变化比较快的情况具有冲击特性。冲击作用给工件带来的影响远比静载荷大得多，因为冲击载荷造成的效应随冲击速度的提高而显著改变。

一般意义上，冲击指的是载荷变化比较快、对应的材料变形速率比较大。载荷作用的速度不太容易精确表示的时候，采用变形速率来表示冲击特性。载荷速度可以用单位时间内、单位面积上载荷增加的数值表示，其单位是 MN/（$m^2\cdot s$）。从变形速率的角度考虑，则认为载荷速度比较大变形速率也比较大，所以用单位时间的变形量表示，单位为 s^{-1}。

在一定的温度，静力载荷作用范围，材料的性能没有显著的变化。当变形速率很大时，金属力学性能将发生显著变化，并且随变形速率的增加而加剧。

冲击负荷除了具有大的变形速率带来的作用之外，还具有能量特性。冲击作用是冲击功，必须测量载荷作用的时间及载荷作用那个瞬间的速度变化才能按式（6-1）计算出作用力 F。

$$F\Delta l = m(v_2 - v_1) \tag{6-1}$$

式中 m——质量；

v——速度；

l——长度。

在短暂时间里速度变化是很难测量的，而且这个短暂时间内作用力 F 也是变化的，所以总是把冲击作用力作为能量处理而不是表示为力。静力作用时零部件所表现的是载荷大小和零部件本身之间的关系，而冲击载荷作用时除了载荷作用大小有关以外，还与作用时间、变化幅度、环境联系也非常重要。例如，我们用一个人的静力把一个铁钉挤入木材内非常困难，但是用一个小锤可以轻松地把它钉入木板；把生铁放在散软的干沙上，是不容易敲断的，而如果放在铁砧上，同样的力就可能非常容易地敲断。这是能量作用和静力作用差别的一个表现。另外，静力作用下零部件承受的载荷大小取决于零部件最小的截面积，而冲击载荷作用时，不仅与零部件的大小、截面积有关以外还与零部件形状和体积有关。冲击载荷对于截面积变化更敏感或者更危险。

冲击能量作用下零部件变形与破坏过程仍然分为弹性变形、塑性变形和断裂三个阶段。

弹性波在钢铁材料中的传播速度达到 4000m/s 以上，而冲击试验机的摆锤冲击速度在 5～7m/s，实验室能够实现的最高冲击速度也只有 1000m/s 以下，所以冲击载荷对于材料的弹性性质没有显著的影响。

显微观察表明，在静载荷作用下，塑性变形能够比较均匀地分布于各个晶粒中；而在冲击载荷下，塑性变形主要集中在某些局部区域，这表明冲击载荷下的塑性变形是极不均匀的。这种不均匀情况限制了塑性变形的发展，导致屈服强度和抗拉强度提高。且屈服强度提高得较多，抗拉强度提高得较少。

冲击韧性在工程上这样定义：采用标准试验方法将标准试样一次冲击断裂时试样吸收的能量叫做材料或者试样的冲击韧性。用冲击吸收功表示韧性大小。

这里的几个词汇具有明显的专门含义：

（1）试样必须是标准的，以便进行试验数据比较和制作试样时按照规格尺寸加工；各国标准都规定了相同尺寸和形状的冲击试样。

（2）试验方法也必须统一：冲击能量有 150J 和 300J 两个级别（特殊情况可选 50J）。

（3）冲击速度要求摆锤打击试样时的瞬时速度约 5m/s，试样是摆放在固定距离的两支点之间。

（4）支点与试样的接触角度、试样摆放的水平度、冲击锤的冲击圆角与冲击力的垂直度都作了详细的规定。

（5）试验进行时，试样必须一次冲击断裂，如果试样没有断裂，这个试样的试验结果必须注明“试样未断”字样。

（6）试样吸收的冲击功严格来讲包括机架底座吸收的震动能量和打出试样的抛出功在内，很多情况下不能区分。

（7）冲击断裂试样吸收功也可以分为试样的弹性变形功 A_e、裂纹形成之前的塑性变形功 A_p 和裂纹形成到断裂吸收功 A_K 三部分。将此三部分功与试样的挠度 f 的关系作图如图 6-2 所示。

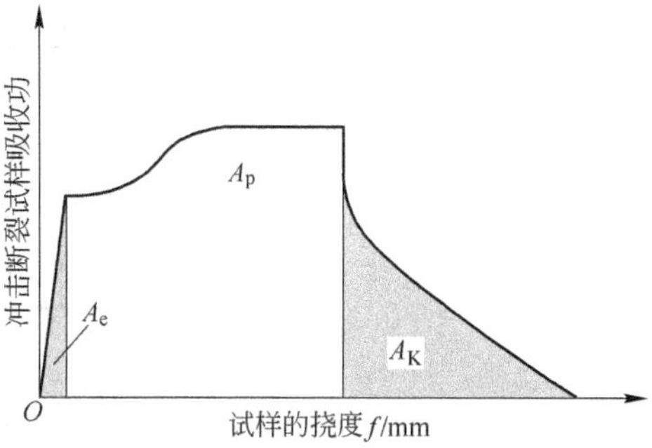

图 6-2　试样断裂吸收功与挠度关系曲线

把这个结果算作材料和试样的冲击韧性指的是材料在这种组织状态具有的吸收能量的本领，试样具有的冲击韧性。

冲击试验条件的一般参数如下：冲击试验一般情况下必须采用标准设备，但是有的国家标准也带有这样的词汇：“（可以采用）能够完成规定任务的其他设备”。如果这样，下述一些条件是必须满足的：

（1）试验机的冲击能量：150J 或者 300J。

（2）冲击锤打击试样时的瞬时速度：4.8 ~5.0m/s。

（3）冲击锤打击试样的刀口部位圆弧半径：8mm。

（4）试样必须水平摆放，冲击作用力水平作用。

（5）试样支点之间的距离：40mm。

（6）试样支座端部圆弧半径：约 15mm。

（7）支座支撑面倾角：0°。

（8）冲击刀夹角：30°。

（9）冲击刀厚度：16mm。

（10）冲击温度范围：常温 ~ -60℃（其他温度试验必须标注清楚）。

（11）均温区范围：30mm ×60mm。

（12）从低温箱取出试样到冲击的时间间隔：不大于 1.5s。

（13）温度梯度：2℃。

（14）温度波动：±1.5℃。

6.2.5 冲击试验

6.2.5.1 冲击试验试样

根据国家标准，冲击试验可使用夏比 U 形缺口（其冲击功表示为 A_{KU}）和夏比 V 形缺口（其冲击功表示为 A_{KV}）试样。试样外形尺寸均为 10mm ×10mm ×55mm，缺口深度为 2mm，其尺寸要求及表面粗糙度要求如图 6-3 所示。无论 U 形缺口还是 V 形缺口，当坯料尺寸无法满足10mm×10mm×55mm要求时，可加工成7.5mm×10mm×55mm或5mm×10mm×55mm小尺寸的辅助试样，此时缺口应开在试样的窄面上。

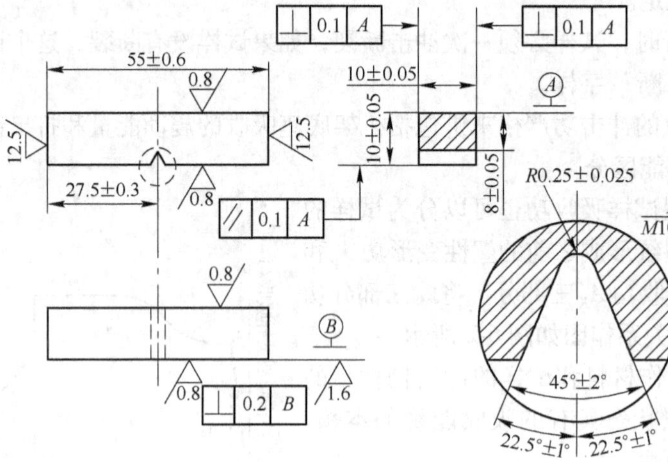

图6-3 夏比V形缺口冲击试样

对一些脆性材料，如工具钢、铸造有色金属、灰铸铁、可锻铸铁等金属材料及其制品，一般不作冲击试验。对硬质合金和球墨铸铁等脆性材料可按有关标准进行冲击试验。

由于冲击试样的尺寸及缺口形状对冲击试验结果的影响非常大，所以不同形式试样的冲击韧性之间不能相互对比，也不能互换。在冲击试验报告中必须注明试样形状及尺寸。试样的加工精度必须满足相关标准的要求。检查试样尺寸所用的量具精度应不低于0.02mm。

所以冲击韧性，无论以冲击断裂功A_K表示，还是将这个功除以试样截面积以后的a_K值（这个指标现在已经淘汰，旧的资料中比较多见）表示，都将表示是在这样的试验条件下测定得到的。

试样的冲击韧性用冲击功表示，其符号采用A_{KV}和A_{KU}，分别表示V形缺口和U形缺口试样的冲击功。

对于试样或者构件在工作中承受剧烈冲击作用、只使用一次或者少数次使用后淘汰的情况，这个试验是有意义的。否则，我们很难说，这样的试验结果对工程应用的指导意义。

6.2.5.2 冲击试验原理

一般利用夏比（Charpy）摆锤冲击试验机测定金属材料的冲击韧性，其实验原理如图6-4所示，有一个能够围绕固定轴旋转的摆锤，摆锤从图6-4中的摆锤位置1释放控制，靠重力围绕固定轴旋转打断试样并摆动到摆锤位置2，摆锤冲断试样前后的势能差就是试样冲击吸收功A_K，单位为J，即：

$$A_K = mgH_1 - mgH_2$$

冲击试验过程中试样的缺口位于冲击面的背侧，对于U形缺口试样，将冲击吸收功A_{KU}除以缺口的净断面积A_N，即得冲击韧度a_{KU}，$a_{KU}=\frac{A_{KU}}{A_N}$。在高分子聚合物材料中把这种方法表示的冲击韧度称为冲击强度（J/m^2）。U形试样在俄罗斯和欧洲一些国家使用，而V形试样在我国和美、英、日等国家使用。目前普遍采用V形缺口试样，试验结果表示为A_{KV}。不同方法和不同缺口试样测定的冲击韧性无法相互换算或比较。

可以由冲击韧性值定性判断材料的韧脆程度，脆性和低塑性金属材料断裂时所需的能量少，而高塑性金属材料所需的能量多。

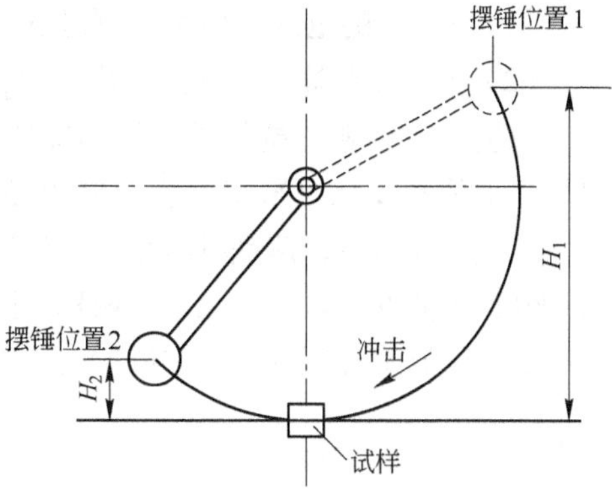

图6-4 冲击试验原理

6.2.5.3 冲击试验的用途

尽管冲击试验存在许多不符合实际工矿条件的约束，但是冲击试验积累了大量的试验数据，并且冲击吸收功对材料内部组织结构变化十分敏感，所以冲击弯曲试验主要有以下几个方面用途：

（1）控制原材料的冶金质量（杂质和气泡）和热加工后的产品质量，在有缺陷的材料中冲击试验的数据将会出现明显的差异。这里原材料的缺陷，包括夹渣、气泡、严重分层、显著的区域偏析及夹杂物超标等，以及锻造或热处理的缺陷——过热、过烧、白点、回火脆性、裂纹、变形纤维组织的方向性等。

（2）通过一系列不同温度的冲击试验研究结构钢的低温脆性和韧脆转变温度（参见6.3节）。

（3）冲击韧性反映金属材料对大能量冲击断裂的抵抗力，对手榴弹弹壳、防弹板材等所承受的载荷具有冲击性质，所以具有重要的参考价值。

6.3 低温脆性（钢的冷脆）

6.3.1 低温脆性现象

材料因温度的降低由韧性断裂转变为脆性断裂，冲击吸收功明显下降，断裂机理由微孔聚集型变为穿晶解理，断口特征由纤维状变为结晶状的现象，称为低温脆性或冷脆。用冲击试验确定时，塑性材料冲击功小于4J，便可以认为出现了脆性。由韧性状态逐步转变为脆性状态的转变温度T_c称为韧脆转变温度。对于具有bcc结构以及一些hcp结构的金属和合金有明显的韧性降低的温度。

低温脆性可以用拉伸方法确定，在不同的温度进行拉伸，把各个不同温度的屈服强度和抗拉强度随温度变化表示成曲线（图6-5）。还可以用系列温度冲击试验的方法确定韧脆转化温度（图6-6）。

6.3.2 低温脆性的本质

6.3.2.1 低温脆性的力学本质

首先各种材料的低温脆性对应比较低的温度，具有比较低的冲击吸收功。对于一定的材料，随应力增加，有如下规律：

（1）$T > T_c$的范围，应力水平首先达到$R_{0.2}$，材料先屈服后断裂，韧性断裂。

（2）$T < T_c$范围，应力首先达到R_m，材料来不及发生塑性变形而发生脆性断裂。

试验事实说明，抗拉强度随温度变化比较平缓，而屈服强度随温度变化非常明显，所以两条曲线有交点。缺口可能明显的提高韧脆转化温度，使材料脆化。

如图6-6所示，钢铁材料在一系列温度进行冲击试验时，冲击值随温度变化出现几个冲击韧性比较低的区域，这几个区域称为脆性区域。最靠近低温区域（曲线的最左端）的韧性下降称为低温脆性区域，向右依次为蓝脆、重结晶脆和最右端的晶界熔化（高温）脆。

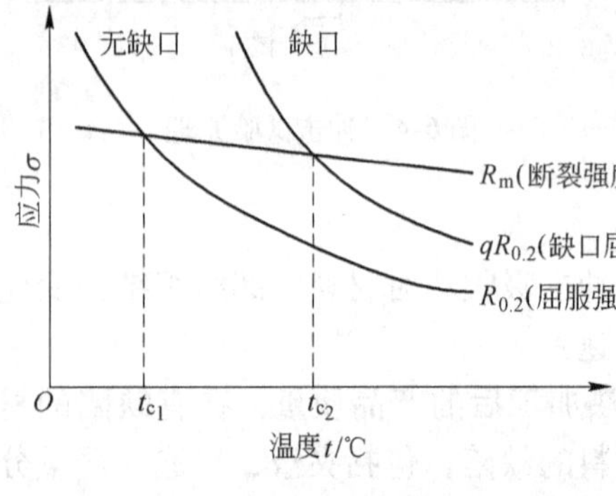

图6-5 拉伸试验确定韧脆转化温度

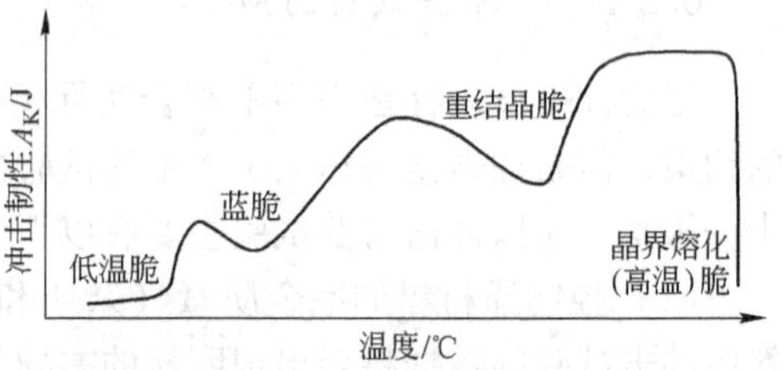

图6-6 钢材冲击试验温度和冲击韧性之间的关系

6.3.2.2 低温脆性的物理本质

断裂微观机理为：在金属中发生位错运动是与原子扩散速度相对应的过程。位错理论可以证明位错运动有一个极限速度。在温度比较低的时候，原子扩散能力降低，位错来不及发生实际的运动，而此时应力作用又比较集中，可以发生由应力集中而导致的低温脆性解理断裂；低温脆断基本上不具有塑性变形现象。在低温时，由于位错运动阻力显著大于常温，位错特别容易塞积。塞积位错的前端容易形成应力集中情况，理论计算说明，塞积群前端，与滑移面呈75°角的位置形成应力集中区域，引发裂纹，使金属发生早期断裂。

bcc金属中碳、氮间隙原子在位错区形成柯氏气团，增加了位错运动的阻力。间隙原子固定位错的能力随温度降低而提高。

在温度高于T_c时，位错阻力低，产生微孔聚集型断裂；在温度低于T_c时，产生解理断裂。由微孔聚集型韧性断裂转变为冷脆穿晶解理断裂。

低温脆性的实质是材料屈服强度随温度的下降而急剧增加，但材料的断裂强度σ_f却随温度变化较小的结果。

低温脆性还和前面讲的温度对屈服强度的影响相关。低温脆性主要发生在结构钢中，具有bcc结构的金属p-n力对温度非常敏感，而铝、铜、镍及其合金不会发生低温脆性（低温脆性与晶格阻力——派纳力有关）。

6.3.3 低温脆性的影响因素

6.3.3.1 晶体结构、强度等级和试验温度

材料的晶体结构越复杂、对称性越差、位错运动阻力越大，派纳力越大。冷脆倾

向越明显。所以体心立方和密排六方金属的冷脆倾向严重。而面心立方晶体冷脆倾向不显著。

从强度等级来讲，低、中强度的钢冷脆转变明显，高温、低温冲击能量差别大。而高强度钢冷脆转变不明显，但是冲击能量水平低。图6-7所示为三种不同强度水平的钢不同温度系列冲击时冲击功变化情况。图6-8所示为4340钢不同温度冲击功和断口百分比关系（各种断裂形貌和说明见第5章）。

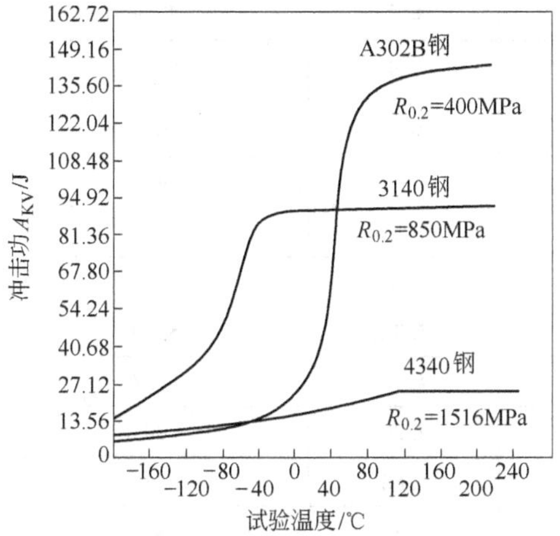

图6-7 强度等级对韧脆转化温度的影响

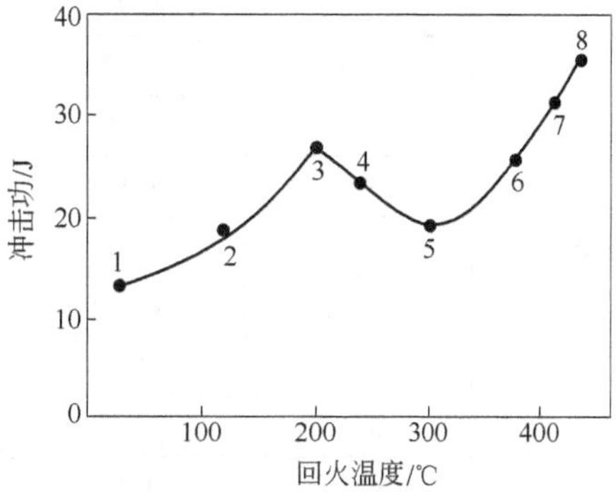

图6-8 40CrNiMo（4340）钢回火温度和冲击功曲线

1—40% CF30% DF20% GF；2—40% CF60% DF；
3—30% CF70% DF；4—20% CF55% DF25% GF；
5—15% CF45% DF50% GF；6—10% CF80% DF10% GF；
7—10% CF40% DF50% GF；8—10% CF65% DF25% GF
CF—解理断裂；DF—微孔聚集型断裂；GF—晶间断裂

45Si2Cr钢经过淬火和中温回火的数据（表6-1）说明几乎不存在韧脆转化温度（但是冲击韧性比较低），其热处理条件和相关性能见表6-2。

表6-1 45Si2Cr钢试样冲击试验结果

样号	在下列温度的冲击值/J									
	20℃		0℃		-20℃		-40℃		-50℃	
11	17	18	13	14	10	12	11	9	10	10
12	15	15	14	16	13	14	13	13	12	14
13	16	20	14	12	12	12	11	12	11	12
21	16	14	15	18	16	14	13	14	14	12
22	16	16	14	14	12	15	13	12	13	12
23	14	17	16	14	10	12	13	11	10	11

表 6-2　45Si2Cr 钢热处理工艺及相关性能

淬火温度/℃	回火温度/℃	抗拉强度 σ_b/MPa	屈服强度 $\sigma_{0.2}$/MPa	延伸率 $\delta_{5\%}$	端面收缩率 Ψ/%
950	480	1499	1405.5	8.1	51.5
	460	1594	1555	7.8	59.8
	440	1695	1659.5	7.2	60.8
925	460	1508	1308	8.1	42.4
	440	1564.5	1390	7.9	40.35
	420	1676.5	1459	6.9	43.55
900	600	1177	1030.5	17.7	54.5
	580	1241	1123	13	33
	520	1418	1284	7.7	41
	480	1517	1473.5	5.36	55.9
	460	1610.5	1578	4.93	61.7
	440	1695.5	1635	4.26	70
	380	1568	1514	3.68	14
875	460	1903.5	1688	5.6	44.4
	440	2011	1707	5.2	35.7
	420	2115	1786	3.4	7
850	440	1508	1403	3.2	14.4
	420	1498	1425	4.1	24.3

6.3.3.2　合金元素及杂质的影响

钢铁材料中杂质元素明显提高脆性。有人在纯度达到 99.9999% 数量级的纯铁进行试验发现，在液氮温度（4.2K）仍然有比较高的塑性，断面收缩率达 90%。说明体心立方金属的冷脆主要还是杂质元素引起的。研究表明，杂质元素沿体心立方金属的（100）晶面分布，加大（100）晶面间距、降低（100）面结合力，所以体心立方金属的解理面就是（100）面。降低钢中的碳、磷含量；热处理成低碳马氏体和回火索氏体，可提高高阶能；钢中的碳、磷、氧、硅、铝含量超过一定值以及应变时效等，降低高阶能。

钢中加入镍、锰，可增加韧性区域的冲击功，降低低温脆性转变温度。加入铬、硅则可能降低韧性状态的冲击吸收功，同时扩大冲击功变化温度范围，提高韧脆转化温度。间隙杂质元素易于形成柯氏气团，钉扎位错，阻碍位错运动；气团在低温时更稳定，作用更强烈显示出促进低温脆性的特性；温度提高到一定的程度，由于原子扩散能力提高，气团会蒸发掉。杂质原子如果在晶界偏聚，或者形成晶界脆性第二相会进一步增加冷脆现象。低温脆性还与材料的组织状态和合金元素的含量有关。图 6-9 所示为合金元素质量分数与

A_{KV}脆性转变温度之间的关系。

6.3.3.3 晶粒尺寸的影响

晶粒尺寸对于冷脆的影响遵循 Hall-Petch 关系式。晶粒尺寸、亚晶尺寸、位错胞尺寸减小都有利于提高低温性能；晶粒尺寸增大，降低冲击吸收功，增加冷脆倾向。

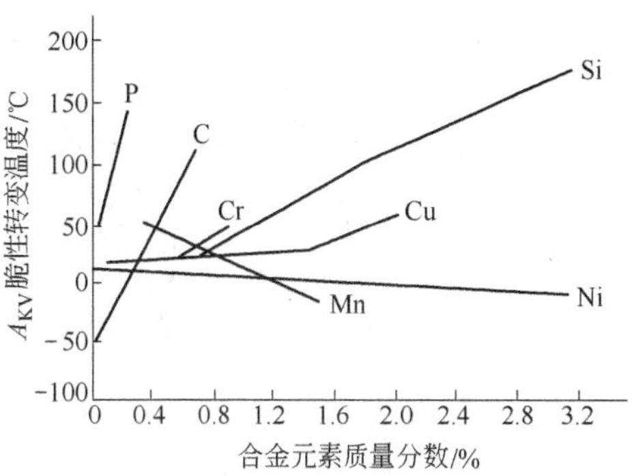

图 6-9 合金元素质量分数与 A_{KV} 脆性转变温度之间的关系

Cottrell 得到的解理断裂强度可以表示为：

$$\sigma_f = \sqrt{\frac{4E\gamma}{d}} = Kd^{-\frac{1}{2}} \tag{6-2}$$

式中 E——弹性模量；

γ——比表面能；

K——与材料有关的常数；

d——晶粒平均直径。

晶粒尺寸减小，晶界面积增加，而杂质易于晶界偏聚，使晶界解理断裂强度提高，如果杂质在晶内分布，则增加位错运动阻力，使屈服强度提高。同时将相同的变形分配在更多的晶粒内，使总变形量增加。所以细化晶粒同时具有提高强度和改善塑性的作用。

6.3.3.4 变形速度的影响

变形速度提高具有降低温度的效果。应变变形速率或者载荷变化速度在 4 ~ 6m/s 时对冷脆转变的影响很小。冲击速度慢，冷脆温度范围变宽，相反冲击速度快时冷脆转变温度范围变窄，并向高温方向移动。图 6-10 所示为冲击速度对含碳量 0.15% 低碳钢韧脆转化温度的影响。

6.3.3.5 试样尺寸及取样部位的影响

试样尺寸越大，存在缺陷的机会越多，相应的试样内部包含的缺陷尺寸也越大，表现出冲击功降低的趋势。实际上试样尺寸增大或者钢板厚度增加，冲击时应力状态发生变化，形成三向应力状态，使材料变脆。轧制材料由于轧制纤维组织的原因会表现出性能的方向性和冷脆倾向不同。图 6-11 所示为热轧板材上不同取样方向的试样对韧脆转化温度的影响。另外，实践中经常发现小试样检验合格的材料，在工件尺寸比较大的情况下出现低应力断裂情况。这是材料性能尺寸效应的普遍表现。

6.3.3.6 应力状态及缺口形状的影响

应力状态越硬、缺口越尖锐、缺口越多、缺口越大，塑性韧性越低、低温脆性倾向越严重，韧脆转变温度越高。

图 6-12 所示为应力状态及试样尺寸对韧脆转化温度的影响。拉伸的应力状态比压缩的大，所以有使韧脆转化温度范围加宽的趋势。

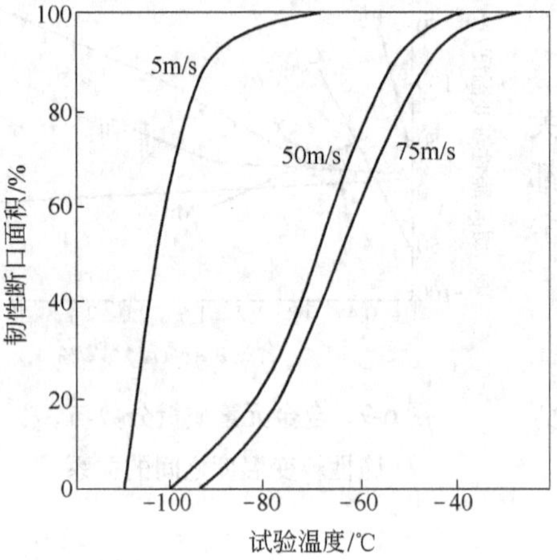

图 6-10 冲击速度对含碳量 0.15% 的低碳钢韧脆转化温度的影响

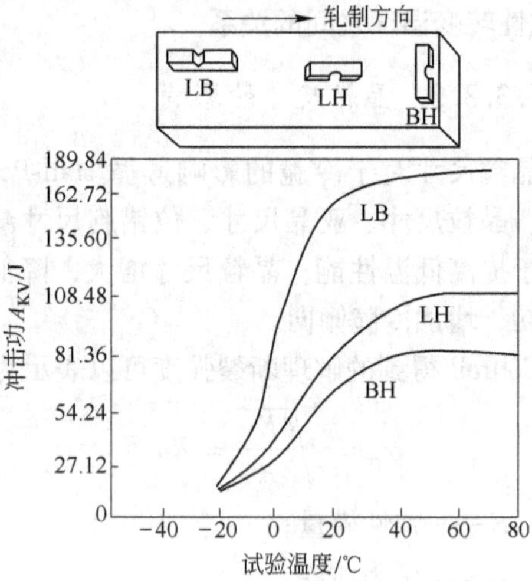

图 6-11 热轧板材上不同取样方向的试样对韧脆转化温度的影响

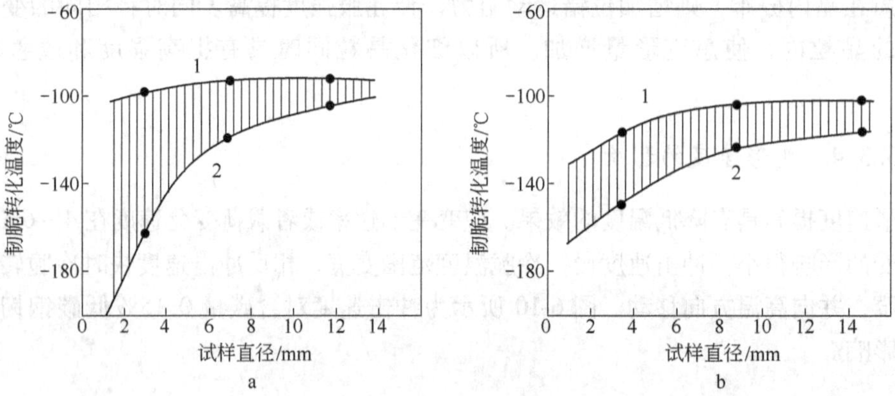

图 6-12 应力状态及试样尺寸对韧脆转化温度的影响

a—拉伸载荷；b—弯曲载荷

1—上临界温度；2—下临界温度

6.3.3.7 第二相质点或晶界薄膜的影响

Cottrell 和 Stroh 在研究低碳钢的脆断时都没有注意到第二相的影响。Stroh 在提出低碳钢的脆断模型以前注意到两个有关第二相影响的实验结果。

（1）曾就晶粒大小相近的两种工业纯铁在低温下做拉伸试验，发现两者的屈服强度相近，但断面收缩率却差别很大，如图 6-13 所示。如以断面收缩率陡降的温度作为冷脆转化温度，则 $T_1 = -140℃$，$T_2 = -160℃$。他们对铁素体解理裂纹的产生进行了观察，统计了 10000 个晶粒中的裂纹后，发现绝大多数裂纹都起源于碳化物。冷脆转化温度较高的，晶界上的碳化物网膜较厚，为 3 ~ 10μm，冷脆转化温度较低的，碳化物网膜较薄，为1 ~ 3μm。

（2）Ootes 对高锰和低锰两种低碳钢进行试验，发现这两种钢的晶粒大小、屈服强度、流变应力都相近，但断裂应力相差很大，结果发现，这也是由于在高锰低碳钢中的碳化物膜较薄，而在低锰低碳钢中的则较厚的缘故（图 6-14）。

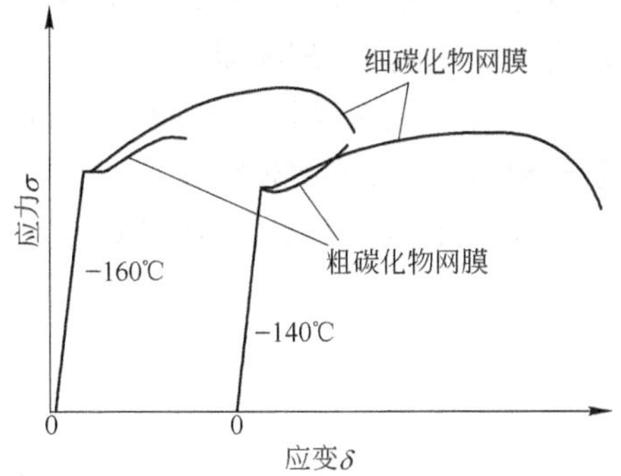

图 6-13 晶界碳化物对同一成分纯铁的影响

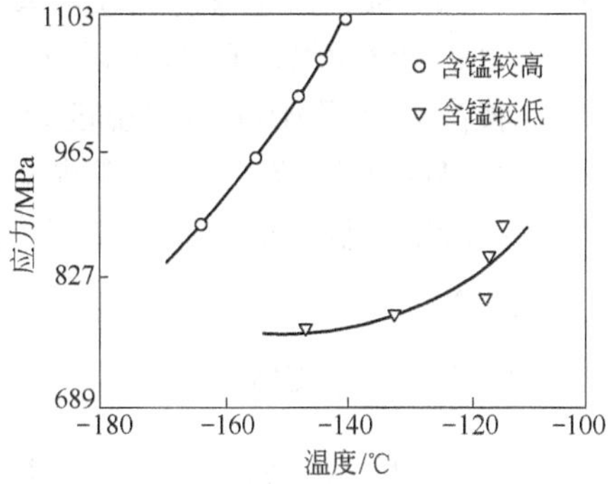

图 6-14 晶界碳化物对不同含锰量的碳钢的影响

综合起来讲，材料、组织相同的情况下，缺口、低温和高速加载（冲击载荷）是诱发金属材料脆断的三个主要因素。

6.4 低温脆性的评定方法

低温脆性是材料尤其是金属材料的一大常见现象，危害很大。通常评价低温脆性敏感性的方式有：拉伸试验断口形貌、冲击试验能量、断口形貌准则分析。

6.4.1 韧脆转变温度 T_c 及低温脆性

研究低温脆性的主要问题是确定韧脆转变温度。确定转变温度 T_c 是将试样冷却到不同温度，测定冲击吸收功 A_{KV}、断口形貌特征随温度的变化曲线，然后按一定的方法确定出 T_c，图 6-15 所示为一种材料的试验温度和冲击功、冲击断口形貌之间关系曲线。这样的曲线试验温度范围为 -200℃ 至几十摄氏度。冲击值比较高且稳定的部分对应的冲击值称为试样吸收的高阶能；冲击值最低，低温部分的冲击功称为低阶能。与此对应，试样断口上韧性断口百分比和试验温度的关系也呈对应态势。高温的断口呈纤维状，低温的断口呈结晶状。

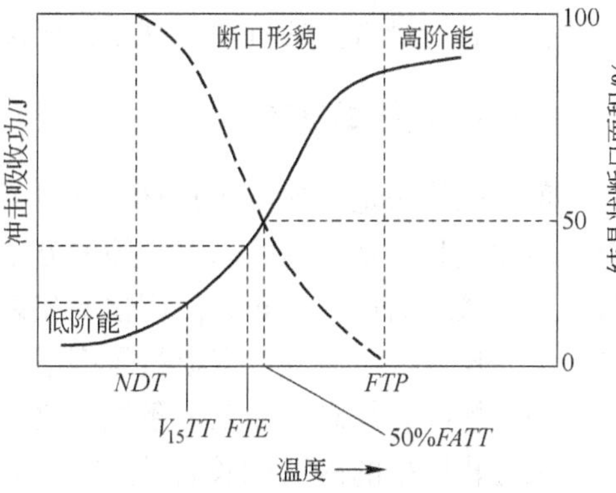

图 6-15 脆性特征温度的确定

6.4.2 能量法定义 T_c

在工程上，常用能量准则、断口形貌准则、断口变形特征准则等评价材料的低温脆性敏感性。

（1）以 V 形缺口试样测定的冲击吸收功 $A_K = 15$ 磅·英尺（20.34J）对应的温度作为

韧脆转变温度，记为 $V_{15}TT$，这是根据实践经验总结出的方法。

（2）低于某一温度，金属材料的冲击吸收功 A_K 基本不随温度变化，形成一个平台，称为低阶能；高于某一温度，冲击功也不随温度变化，出现一个上平台，称为高阶能（图 6-14）。低阶能开始上升的温度定义为韧脆转变温度，记为 *NDT*（nil ductility temperature），称为零塑性温度。在 *NDT* 以下，试样的断口为 100% 穿晶解理断裂。

（3）将高阶能开始降低的温度定义为韧脆转变温度，记为 *FTP*（fracture transition plastic）。当温度高于 *FTP* 时，试样断口为 100% 的纤维状断口（零解理断口）。

（4）高阶能与低阶能的平均值对应的温度定义为韧脆转变温度，记为 *FTE*（fracture transition elastic）。

6.4.3　断口形貌定义 T_c

冲击试样的断口形貌如图 6-16 所示。断口表面有纤维区、放射区（结晶区）和剪切唇。不同温度即不同断裂情况下三个区的相对面积是不同的。结晶区的面积随温度的变化如图 6-15 所示。温度降低，结晶区面积增大，表示材料变脆。取结晶区占断口面积的 50% 对应的温度为韧脆转变温度，记为 50% *FATT*（fracture appearance transition temperature）。

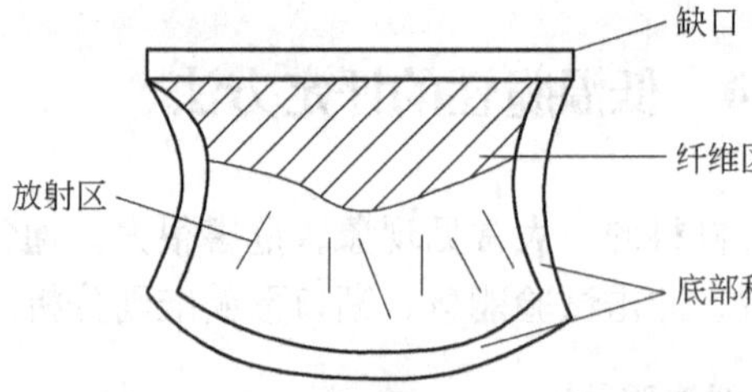

图 6-16　冲击试样断口的不同组织区域

显然，低温下使用的机械部件其最低使用温度应高于韧脆转变温度，这就是韧性的温度储备。对于最重要的机件，其工作温度 $T \geq NDT + 67℃$。

6.4.4　落锤试验法

落锤试验法是目前应用比较多的一种测定冷脆的方法，尤其是对于厚度比较大的钢板，落锤试验法是可靠的确定冷脆的方法。但标准的缺口冲击试样，在承受一次冲击试验时，应力状态简单，与实际使用情况相差较远，不能模拟实际工作条件。落锤试验法把试样加工成长方形，而且根据板材厚度不同分别可以加工不同厚度的试样。在试样板面中央焊贴一条焊肉，焊肉上加工一条横向槽，用于引入裂纹。

试验装置中的落锤能够提供 330 ~ 1620J 的冲击能量；试样焊肉朝下放在支撑块上，进行落锤试验。在一系列不同温度进行冲击落锤时，试样经过充分的均匀冷却，迅速取出放在砧座上 20s 时间内完成落锤冲击。在放置试样时，中央槽和落锤击中部位之间的偏差不大于 2.5mm。

落锤试验装置由控制落锤下落位置的固定导轨、沿导轨自由落下的重锤、固定试样的砧座等组成。落锤试验装置示意图如图 6-17 所示，落锤试验的试样尺寸如图 6-18 所示。落锤试验的标准试样在国家标准《铁素体钢落锤撕裂试验方法》（GB/T 8363—2007）中有明确规定（表6-3）。

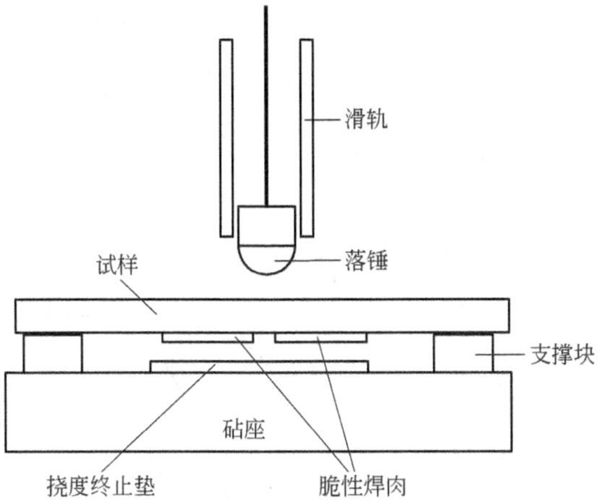

图6-17 落锤试验示意图

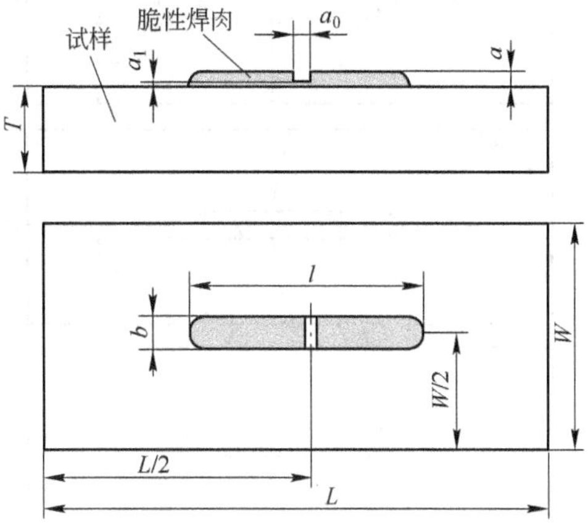

图6-18 落锤试验标准试样

表6-3 落锤试验标准试样尺寸要求 （mm）

项 目	试样型号		
	p-1	p-2	p-3
试样厚度 T	25 ±2.5	20 ±1.0	16 ±0.5
试样宽度 W	90 ±2.0	50 ±1.0	50 ±1.0
试样长度 L	360 ±10	130 ±10	130 ±10
焊肉长度 l	60 ~65	60 ~65	60 ~65
焊肉宽度 b	12 ~16	12 ~16	12 ~16
焊肉高度 a	3.5 ~5.5	3.5 ~5.5	3.5 ~5.5
缺口宽度 a_0	≤1.5	≤1.5	≤1.5
缺口底高 a_1	1.8 ~2.0	1.8 ~2.0	1.8 ~2.0

落锤试验结果判断冷脆的方法是：试样经过冲击之后，断与未断之间的区分如图6-19所示。一组试验的试样，加工、制造条件必须一样；从不同温度冲击断裂的试样中找出最高断裂温度，高于这个温度5℃，再做两个试验，如果两个试样均未断，这个温度定义为*NDT*。试验结果说明，不同厚度的试样在一系列温度试验时，冲击功变化规律不同，如图6-20所示。

6.4.5 动态撕裂试验法

国家标准《铁素体钢落锤撕裂试验方法》（GB/T 8363—2007）在2007年经过修订，形成了新的铁素体钢动态撕裂试验方法，即：在冲击试验机上，将试样一次冲击断裂，记录冲击吸收功，测量纤维断面率的试验方法。标准试样的规格尺寸如图6-21所示。与冲击试验的区别在于：

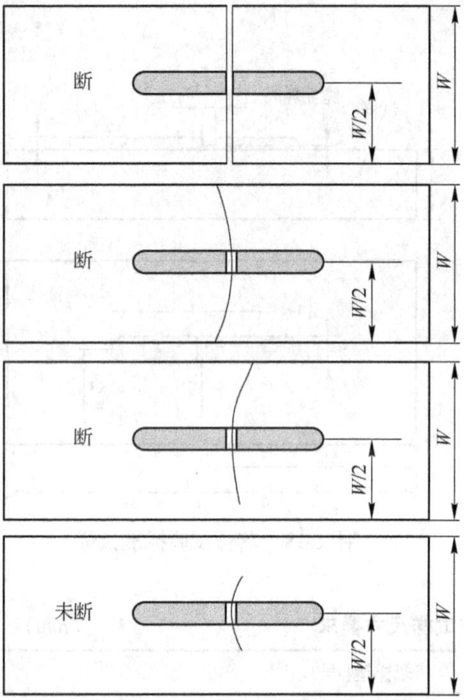

图 6-19 试样断裂情况判断脆性依据

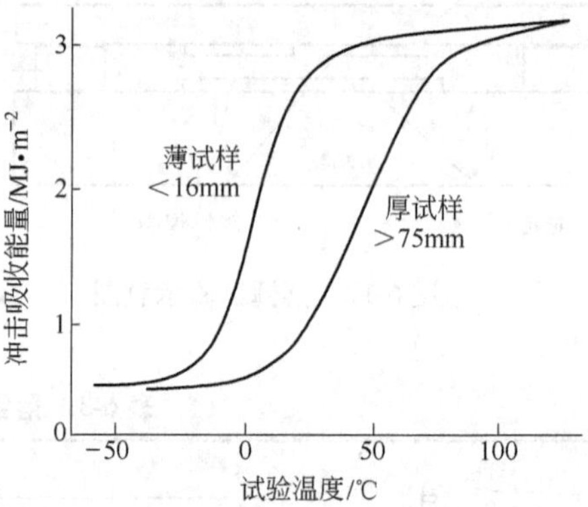

图 6-20 试样厚度对于韧脆转化温度的影响

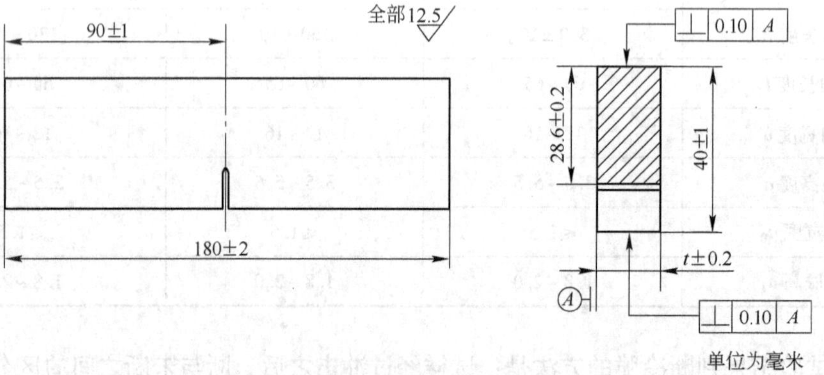

图 6-21 动态撕裂试验标准试样

（注：*t* 为试样厚度）

（1）试样的尺寸比较大，冲击载荷作用下形成平面应力状态，能够更准确地反映材料在比较大的应力状态下的工作能力。

（2）试样的缺口和缺口尖锐处的角度不同。试样的缺口比较深，试样加工出来的缺口，有一个机加工达到的圆角要求，然后用专用刀具在缺口上压制使其缺口尖锐化（图 6-22）。冲击刀的刃部半径 12.7mm。试样摆放的支撑点之间的距离为 165mm。缺口宽度为 1.6mm 和 3.0mm 两种，分别对应不同厚度的板材。

动态撕裂试验比较常用的还有罗伯逊冷脆试验法。板材上截取的试样加工成上部带有

V 形槽的瓶子形状（图 6-23）。试样的两侧焊接加载耳子，施加水平方向的作用力向外拉，这个作用力的大小应该是该零部件的工作应力大小。将试样带缺口的一端进行冷冻，达到一定的温度；而另一端进行加热。在试样的中间等距离安放若干热电偶，测量不同部位的温度。用带劈尖的落锤施加一个冲击力，使试样劈开，裂纹终止的部位对应的温度即为止裂温度。说明零部件在这个温度以上工作是安全的。这个试验中试样从上到下构成一个连续变化的温度分布，裂纹扩展到的位置便是止裂温度。

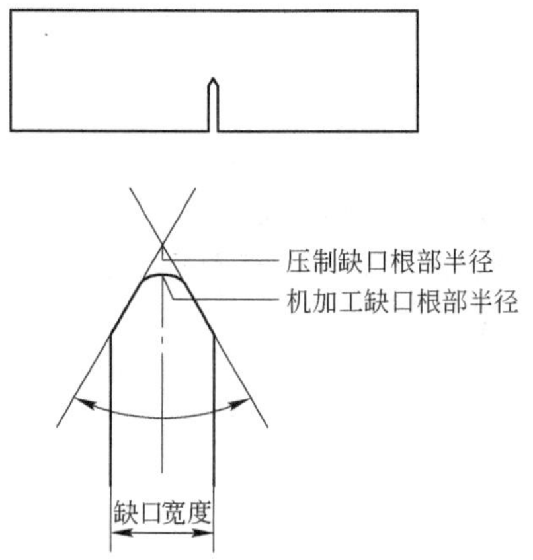

图 6-22　试样缺口尖锐化放大示意图

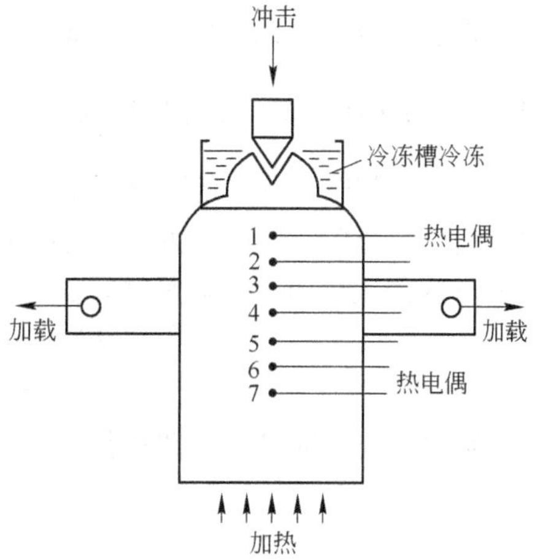

图 6-23　罗伯逊试验的试样

测定韧脆转变温度的试验——落锤试验法和撕裂试验法，具体试验细节可以参考国家标准和相关文献。

6.4.6　其他低温脆性评定规范

日本焊接学会标准 WES—135 提出低温用零部件防止低温脆断的工程判据。采用了 CVN 数据，确定系列试验的高阶能的一半为韧脆转化温度的标准。并标为 T_{TE50}，汇总统计了大量的工程数据，建立了工作应力与 T_{TE50} 的关系。提出：

（1）G（普通）类。

$$0.317\sigma = 360f_{(t)}\exp\left[3100\left(\frac{1}{T_\sigma + 373} - \frac{1}{T + 273}\right)\right] \quad (T_{TE50} \geqslant -18℃)$$

$$0.317\sigma = (260 + 275T_c)f_{(t)}\exp\left[3100 + 22.5T_c\left(\frac{1}{T_\sigma + 273} - \frac{1}{T + 273}\right)\right] \quad (-18℃ \geqslant T_{TE50} \geqslant -58℃)$$

（2）A 类是对有特殊要求的结构材料，保证内部存在 $c \leqslant 100$mm 裂纹时，工作应力作用下裂纹不失稳扩展。

$$1.02\sigma = 150f_{(t)}\exp(2680 + 120T_c)\left(\frac{1}{T_\sigma + 273} - \frac{1}{T + 273}\right)$$

式中　σ——工作应力，MPa；

t——板厚，mm；

T_σ——最低工作温度；

$f_{(t)}=1-0.05(t-30)$　　($t \leqslant 35$mm)；

$f_{(t)}=0.75$　　($t>35$mm)；

$T_c=18+T_{TE50}$　　($T_{TE50} \geqslant -58$℃)；

$T_c=25.5+1.13T_{TE50}$　　($-58℃>T_{TE50} \geqslant -196℃$)；

$T_c=T_{TE50}$　　($-196℃>T_{TE50}$)。

美国海军实验室对低强度铁素体钢的 NDT 的应用提出以下判据：

(1) $T_{使用} \geqslant NDT$ 只允许所加应力低于 35～56MPa。

(2) $T_{使用} \geqslant NDT+17℃$ 的情况所加应力低于 $\frac{\sigma_b}{2}$。

(3) $T_{使用} \geqslant NDT+33℃$ 允许所加应力低于 σ_b。

(4) $T_{使用} \geqslant NDT+67℃$ 所加应力达到强度极限才会发生韧性断裂。

NDT 与冲击试验测定的韧脆转化温度 FTE、FTP 之间的对应关系大致如下：

$$FTE \approx NDT+33℃$$

$$FTP \approx NDT+67℃$$

这些判据在我国都可以参照执行。

7 金属的疲劳

7.1 引　　言

工程零部件绝大多数都是在变动载荷作用下工作。由于变动载荷的反复作用，在零部件所承受的变动应力水平尚未达到静强度设计的许用应力情况下就可能在其内部产生疲劳裂纹并扩展，最后突然断裂，这种现象称为疲劳。疲劳是常见失效形式之一。由于疲劳裂纹的形成和扩展具有很大的隐蔽性和突发性，因此疲劳破坏往往会造成极大的经济损失和灾难性后果。

金属的疲劳破坏形式、机理不同于静载破坏，所以零件疲劳强度的设计计算不能采用经典的静强度设计计算方法，属于动强度设计。随着铁路机车向高速、大功率和轻量化方向的迅速发展，机械设备的大型化、工作条件越来越苛刻和多样化等都使其疲劳强度及其可靠性的要求越来越高。疲劳强度设计及其研究正在成为我国各项工程设计制造中的一项不可缺少的、重要的工作。

疲劳断裂主要有以下特点：

（1）零部件承受的应力水平可能不高，有时甚至比材料的弹性极限还低。

（2）承受变动载荷作用下比较突出。这些载荷的变化可能是有规律的，也可能是没有规律的，变化的内容可能是大小、方向、频率或者周期等。

（3）断裂前没有明显的征兆和表现，机器设备都能够正常工作。

（4）疲劳断裂都是脆性的。无论塑性多好的材料，发生疲劳断裂时断裂截面附近没有显著的塑性变形，断口是脆性断口。

（5）断裂突然发生。

金属疲劳的研究已有近200年的历史，有相当多的学者和工程技术人员进行了大量的研究，得到了许多关于金属疲劳损伤和断裂的理论及有关经验技术。但是由于疲劳破坏的影响因素多而复杂，并且这些因素互相影响又与零部件的实际情况密切相关，使得其应用性成果尚远远不能满足工程设计和生产应用的需要。据统计，至今有约90%的机械零部件的断裂破坏仍然是由直接疲劳或者间接疲劳而引起的。因此，在21世纪的今天，尤其是在高速和大功率化的新产品的开发制造中，其疲劳强度或疲劳寿命的设计十分重要，并且往往需要同时进行相应的试验研究和试验验证。

疲劳断裂是因为在零件或构件表层上的高应力、强度比较弱或者有缺陷的部位产生疲劳裂纹，并进一步扩展而造成的。这些危险部位小到几个毫米甚至几十个微米的范围，零部件的几何切口根部、表面缺陷、切削刀痕、碰磕伤痕及材料的内部缺陷等都可能是这种疲劳裂纹形成、萌生部位。因此，提高构件疲劳强度的基本途径主要有两个：

（1）从设计方面。主要是优化或改善切口形状，改进加工和处理工艺、严格控制工程和质量等手段将危险点的有害因素降下来。

（2）材料冶金的方法，即用热处理手段将危险点局部区域的疲劳强度提高，或提高冶金质量来减少金属基体中的非金属夹杂物等材料缺陷等局部薄弱区域。

在解决实际工程问题时，往往需要结合运用以上两种方法进行疲劳强度设计和研究。合理地利用各种提高疲劳强度的手段，可以有效地提高构件的疲劳强度或延长其疲劳寿命，并起到轻量化的作用。

关于疲劳问题的研究，基本上可分为疲劳裂纹的形成和扩展机理、规律方面的基础性研究，以及疲劳强度设计、提高疲劳强度的有效途径等应用性研究。应用性研究虽然借鉴了基础性研究的成果，但因为它需要考虑更多的实际影响因素，所以它的研究更为复杂和困难。这些方面的工作远远落后于实际工程的需求。过去，疲劳强度设计和寿命预测的研究主要是以试验为基础进行的。随着计算机应用技术和有限元数值计算理论及其应用的迅速发展，现在又兴起了基于大量试验数据的疲劳强度设计和寿命计算的有限元数值计算方法，有力地推动着零部件疲劳强度设计的研究及应用的发展。

7.2 疲劳载荷的分类与常用概念

7.2.1 疲劳载荷的分类

使零部件发生疲劳破坏的变动载荷称为疲劳载荷，可分为两类：一类是其载荷的大小、频率和正负方向随时间周期性地变化的交变载荷；另一类是大小、频率和正负方向随时间随机变化的随机载荷。交变载荷变化一次称为一个应力循环，循环的次数用 N 表示，所以这样的载荷也称为循环载荷、循环应力或者交变应力。

图 7-1 所示为交变载荷应力-时间曲线。图 7-1a 中循环应力的大小和正负（拉压）方向随着时间的变化而做周期性的变化。一个周期的应力变化过程就是一个应力循环。应力循环特点可用循环中的最大应力 σ_{max}、最小应力 σ_{min} 和周期 T（或频率 $f=1/T$）来描述。这个最大应力可以是正，也可以是负，还可以是零。同样最小应力也可以是正，负，零。如果最大应力和最小应力的绝对值相等而正负号相反，则称这种交变载荷为对称循环应力。典型的循环载荷如圆截面轴类、杆类零部件的旋转弯曲、轴向拉压和平板零件的双向弯曲等，都可以在零件的表面或内部产生这样的交变应力。另外，轴类零件的双向扭转也可以产生类似的交变应力。

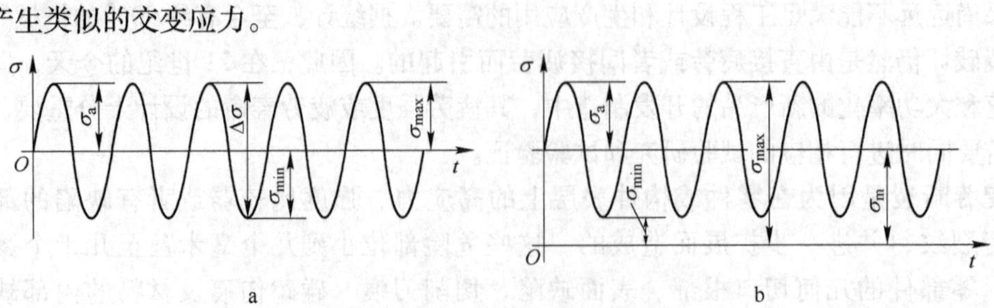

图 7-1 交变载荷的应力-时间曲线

a—对称循环交变载荷；b—不对称循环交变载荷

7.2.2　疲劳载荷的常用概念

在疲劳载荷的描述中经常使用应力幅 σ_a 和应力范围 $\Delta\sigma$（也称为应力振幅、应力幅度）的概念，定义如下

$$\sigma_a = \frac{\sigma_{max} - \sigma_{min}}{2} \tag{7-1}$$

$$\Delta\sigma = \sigma_{max} - \sigma_{min} = 2\sigma_a \tag{7-2}$$

应力幅 σ_a 反映了交变应力在一个应力循环中变化大小的程度和应力作用范围，它是使金属构件发生疲劳破坏的主要原因之一。

当研究的部位除承受有动载荷外，还有静载荷分量时，动静载荷的共同作用下的应力-时间曲线如图 7-1b 所示。此时的载荷时间-变化曲线相当于把图 7-1a 的对称循环应力曲线向上平移了一个静应力分量。这种的循环载荷是不对称循环载荷的一种，并用最小应力与最大应力的比值 R 来描述循环应力的不对称程度，R 称为应力比，有时又称为不对称系数，表示作用应力的对称程度，即

$$R = \frac{\sigma_{min}}{\sigma_{max}} \tag{7-3}$$

由定义可知，当 $R = -1$ 时的循环应力即为对称循环应力，当 $R \neq 0$ 时统称不对称循环应力。其中，$R = 0$ 时为拉伸脉动应力（图 7-2），$R = -\infty$ 时为压缩脉动循环（图 7-3）。

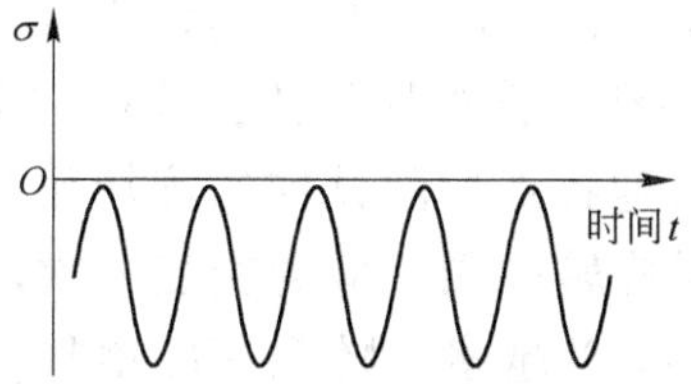

图 7-2　$R = 0$ 时为拉伸脉动应力

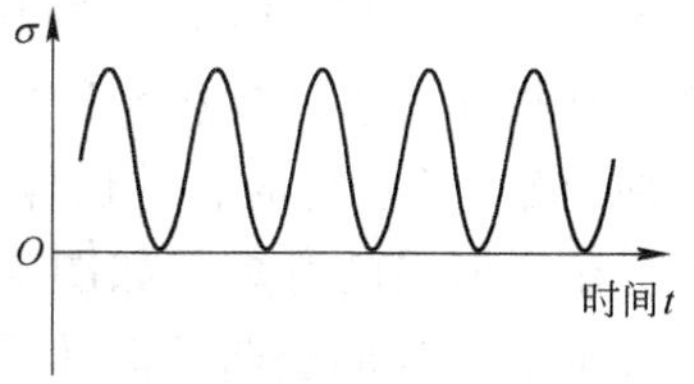

图 7-3　$R = -\infty$ 时为压缩脉动循环

循环应力中经常使用平均应力这个概念，用 σ_m 表示，可由式（7-4）定义

$$\sigma_m = \frac{\sigma_{max} + \sigma_{min}}{2} \tag{7-4}$$

平均应力表示零部件承受载荷的性质：平均应力等于零，不等于没有作用力；平均应力大于零，表示以拉应力为主；平均应力小于零，表示以压应力为主。平均应力对构件的疲劳强度有一定的影响。压缩平均应力对零部件损伤很小，甚至往往提高构件的疲劳强度，而拉伸平均应力往往降低构件的疲劳强度。因此，在疲劳强度和疲劳寿命的研究中，给定一个循环应力水平时，需要同时给出应力幅 σ_a 和应力比 R，或者同时给出最大应力 σ_{max} 和平均应力 σ_m，也有时直接给出最大应力 σ_{max} 和最小应力 σ_{min} 来表示循环应力水平。

由以上各式可知，在应力幅、平均应力、应力比、最大应力和最小应力的参数中，只要已知其中的两个便可求出其他。如当已知 σ_a、R 时，其他参数便可由式（7-5）

得到。

$$\begin{cases} \sigma_{max} = \dfrac{2}{1-R}\sigma_a \\ \sigma_{min} = \dfrac{2R}{1-R}\sigma_a \\ \sigma_m = 2\dfrac{1-R}{1-R}\sigma_a = 2\sigma_a \end{cases} \tag{7-5}$$

当已知 σ_a、σ_m 时

$$\begin{cases} \sigma_{max} = \sigma_m + \sigma_a \\ \sigma_{min} = \sigma_m - \sigma_a \end{cases} \tag{7-6}$$

7.3 材料的疲劳试验与疲劳曲线

7.3.1 疲劳试验类型及其装置

疲劳试验根据载荷性质不同有多种类型，其中以轴向加载和弯曲加载应用最广。

（1）轴向加载。交变载荷沿试样轴线加在试样上，其特点是试样横截面上受力均匀，试验结果能确切地表明材料的疲劳特性。

（2）弯曲加载。弯曲加载是对试样表面状况和环境因素较为敏感的试验方法。它又分为悬臂旋转弯曲加载、双臂旋转弯曲加载及平面弯曲加载等方式，其中旋转弯曲疲劳试验方法较为简单、实用，应用最广。

图 7-4 所示为双臂式旋转弯曲疲劳试验机原理图。试样 2 的两端装夹在主轴箱 3 中，利用电动机 6 通过计数器 5 和联轴节 4 使试样转动。将横杆 7 挂在滚针轴承上，在横杆中央加上砝码 8。此时，除试样中心轴线外，其他各点均随试样的旋转而受到对称交变应力。试样所受的弯矩图如图 7-4b 所示。试样旋转一周，应力交变一次。当所加载荷 F 较小时，试样断裂前所能承受的应力循环周次 N 越多，随载荷的增加，断裂前交变周次 N 相应减少。在各种弯曲试验中，试样上各部位所承受的弯矩 M 及应力 σ 如图 7-5 所示。

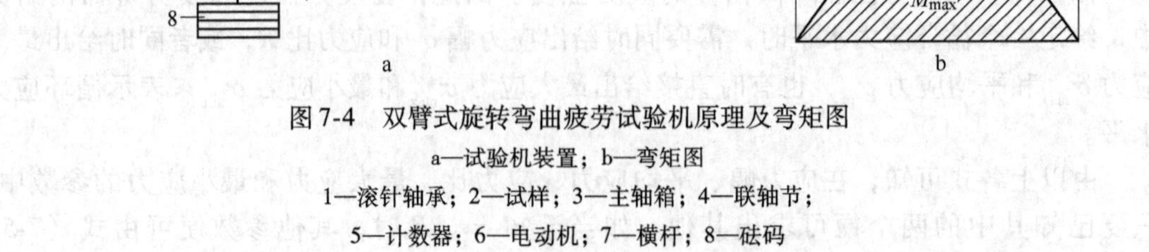

图 7-4 双臂式旋转弯曲疲劳试验机原理及弯矩图

a—试验机装置；b—弯矩图

1—滚针轴承；2—试样；3—主轴箱；4—联轴节；

5—计数器；6—电动机；7—横杆；8—砝码

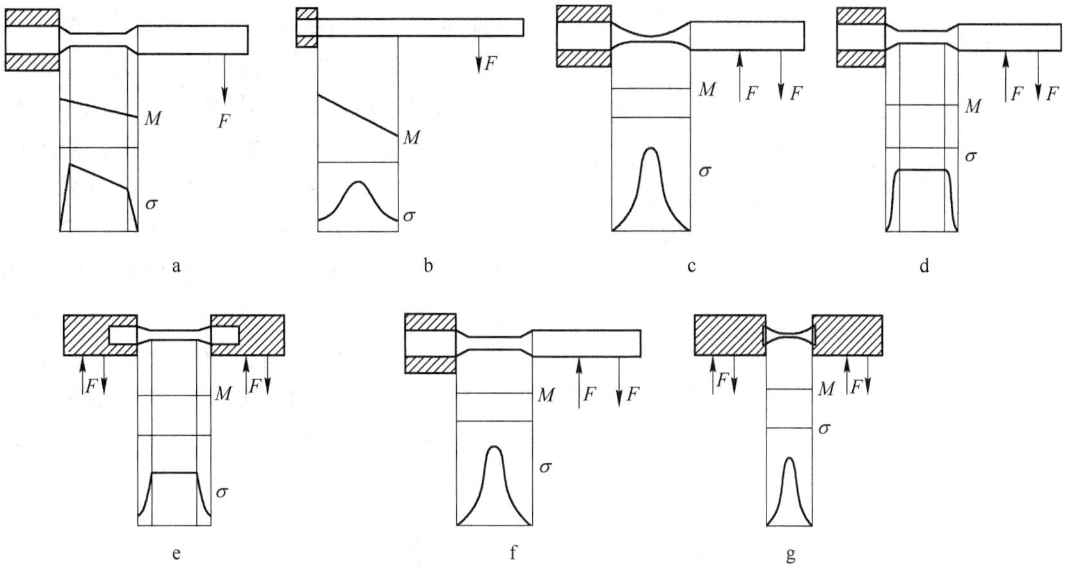

图 7-5 各种旋转弯曲疲劳试验时试样上的弯矩 M 和应力 σ

a—圆柱形试样（单点加力）；b—圆锥形试样（单点加力）；c—漏斗形试样（单点加力）；d—圆柱形试样（两点加力）；e—圆柱形试样（四点加力）；f—漏斗形试样（两点加力）；g—漏斗形试样（四点加力）

7.3.2 疲劳试验

工程零部件的疲劳在多种不同的情况下具有多种破坏形式，而疲劳试验不能模拟所有的使用条件和载荷状况。所以人为确定一些因素和条件，以便试验结果能够比较。疲劳试验经常采用固定的频率、对称的应力循环、标准的试样规格和专用的试验设备进行的。

一般情况下，材料所承受的循环载荷的应力幅越小，到发生疲劳破断时所经历的应力循环次数越长。疲劳曲线就是将试验载荷与循环次数之间关系绘制成曲线得到的，所以也称为 S-N 曲线。S-N 曲线一般是使用标准试样在有规律的变动载荷作用下（例如对称旋转弯曲载荷、对称拉压载荷、对称扭转载荷等）进行疲劳试验获得的。纵坐标表示试样承受的应力幅，有时也表示为最大应力，但两者一般都用 σ 表示；横坐标表示应力循环次数，常用 N_f 表示。为使用方便，在双对数坐标系下 S-N 曲线被近似简化成两条直线。但也有很多情况只对横坐标取对数，此时也常把 S-N 曲线近似简化成两条直线。疲劳曲线的物理意义是，曲线左下方试样安全，曲线右上方试样断裂状态。

7.3.2.1 S-N 曲线的测定

典型的 S-N 曲线是由有限寿命（中等寿命）和长寿命（疲劳极限或条件疲劳极限）两部分组成。在 S-N 曲线测试中，由于疲劳试验数据分散性大，若每个应力水平下只测定一个数据，则测得 S-N 曲线不仅精度较差而且也不能形成完整的曲线。为了得到较为可靠的试验结果，一般疲劳极限（或条件疲劳极限）采用升降法测定（图 7-6），而有限寿命部分则采用成组实验法测定。

A 条件疲劳极限的测定

通常均采用升降法测定条件疲劳极限。这种方法是从略高于预计疲劳极限的应力水平

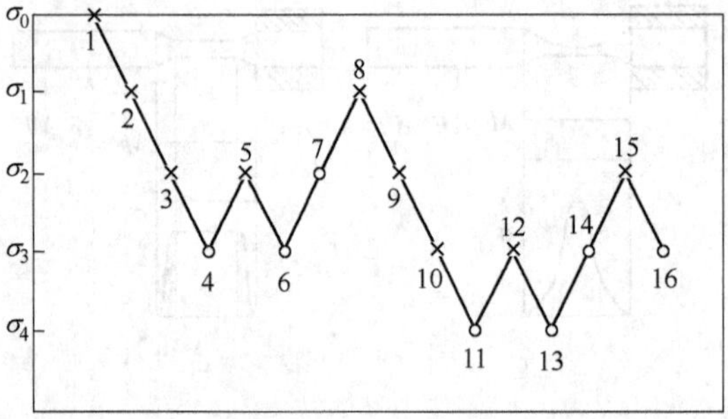

图 7-6 升降法示意图

开始试验，然后逐渐降低应力水平。整个试验在选择的 3 ~ 5 个应力水平下进行。升降法可用图 7-7 描述。其原则是：凡前一个试样若不到规定循环周次 N_0（$=10^7$）就断裂（用符号“×”表示），则后一个试样就在低一级应力水平下进行试验；相反，若前一个试样在规定循环周次 N_0 下仍然未断（用符号“○”表示），则随后的一个试样就在高一级应力水平下进行。照此方法，直到得到 13 个以上有效数据为止。在处理试验结果时，当出现第一对相反结果以前的数据均舍去，如图 7-6 中的第 3 和第 4 点是第一对出现相反结果的点，因此点 1 和点 2 的数据应舍去，余下数据点均为有效试验数据。这时条件疲劳极限 $\sigma_{R(N)}$ 按式（7-7）计算

$$\sigma_{R(N)} = \sigma_{R(10^7)} = (1/m)\sum_{i=1}^{n}\sigma_i V_i \tag{7-7}$$

式中 m——有效试验的总次数（断与未断均计算在内）；

n——试验的应力水平级数；

σ_i——第 i 级应力水平；

V_i——第 i 级应力水平下的试验次数。

图 7-7 所示为 40CrNiMo 钢调质处理试样用升降法测得的试验结果。将其数据代入式（7-7），计算条件疲劳极限 $\sigma_{R(N)}$ 为：

$$\sigma_{R(N)} = \frac{1}{13}(2\times 546.7 + 5\times 519.4 + 5\times 492.1 + 464.8) = 508.9\text{MPa}$$

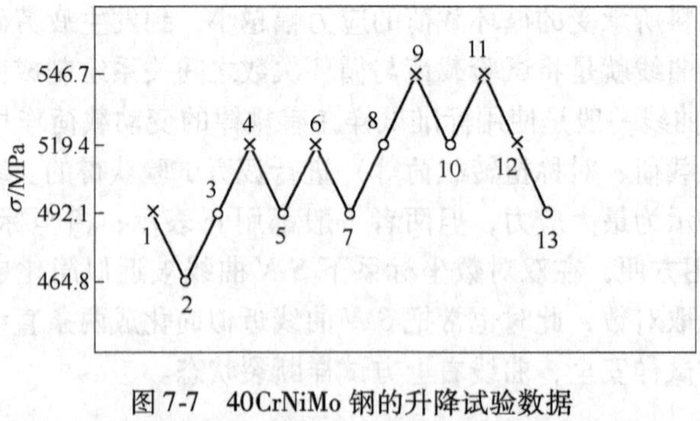

图 7-7 40CrNiMo 钢的升降试验数据

材料强度：$\sigma_b = 1000$MPa；试样：光滑圆柱试样；

加载方式：旋转弯曲（$R=-1$）；规定循环周次：$N_0 = 10^7$

用升降法测定条件疲劳极限时要注意两个问题：

（1）应力水平的确定（包括一级应力水平的确定及应力增量 $\Delta\sigma$ 的选择）的一级应力水平应略高于预计的条件疲劳极限（对于钢材，由于其 $\sigma_{R(N)}$ 一般在 $0.45 \sim 0.5\sigma_b$ 之间，因此建议的一级应力 σ_1 取 $0.5\sigma_b$）。应力增量 $\Delta\sigma$ 一般为预计条件疲劳极限的 3% ~ 5%（对于钢材可取 $0.015 \sim 0.025\sigma_b$）。

（2）评定升降图是否有效，可根据以下两条评定：

1）有效数据必须大于13个，以便保证试验数据的有效性。

2）“×（断裂）”和“○（存活）”的比例大体上各占一半，以便真正具有“升”、“降”过程。

B 有限寿命 *S-N* 曲线的测定

通常是采用4~5级应力水平下的常规成组疲劳试验方法来测定。所谓成组试验法就指每级应力水平下测3~5个试样的数据，然后进行数据处理，计算出中值（即存活率为50%）疲劳寿命。最后再将测定的结果在 σ-*N* 坐标上拟合成 *S-N* 曲线。在测定时有两点要注意：

（1）确定各级应力水平。在4~5级应力水平中的第一级应力水平 σ_1：对光滑圆试样，取 $0.6\sim0.7\sigma_b$；对切口试样，取 $0.3\sim0.4\sigma_b$。而第二级应力水平 σ_2 比 σ_1 减少20~40N/mn^2，以后各级应力水平依次减少。

（2）每一级应力水平下的中值疲劳寿命 N_{50} 或 $\lg N_{50}$ 的计算。根据每一级应力水平下测得的疲劳寿命 N_1、N_2、N_3、…、N_n，代入式（7-8）计算中值（存活率50%）疲劳寿命。

$$\lg N_{50} = (1/n)\sum_{i=1}^{n}\lg N_i \tag{7-8}$$

如果取 $\lg N_{50}$ 反对数，就可得中值疲劳寿命 N_{50}。

即
$$N_{50} = \lg^{-1} N_{50}$$

如果在某一级应力水平下各个疲劳寿命中，出现越出情况（即大于规定的 10^7 循环周次），则这一组试样的 N_{50} 不按上述公式计算，而取这一组疲劳寿命排列的中值。例如在某一级应力水平下测得5个试样的疲劳寿命，按其大小次序排列见表7-1。

表7-1 试验数据

次 序	1	2	3	4	5
N	9.83×10^5	1.146×10^6	4.350×10^6	7.871×10^6	1.2522×10^7

从表7-1可见，其中第五个数值出现越出。因为这一组测试总数为5是奇数，则其中值就是中间的第三个疲劳寿命值，即 $N_{50}=4.350\times10^6$ 周次。若测试总数为偶数，则中值取中间两个数值的平均值。

7.3.2.2 *S-N* 曲线的绘制

把上述成组试验所得到的各级应力水平下的 N_{50} 或 $\lg N_{50}$ 数据点，标在 σ-*N* 或 σ-lg*N* 坐标图中，拟合成 *S-N* 曲线。这条曲线就是具有50%存活率的中值 *S-N* 曲线。在 *S-N* 曲线的拟合中有逐点描绘法、直线拟合法两种基本方法。

A 逐点描绘法

用曲线板把各数据点光滑地连接起来，使曲线两侧数据点与曲线的偏离大致相等，如图7-8所示。在用逐点描绘法绘制 *S-N* 曲线时，凡按升降法测得的条件疲劳极限（如图7-8中点⑥），也可以和成组试验数据点（点①~点⑤）合并

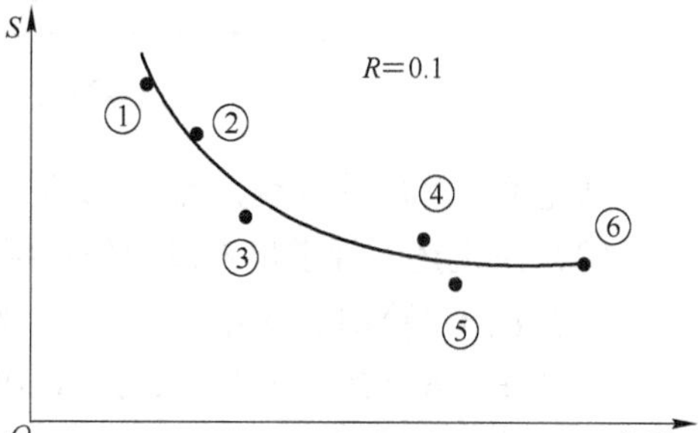

图7-8 某铝合金的 *S-N* 曲线

在一起，绘制成有限到长寿命的完整的 S-N 曲线。图 7-8 就是某铝合金在 $R=0.1$ 条件下测得的典型 S-N 曲线。

B 直线拟合法

由于疲劳设计上需要，对某些金属材料常用直线拟合上述成组试验数据点。下面结合表 7-2 中所列的 30CrMnSi 钢的一组试验数据，介绍直线拟合方法。

表 7-2 30CrMnSi 钢成组试验数据

序数 i	$\sigma_i/\mathrm{N\cdot mm^{-2}}$	$N_i=N_{50}$	$\lg N_i$	σ_i^2	$(\lg N_i)^2$	$\sigma_i\lg N_i$
1	700	159000	5.2014	490000	27.0546	3640.98
2	660	274000	5.4378	435600	29.5697	3588.95
3	630	428000	5.6314	396900	31.7127	3547.78
4	610	639000	5.8055	372100	33.7038	3541.36
5	590	709000	5.8506	348100	34.2295	3451.85
总和	3190	—	27.9267	2042700	156.2703	17770.92

(1) 根据试验数据，按最小二乘法原理，计算直线方程系数 a 和 b。在单对数坐标中直线方程可写成式 (7-9)

$$\lg N = a + b\sigma \tag{7-9}$$

式中，系数 a 和 b 分别为

$$a = \frac{1}{n}\sum_{i=1}^{n}\lg N_i - \frac{b}{n}\sum_{i=1}^{n}\sigma_i \tag{7-10}$$

$$b = \frac{\sum_{i=1}^{n}\sigma_i\lg N_i - \frac{1}{n}\left(\sum_{i=1}^{n}\sigma_i\right)\left(\sum_{i=1}^{n}\lg N_i\right)}{\sum_{i=1}^{n}\sigma_i^2 - \frac{1}{n}\left(\sum_{i=1}^{n}\sigma_i\right)} \tag{7-11}$$

为了便于确定常数 a 和 b，在表 7-2 中还列出了 $\lg N_i$、σ_i^2、$(\lg N_i)^2$、$\sigma_i\lg N_i$ 等计算结果。将上列各项数值代入式 (7-10) 及式 (7-11) 中，就可分别求出 a 和 b

$$a = \frac{1}{5}\times 27.9267 - \frac{1}{5}(-0.00617)\times 3190 = 9.52$$

$$b = \frac{17770.92 - \frac{1}{5}\times 3190\times 27.9267}{2042700 - \frac{1}{5}\times 3190^2} = -0.00617$$

据此可以写出其直线方程　　$\lg N = 9.52 - 0.00617\sigma$

(2) 按上述方程求出直线上任意两点的坐标，便可画出这条直线。

设当 $\sigma_1=700$ 时，$\lg N_i = 9.52 - 0.00617\times 700 = 5.20$

当 $\sigma_2=600$ 时，$\lg N_i = 9.52 - 0.00617\times 600 = 5.82$

在 σ-$\lg N$ 坐标系中标出 (700, 5.20) 及 (600, 5.82) 两点，然后用直线连接这两点，这就是疲劳曲线最佳拟合的直线段。当用直线拟合 S-N 曲线时，一般仅拟合有限寿命区。对钢而言，整个 S-N 曲线由有限寿命 S-N 直线和长寿命的水平线两部分组成（该钢材的疲劳极限 $\sigma_{-1}=582.5\text{MPa}$），在两直线相交处用圆角过渡，如图 7-9 所示。

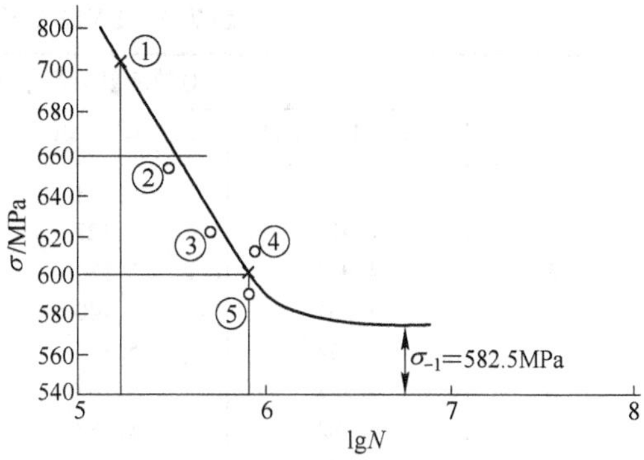

图 7-9 30CrMnSi 钢的 S-N 曲线

7.3.3 疲劳试验结果的统计处理及 P-S-N 曲线的绘制

在进行疲劳设计时，对于应力在疲劳极限以下工作的构件，采用升降法测定的条件疲劳极限 $\sigma_{R(N)}$，就可以满足设计要求。但对有限寿命设计，仅按上述常规成组法测定存活率 50% 的中值 S-N 曲线，作为设计依据，往往偏于危险，因为这意味着有一半产品在达到预定寿命之前出现早期破坏。为此，需要测得具有更高存活率的 S-N 曲线。如存活率为 99.9% 的 S-N 曲线，该曲线给出的寿命 N 对 1000 个产品，只有一个可能造成早期断裂。这种 S-N 曲线给出的数据具有较大的可靠性。因此，疲劳性能测试中常将试验数据用概率统计方法画出不同存活率的 P-S-N 曲线。以下介绍其测试与绘制方法。

7.3.3.1 作 P-N 图

用统计方法处理疲劳试验结果时，首先检查疲劳试验数据是否符合某种概率分布（常用正态分布）。其方法是把试验数据在正态对数概率纸上作图。概率纸的横坐标是 $\lg N_P$，纵坐标是疲劳试验存活率 P。如果试验数据落在一条直线上（或近似直线上），则表明试验数据符合正态分布。表 7-3 是某种金属在同一应力水平下测得的 10 个试样的疲劳寿命，并按从小到大的顺序排列起来。这时存活率按式（7-12）计算

$$P = 1 - \frac{i}{n+1} \tag{7-12}$$

式中 n——试验总数；

i——数据递增排列顺序。

表 7-3 同一应力水平下疲劳寿命数据

序数 i	疲劳寿命 N_P	$\lg N_P$	存活率 P/%	序数 i	疲劳寿命 N_P	$\lg N_P$	存活率 P/%
1	124000	5.0934	90.91	6	147	5.1673	45.45
2	134000	5.1271	81.82	7	154	5.1875	36.36
3	135000	5.1303	72.73	8	160	5.2041	27.27
4	138000	5.1399	63.64	9	166	5.2201	18.18
5	140000	5.1461	54.55	10	181	5.2577	9.09

图 7-10 所示为表 7-3 中的数据在正态概率坐标纸上作图得到同一应力水平下的 P-$\lg N_P$ 图。由图 7-10 可知，数据点近似落在一条直线 AB 上，表明试验数据符合正态分布。但欲测得一条中等寿命的 P-S-N 曲线，一般需作 4 级应力水平的 P-N 图。

表 7-4 为 LY12 铝合金试样（$R=0.1$），在 4 级应力水平下试验数据（每组 10 个试样）。图 7-11 所示为与这 4 级应力水平相应的四条 P-$\lg N_P$ 图。

表 7-4 LY12 铝合金 $R=0.1$ 疲劳试验结果

序数 i	对数或疲劳寿命 $\lg N_P$（N_P 单位为周）				存活率 P/%
	$\sigma_1=199$MPa	$\sigma_2=166$MPa	$\sigma_3=141.2$MPa	$\sigma_4=120.2$MPa	
1	4.914	5.093	5.325	5.721	90.91
2	4.914	5.127	5.360	5.851	81.82
3	4.929	5.130	5.435	5.859	72.73
4	4.964	5.140	5.441	5.938	63.64
5	4.964	5.146	5.470	6.012	54.55
6	4.982	5.167	5.471	6.015	45.45
7	4.982	5.188	5.501	6.082	36.36
8	4.996	5.204	5.549	6.136	27.27
9	5.029	5.220	5.582	6.138	18.18
10	5.063	5.248	5.612	6.165	9.09

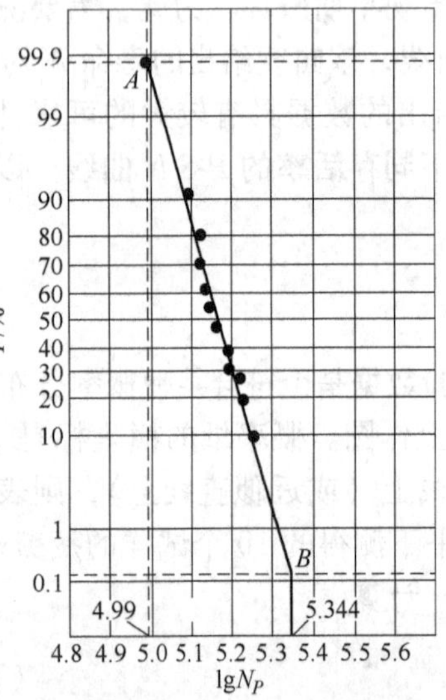

图 7-10 某金属在同一应力水平下的 P-N 图

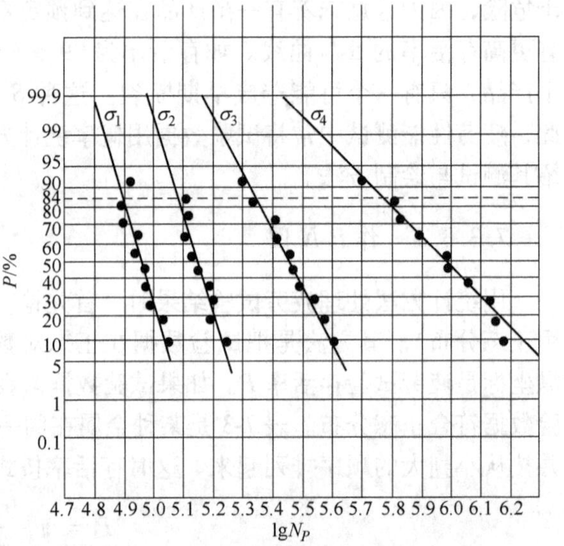

图 7-11 LY12 铝合金在不同应力水平下的 P-N 图

7.3.3.2 估计安全寿命

从 P-N 图中可以求出对应任意一个存活率下的对数安全寿命。如求存活率为 99.9% 的对数安全寿命时，只要把直线外推到 $P=99.9\%$ 的点，就可查得对应的 $\lg N_{99.9}$。表 7-5 列出由图 7-11 中查得的存活率分别为 99.9% 和 50% 的对数疲劳寿命 $\lg N_p$。

表 7-5 不同存活率下的对数疲劳寿命

应力水平 σ/MPa	对数疲劳寿命 $\lg N_P$	
	$\lg N_{99.9}$	$\lg N_{50}$
$\sigma_1=199$	4.790	4.971
$\sigma_2=166$	4.962	5.165
$\sigma_3=141.2$	5.170	5.473
$\sigma_4=120.2$	5.420	5.995

7.3.3.3 绘制 *P-S-N* 曲线

把表7-5中的数据，标在 σ-lg$N$ 坐标中，就可以拟合出存活率分别为99.9%及50%的 *P-S-N* 曲线。图7-12所示为LY12铝合金的 *P-S-N* 曲线图。

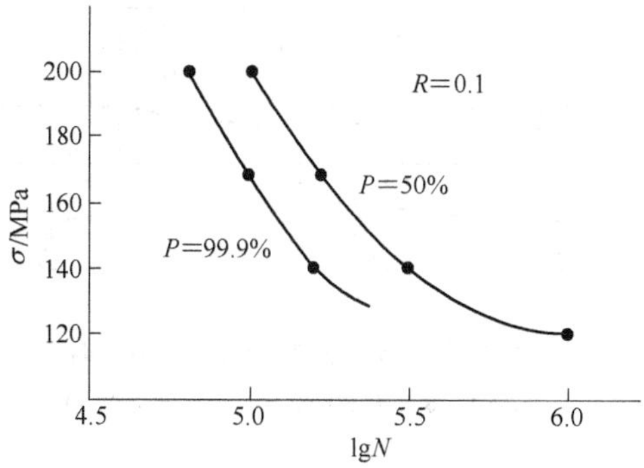

图7-12 LY12铝合金的 *P-S-N* 曲线

7.3.4 疲劳试样及其制备

7.3.4.1 疲劳试样的形状及尺寸

从试验目的来看，如果试验是为了直接解决工程实际问题，则试样应尽可能接近使用状态，比如用未经表面加工的板材试样做试验，其结果更能反映板材的疲劳特性；如果试验是为了得到材料的内在质量对疲劳性能的影响，则试样的形状、尺寸和表面粗糙度应按国家标准规定执行，以保证试验结果的可比性；如果为了研究实际构件中存在的应力集中对疲劳强度的影响，则可采用切口试样进行试验。

疲劳试样的种类很多，其形状和尺寸主要决定于试验目的，所加载荷的类型及试验机型号。

试验时所加载荷类型不同，试样形状和尺寸也不相同。国家标准中推荐的几种旋转弯曲疲劳试验和轴向疲劳试验的试样如图7-13～图7-20所示。

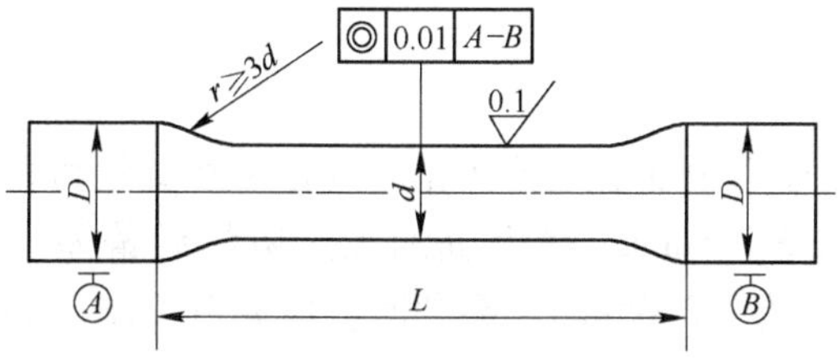

图7-13 圆柱形光滑弯曲疲劳试样

（d=6、7.5、9.5±0.05mm，L=40mm）

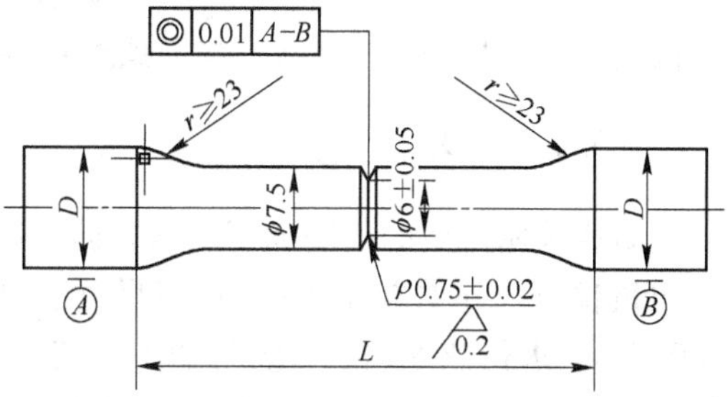

图7-14 圆柱形缺口弯曲疲劳试样

（ρ—缺口半径，K_t—应力集中系数，K_t=1.86）

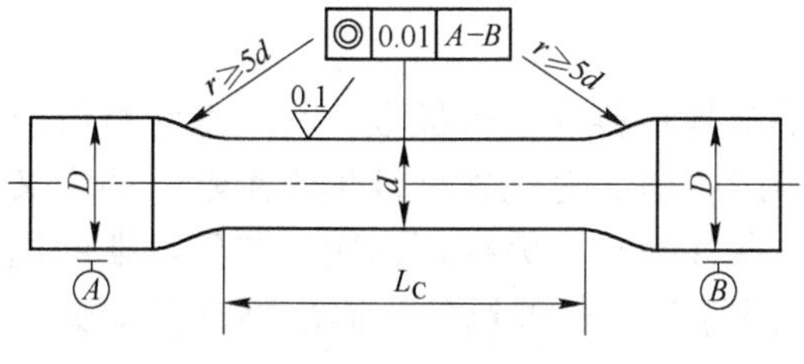

图7-15 圆柱形光滑轴向疲劳试样

（d=5、8、10±0.02mm，L_C>3d，D^2/d^2≥1.5）

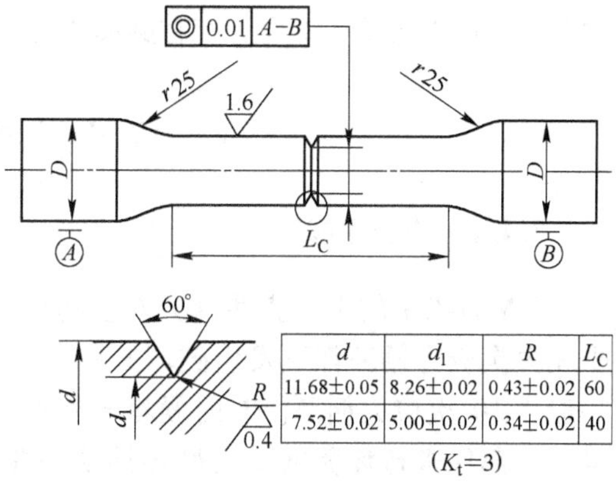

d	d_1	R	L_C
11.68±0.05	8.26±0.02	0.43±0.02	60
7.52±0.02	5.00±0.02	0.34±0.02	40

（K_t=3）

图7-16 圆柱形V形缺口轴向疲劳试样

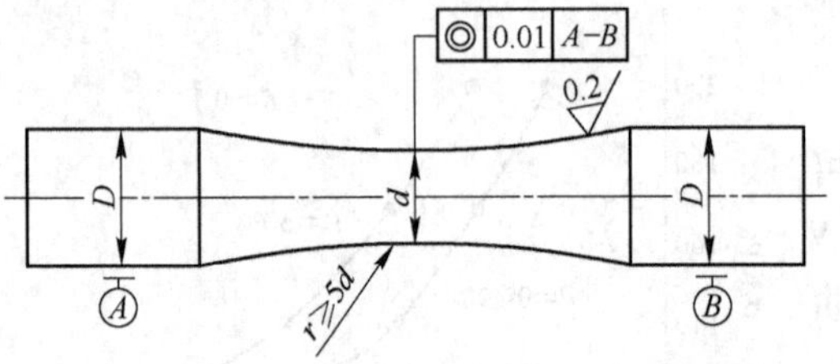

图 7-17　漏斗形光滑轴向疲劳试样

(d=5、8、10±0.02mm，$D^2/d^2 \geqslant 1.5$)

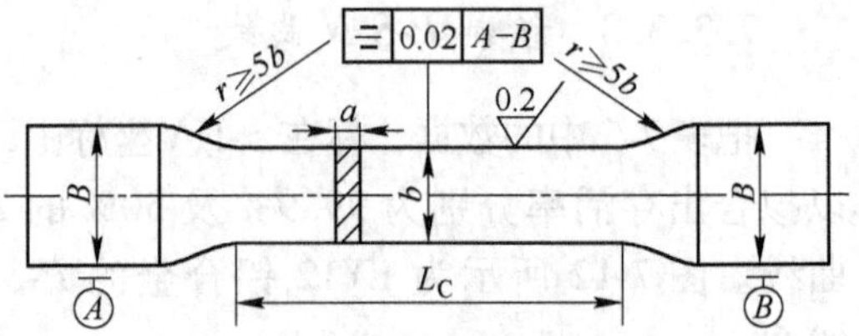

图 7-18　矩形光滑轴向疲劳试样

[$ab \geqslant 30mm^2$，$b=(2\sim6)a \pm 0.02$，$L_C>3b$，$B/b \geqslant 1.5$]

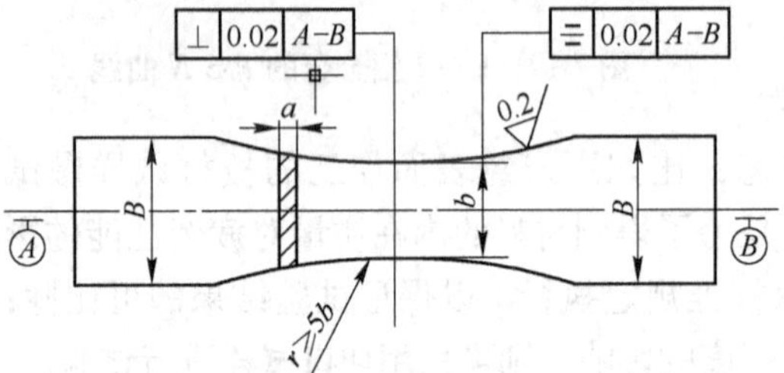

图 7-19　漏斗形轴向疲劳试样

[$ab \geqslant 30mm^2$，$b=(2\sim6)a \pm 0.02$]

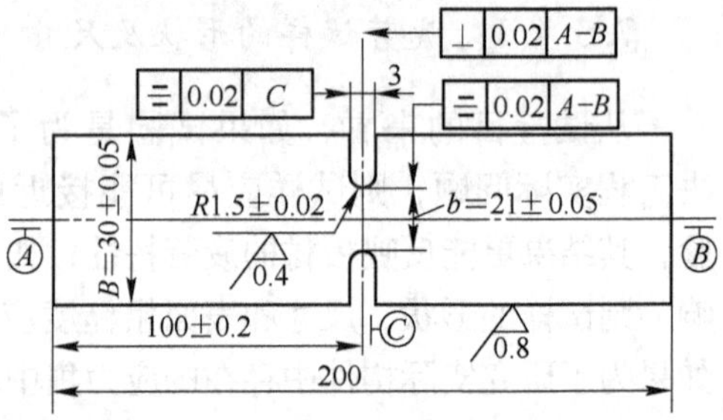

图 7-20　矩形 U 形缺口轴向疲劳试样

($R/B=0.05$，$b/B=0.7$，$K_t=3$)

各种试样的夹持部分应根据所用试验机的夹持方式设计。夹持部分截面面积与试验部分截面面积之比应大于 1.5，若为螺纹夹持应大于 3。

7.3.4.2　试样的制备

试样按照规定的程序加工制取，防止在加工过程中发生组织变化。进行尺寸测量和表面质量检查。试样制备中，毛坯尺寸偏差为 ±3 ~ 5mm，然后机加工。切削后偏差为 ±0.5mm。进行热处理后再磨削加工，其尺寸偏差为 ±0.05mm。磨削时，应充分冷却，磨削之后，再进行表面（工作部分）抛光，使其表面粗糙度 R_α 为 0.2μm。尺寸检查时要注意，同一批疲劳试样，应具有相同直径，其直径偏差为 ±IT10。例如 d=7.5mm 试样，其偏差应在 7.56 ~7.44mm 之间。在进行直径检测时，不应损伤试样表面。要特别注意试样过渡区的加工质量，不允许存在磨痕之类的加工缺陷。

7.4　疲劳抗力指标

7.4.1　疲劳强度

S-N 曲线中的水平直线部分对应的应力水平就是材料的疲劳极限，其原意为材料经受无数次应力循环都不发生破坏的最大应力（图 7-21），对钢铁材料此“无限”的定义一般为 10^7 次应力循环。有时候零部件根据工作条件确定应力循环周次。按照早期的规定，零部件进行疲劳试验的循环周次是根据不同行业的要求执行不同的循环寿命试验条件：

例如，铁路桥梁 2×10^6 次，铁道钢轨 1.5×10^7 次，飞机发动机曲轴 1.8×10^7 次，火车

轴5×10^7次，汽车发动机曲轴1.2×10^8次，蒸汽机车连杆1×10^9次，蒸汽涡轮机轴1.5×10^{10}次，蒸汽涡轮机叶片2.3×10^{11}次。通常一般低碳钢5×10^6次，中碳钢8×10^6次，合金钢1×10^7次，有色金属、不锈钢$5\times10^7\sim10^8$次。

疲劳极限又称疲劳强度，疲劳强度用σ_R表示。对于无切口的光滑试样，多用σ_{w0}表示，而应力比$R=-1$时的疲劳极限就用σ_{-1}来表示，这一符号是指光滑试样对称旋转弯曲疲劳极限。某些不锈钢和有色金属的*S-N*曲线中没有水平直线部分，此时的疲劳极限都一般定义为10^8次应力循环下不断裂的应力幅水平。疲劳极限是材料抗疲劳能力的重要性能指标，也是进行疲劳强度的不同寿命设计的主要依据（图7-22）。

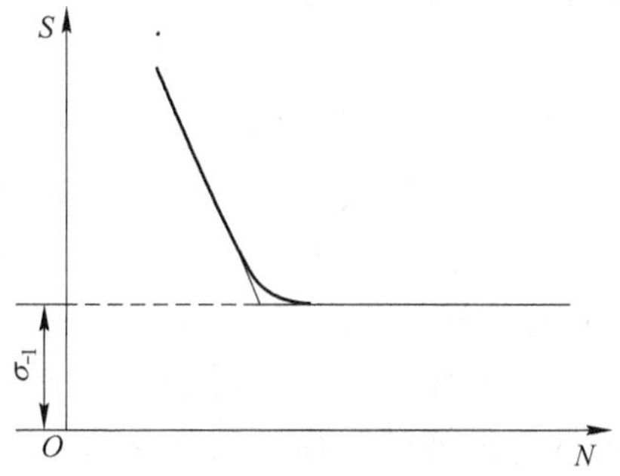

图7-21　典型的疲劳曲线

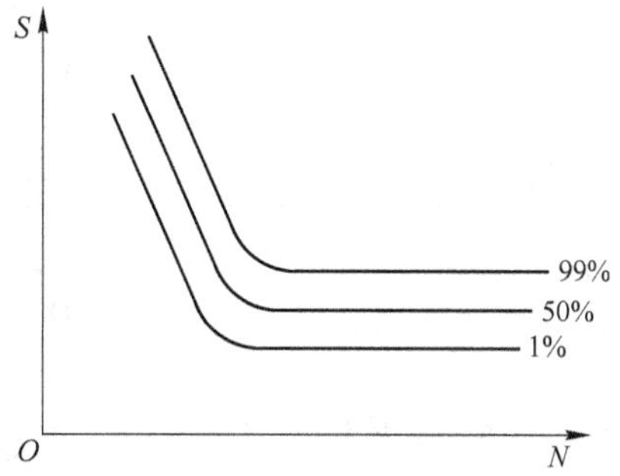

图7-22　不同存活率的疲劳曲线

如$\sigma_{-1}=370\text{MPa}$这一指标的完整定义是："标准光滑试样对称旋转弯曲疲劳极限是370MPa，而零部件在这样的应力水平下循环则有50%的存活率"。

7.4.2　疲劳寿命

在规定的应力和/或应变作用下零部件（主要是试样）失效之前经受的循环周次称为疲劳寿命，用循环周次N表示。试验得到的疲劳寿命指的是在规定的应力水平循环时达到疲劳寿命的零部件应该是试验零部件的一半。

7.4.3　存活率

在进行试验的零部件中疲劳寿命高于规定值的百分率称为存活率。用这个概念说明试验结果时，达到一定疲劳强度的零部件其存活率是50%。

7.4.4　过负荷损害界和过负荷持久值

疲劳曲线的斜线部分给出了试样承受的应力幅水平与发生疲劳破断时所经历的应力循环次数之间的关系，称为过负荷持久值，多用如幂函数的形式表示。

$$\sigma^m N = C \qquad (7\text{-}13)$$

式中　σ——应力幅或最大应力；

N——达到疲劳破断时的应力循环次数；

m，C——材料常数。

如果给定一个应力循环次数，便可由式（7-13）求出或由斜线量出材料在该条件下所能承受的最大应力幅水平。反之，也可以由一定的工作应力幅求出对应的疲劳寿命。因为此时试样或材料所能承受的应力幅水平是与给定的应力循环次数相关联的，所以称之为条件疲劳极限，或疲劳强度。斜线部分是零部件疲劳强度的有限寿命设计或疲劳寿命计算的主要依据。

但是如果材料或者试样在高于疲劳极限的应力水平下循环了若干次，那么材料处于什么样的状态，是否受到损伤，这个问题可以用试验来确定。例如选择高于疲劳极限的应力 σ_1 循环 N_1 次，然后把应力降低到疲劳极限应力加以循环，看是否能够达到 10^7次，若干试样还能够达到这个疲劳寿命，则说明在 σ_1 应力水平循环 N_1 次没有受到损伤；如果达不到 10^7循环次数就说受到了损伤。再次在 σ_1 循环$N_2 < N_1$ 次，再次考察是否达到疲劳寿命。以至得到一个 N_n 次在受到损伤和没有受到损伤之间，确定为 σ_1 应力水平下的过负荷损伤界。用同样的方法把其他应力水平下的损伤界找到，用一条线连接起来就形成了这个材料过负荷损伤界的曲线（图 7-23 中 *ac* 线）。图 7-23 中阴影区域（*abc* 区）称为过负荷损害区。

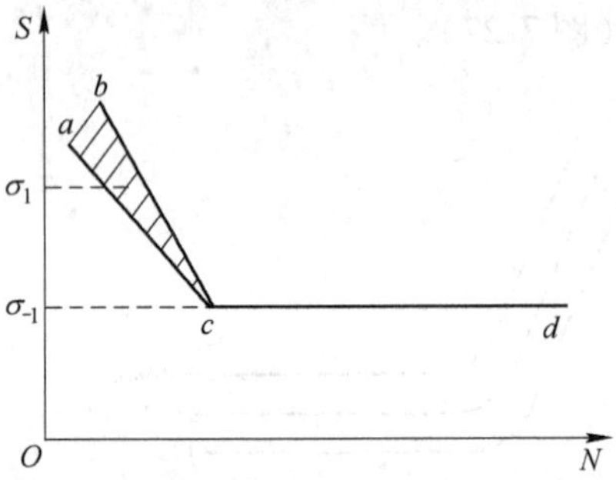

图 7-23 过负荷损害区和过负荷损伤界

材料或构件到发生疲劳破坏时所经历的应力循环次数称为材料或构件的疲劳寿命，通常它包括疲劳裂纹的萌生寿命与扩展寿命之和。疲劳裂纹萌生寿命为构件从开始使用到局部区域产生疲劳损伤累积、萌生裂纹时的寿命；裂纹扩展寿命为构件在裂纹萌生后继续使用而导致裂纹扩展达到疲劳破坏时的寿命。在疲劳强度设计中，疲劳破坏可能被定义为疲劳破断或规定的报废限度。

S-N 曲线又称为应力-寿命曲线，主要用于构件的变形在弹性变形范围内的情形。一般说来，这种应力状态下的疲劳达到破坏时的循环次数比较高，往往达到 10^6 以上，所以这种疲劳又称为高周疲劳。相对地，达到疲劳破坏的循环次数较低时的疲劳称为低周疲劳，发生低周疲劳时构件在局部位置发生了塑性变形。近三十年来，对于低周疲劳，基于塑性应变幅 ε_a 的疲劳寿命曲线（$\varepsilon_a - N$）在工程中得到应用。对于带切口的零件，其工作载荷变动较大时，在应力集中的局部区域将会发生塑性变形，此时疲劳寿命估算则要求基于应力和基于塑性应变的两种材料疲劳性能曲线。这种方法目前还不能用于高周疲劳的寿命估算。

7.4.5 非对称循环的疲劳抗力

由于非对称循环应力的种类具有无限多，很难用统一的试验方法加以模拟。所以主要从以下几个方面去考虑和采用试验方法和处理技术：

（1）非对称循环疲劳抗力是指在一定类型的变动载荷条件下材料能够承受的载荷范围，即最大载荷、最小载荷。

（2）材料承受的变动载荷中拉应力比压应力造成的危害大，所以主要在平均应力大于零（$\sigma_m > 0$）的范围进行分析。

（3）拉应力为主的变动载荷与疲劳抗力之间具有拉应力分量越大，变动载荷变化范围（应力幅）越小的规律。

（4）具有一定的假设性质——平均应力增加，最大应力也增加。

根据 Goodman 方程

$$\sigma_a = \sigma_{-1}\left(1 - \frac{\sigma_m}{R_m}\right) \tag{7-14}$$

得 σ_m 越高 σ_a 越小，σ_m 越高 σ_{max}越高。

当 $\sigma_m = 0$ 时，$\sigma_a = \sigma_{-1}$，当然是对称循环的疲劳极限。$\sigma_m = R_m$ 时，由于达到了强度极限，材料不能承受应力循环而一次断裂。而 $\sigma_m = 0$ 的时候则表示对称循环。

已知最大应力　$\sigma_{max} = \sigma_m + \sigma_a$

$$= \sigma_m + \sigma_{-1}\left(1 - \frac{\sigma_m}{R_m}\right) = \sigma_m + \sigma_{-1} - \frac{\sigma_m \sigma_{-1}}{R_m}$$

如果令 $\sigma_m = R_m$，则得　　$\sigma_{max} = \sigma_m$

如果令 $\sigma_{-1} = R_m$，代入公式得　　$\sigma_{max} = R_m$

根据这些作出以平均应力为横坐标、以最大应力和最小应力为纵坐标的曲线图，称为疲劳图。

这样如果知道材料在对称循环条件下疲劳极限 σ_{-1}和抗拉强度，就可以作图分析了。

图 7-24 中 *oA* 线为45°倾斜的射线，其上数据平均应力和最大应力相等，在此线上取 *A* 点 $\sigma_{max} = R_m$。*B* 和 *C* 点是材料对称循环疲劳极限。*BA* 线表示在大于零的平均应力作用下材料达到规定寿命时可以承受的最大应力。*CA* 线表示上述情况下材料可以承受的最小应力。在这个范围之内试样可以循环达到预定寿命，超出这个范围材料不能达到规定的疲劳寿命。例如已知某种工作状态的平均应力 *k*，过 *k* 点作垂线，得到与最大应力线、最小应力线的交点分别为 *m*、*n*，则对应可以承受的最大载荷为 *m*，可以承受的最低载荷为 *n*。应力变化范围是 *mn*。大于 *m* 零部件将达不到预定寿命，那么小于 *n* 是否可以呢？答案是否定的，那是因为小于 *n* 的应力将应力变化范围加大，导致应力幅 σ_a 超过疲劳范围而使零部件失效。

如果考虑金属的屈服强度，疲劳图做成图 7-25 形式。

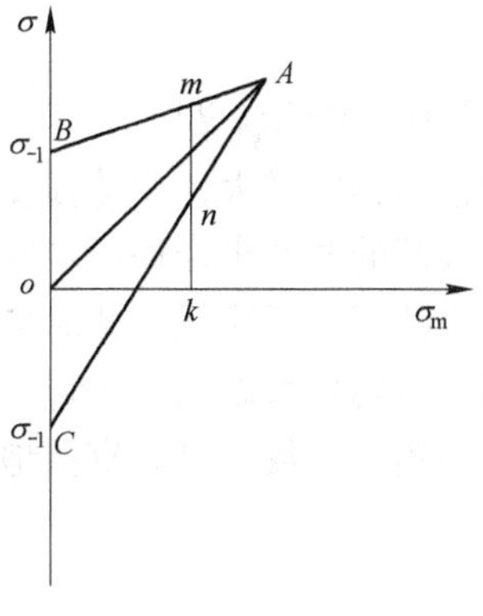

图 7-24　简单疲劳图

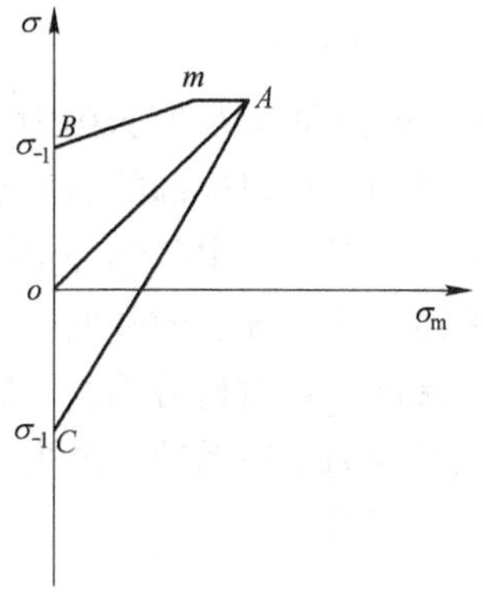

图 7-25　考虑屈服强度时的疲劳图

如果载荷达到屈服强度了，零部件当然也失效，假设 *m* 是屈服强度，那么疲劳图上 *m* 点引一水平线，与45°线相交，这样 *mA* 水平线就表示了对应的平均应力水平下零部件失效的最大应力（此处的 *A* 点不是图 7-24 中的抗拉强度）。

7.5 疲劳强度的影响因素

通常我们通过手册所获得的 S-N 曲线大多是无切口的标准试样的试验结果。如果是单个曲线，则表示是存活率50%的曲线。但是实际零部件的形状、尺寸、表面状态、工作环境和工作载荷的特点都可能大不相同，而这些因素都对零部件的疲劳强度产生很大的影响。疲劳强度的影响因素可分为力学、冶金学和环境三类。这些因素互相影响，使得在疲劳强度设计和疲劳寿命预测时，综合评价这些因素影响变得复杂。

三类因素中，力学因素从根本上讲可归结为载荷类型、频率范围、应力集中程度和平均应力的影响；冶金学因素可归纳为冶金质量即材料的纯净度和材料的处理状态；而环境因素主要有腐蚀介质和高温的影响。一般情况下应主要考虑力学和冶金学两类因素。它们包括切口形状的影响、尺寸的影响、表面状态的影响和平均状态的影响等。关于这些因素对疲劳极限影响的具体数据相关的经验公式，可查阅有关手册和资料。这里主要讨论疲劳强度设计和疲劳寿命预测时需要了解的一些比较重要的影响规律或现象，以及必须或应该考虑到的注意事项。

7.5.1 切口效应和切口敏感度

零件或构件常常带有如台阶、螺栓孔和油孔、键槽等所谓的切口。它们的共同特点是零件的横截面积在切口处发生了突变，而在这些切口根部应力会急剧升高，这种现象称为应力集中。

切口处的应力集中是造成零部件疲劳强度大幅度下降的最主要的因素。应力集中使得切口根部的实际应力远大于名义应力，使该处产生疲劳裂纹，最终导致零件失效或破坏。应力集中的程度用应力集中系数（又称理论应力集中系数）K_t来描述，即

$$K_t = \frac{\sigma_{max}}{\sigma_0} \tag{7-15}$$

式中 σ_{max}——最大应力；

σ_0——载荷除以切口处净截面积所得的平均应力，又称名义应力。

在一定范围内，切口根部的曲率半径越小，应力集中程度越大，疲劳强度降低的程度也就越大。但是，对于低中碳钢等塑性材料，当切口根部的曲率半径进一步减小甚至小于零点几个毫米时，疲劳强度的降低程度会变得越来越小甚至不再降低。此时应力集中系数就无法真实地反映切口对疲劳强度的影响。因此常用疲劳切口系数 K_f（fatigue notch factor, 也称为疲劳切口应力集中系数，过去又被称为有效应力集中系数）来更直接地反映疲劳强度的真实的降低程度。

$$K_f = \frac{\sigma_{w0}}{\sigma_w} \tag{7-16}$$

式中 σ_{w0}，σ_w——分别为无切口光滑试样和切口试样的疲劳极限。

图 7-26 为钢的理论应力集中系数 K_t与疲劳切口系数 K_f之间的关系。由图 7-26 可见，对于低中碳钢，在应力集中系数小于 2 ~ 2.5 时 K_t与 K_f基本相同，但当超过此数值时，K_f

的增长速度明显变慢。而对于高碳钢等强度比较高的钢，K_f随K_t线性递增的关系保持很长的范围。由此可知，高强度钢的疲劳强度对切口的敏感性高而低中强度钢的疲劳强度对切口的敏感性较低。

一般情况下，$K_f < K_t$，但对于高碳钢尖锐切口，还有可能存在$K_t > K_f$的现象。对于螺栓类零件也存在这种现象，有时出现$K_t \approx 4$而$K_f = 8 \sim 10$的情况。这主要是因为每个螺纹所分担的载荷不均甚至载荷集中在某个螺纹上造成应力集中所致。

对于光滑材料，通过表面淬火、表面渗碳、表面氮化等表面热处理可以有效地提高其疲劳强度；但是对于切口零部件，这些方法可能效果较小甚至反而降低其疲劳强度。这是因为通过热处理使其表面强度提高的同时，使切口敏感性也变高的缘故。图 7-26 为高强度钢和塑性较好的低强度钢的切口材料的疲劳强度随应力集中程度的增加而变化的情况。在应力集中系数K_t较小的范围内，高强度钢的疲劳强度明显比低强度钢的高。但随着应力集中系数的增加，高强度钢的疲劳强度的降低速度明显大于低强度钢，以至于高强度钢的疲劳强度与低强度钢的疲劳强度相差无几。

对于焊接构件，由于焊接热影响区在许多情况下恰好处于结构性切口部位或在其附近，加之焊接缺陷、焊接残余拉应力的作用等，使得疲劳强度可能大幅下降几倍甚至十几倍。

疲劳切口系数还受零部件尺寸大小的影响，一般地在具有相同切口的情况下，随着尺寸的增大其疲劳切口系数也有所增大。

因此对于切口材料或带有切口的零部件，为了提高其疲劳寿命，最有效的方法是合理地选择改进结构设计和工艺选择等手段来设法降低或改善它的应力集中情况。而一味地选用高强度钢材，未必能够达到目的，相反在表面较粗糙和尺寸较大的情况下有可能反而使构件的疲劳强度下降。图 7-27 说明了单纯淬火、淬火 + 回火两种情况下理论应力集中系数和疲劳切口应力集中系数的关系。

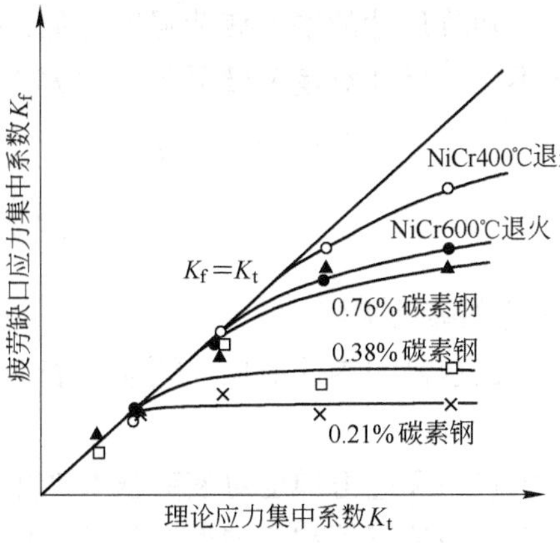

图 7-26 钢的理论应力集中系数与疲劳切口应力集中系数的关系

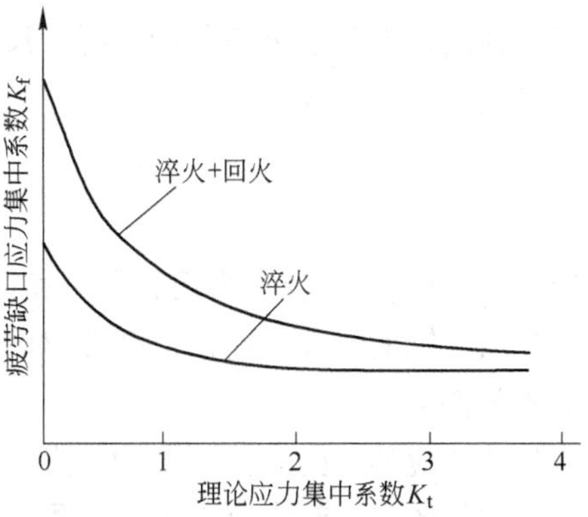

图 7-27 切口材料的疲劳强度随应力集中程度的变化

现在常用疲劳切口敏感度表示切口对零部件疲劳强度的影响。

$$q = \frac{K_f - 1}{K_t - 1} \tag{7-17}$$

由于K_f和K_t两个量均大于1，所以这个q是在0～1之间变化的量。如果$q=1$，就有$K_f=K_t$，那就说明材料对切口极端敏感，切口严重降低疲劳强度；如果$q=0$，那么材料对切口不敏感，切口不降低疲劳强度

40Cr钢强度、疲劳强度和切口敏感度之间数据见表7-6。

表7-6 40Cr钢强度、疲劳强度和切口敏感度之间数据

回火温度/℃	组织	硬度HRC	强度R_m/MPa	屈服强度$R_{0.2}$/MPa	延伸率$\delta_{10\%}$	断面收缩率Z/%	疲劳强度σ_{-1}/MPa	切口疲劳强度σ_{-1K}/MPa	理论应力集中系数K_t	疲劳切口应力集中系数K_f	切口敏感度q
200	回火马氏体	50	1964	1577	4.7	15.5	627	490	1.52	1.28	0.54
390	回火屈氏体	45	1470	1372	6.8	52.7	597	421	1.52	1.42	0.79
500	回火索氏体	35	1102	1043	8.8	57.8	519	367	1.52	1.41	0.79
670	回火索氏体	24	790	710	15.9	68.4	392	264	1.52	1.48	0.92

疲劳切口敏感度对于一般结构钢来讲为0.6～0.8，晶粒粗化时可能降低到0.1～0.2；球墨铸铁约0.01～0.05，灰口铸铁约0.05。材料的切口敏感度q不随材料强度提高而单调上升。而在某一个强度水平达到最大，试验数据说明，球墨铸铁会因强度提高而q值下降。

7.5.2 零件尺寸效应

用于疲劳试验的式样的直径一般都在5～10mm的范围内，这和实际零部件的尺寸有很大的差异。一般地，对于弯曲和扭转载荷下的零件，随着尺寸的增大疲劳强度降低；但是对于轴向拉伸和压缩载荷的情况，尺寸大小的影响不大。尺寸对疲劳极限影响的大小用尺寸影响系数ε来表示

$$\varepsilon = \frac{\sigma_d}{\sigma_{d0}} \tag{7-18}$$

式中 σ_d，σ_{d0}——分别为任意尺寸和标准尺寸光滑试样的疲劳极限。

高强度钢的尺寸效应比低强度钢的尺寸效应大，表面粗糙的零件的尺寸效应比表面光滑的零部件大。

尺寸效应的产生主要是因为较大尺寸的材料的组织状态和应力梯度对疲劳强度产生了影响。材料的尺寸越大制造工艺过程越难控制，材料组织的致密性和均匀性等越差，冶金缺陷越多，这些缺陷的尺寸也会相应的大。零部件表面积越大，这些缺陷在表面上存在的数量也越多，因此大尺寸试样表面产生疲劳裂纹的机会也就越大。而这些从根本上来说又都可以归结为冶金缺陷造成了局部应力集中而导致了疲劳裂纹的产生。

关于应力梯度的影响，在承受弯曲、扭转等载荷的情况下，零件的尺寸越大工作应力的梯度越小，单位面积内的平均应力就越高，疲劳裂纹越易产生。

7.5.3 变动载荷频率范围的影响

零部件承受的载荷频率对于疲劳强度影响的试验结果主要有如下规律：

（1）载荷频率比较低（小于1Hz）时，随着频率提高疲劳强度下降；

（2）在中等频率（50～170Hz）范围，频率变化对疲劳强度没有影响；

（3）频率比较高（大于170Hz）时频率提高，疲劳强度随着提高。

7.5.4 表面状况的影响

表面状况包括表面粗糙度、表面应力状态、表面塑性变形程度和表面缺陷等因素。在试验中采用的是表面磨光（或抛光）的标准试样，但实际的零部件的表面则往往是机械加工表面、锻造表面和铸造表面。

机械加工会在零件表面产生塑性加工硬化。切削加工往往会在零件表面产生一定的残余压应力，有利于提高疲劳强度，但效果有限。在磨削时往往会产生对疲劳强度不利的残余拉应力。另一方面，机械加工表面的显微尺度上的凸凹不平会引起应力集中而使疲劳强度降低。这些因素综合作用的结果，使疲劳强度比标准试样的要降低一些。而锻造或铸造表面一般具有更高的表面粗糙度，且都存在表面加工硬化层和表面残余压应力，因此会更加明显地降低疲劳强度。因此从形式上看，越是粗糙的表面加工方法，对疲劳强度的降低影响就越大。表面加工状况对疲劳强度的影响用表面加工系数β来表示。

$$\beta = \frac{\sigma_{\beta}}{\sigma_{\beta 0}} \tag{7-19}$$

式中 σ_{β}——某种表面状态下标准光滑试样的疲劳极限；

$\sigma_{\beta 0}$——磨光标准光滑试样的疲劳极限，国外为表面磨光的标准光滑试样。

从冶金角度看，粗加工对高强度材料的疲劳强度的影响更大，以至于在粗加工状态下高强度钢或者提高强度方法可能起不到丝毫的提高疲劳强度的作用。这主要是因为高强度材料对粗糙表面的切口敏感性高，加之机械加工对于高强度钢的表面的加工硬化作用也很小。

关于表面脱碳、表面碰磕、伤痕和划伤等表面缺陷等对疲劳强度的影响的研究较少，但这些偶然原因造成的表面缺陷会对疲劳强度造成很大的影响。因此，在设计尤其是制造过程中需要给予足够的重视。

对于光滑材料，表面热处理等表面改性方法可以提高疲劳强度，但对于实际零部件等带有切口的材料，这些方法都效果不大，甚至产生相反的作用。因此多用喷丸、辊压的方法使表面产生加工硬化和残余压应力，从而提高构件的疲劳强度，但是这两种方法一般对孔口类切口的零件的疲劳强度的提高作用并不明显。

最新的研究表明，用简单的金属模具对孔口边缘进行少量倒角从而使切口部位产生局部塑性变形的方法，对疲劳强度有明显的提高，甚至可以完全消除切口降低疲劳极限的影响。过去大多认为，表面塑性加工的方法提高疲劳强度的主要原因是在表面产生了残余压应力从而抵消了部分工作应力的缘故。实际上是残余压应力在切口部位产生的压缩集中应力抵消了切口的不利影响；塑性变形使得切口附近组织中的微小薄弱区域得到强化，使组织性能变得更加均匀一致，整体强度得到提高，从而使产生疲劳裂纹的应力水平得到提高。同时，残余压应力还使疲劳裂纹扩展停止而成为停留裂纹。

对于疲劳条件下工作的零部件，表面光洁度按照抛光、精磨、细磨、粗磨、车、铣的顺序下降。例如对于强度 1580～2160MPa 的铬-镍钢，热轧的疲劳强度 130～150MPa；精加工 780MPa，精细抛光可以达到 1020MPa。

7.5.5　平均应力的影响

如前所述，产生疲劳破坏的根本原因是动应力分量，但静应力分量即平均应力对疲劳极限也有一定的影响。在一定的静应力范围内，压缩的静应力提高疲劳极限，拉伸的静应力降低疲劳极限。一般认为，残余应力对疲劳极限的作用同平均应力的作用相同。对一种材料，可根据它在各种平均应力或应力比 R 下的疲劳极限结果画出疲劳极限图。图 7-28 的横坐标为平均应力 σ_m（或残余应力）和强度极限 σ_b 的比值，纵坐标为应力幅 σ_a 和对称循环疲劳极限 σ_{-1} 的比值，两者都是无量纲的量。

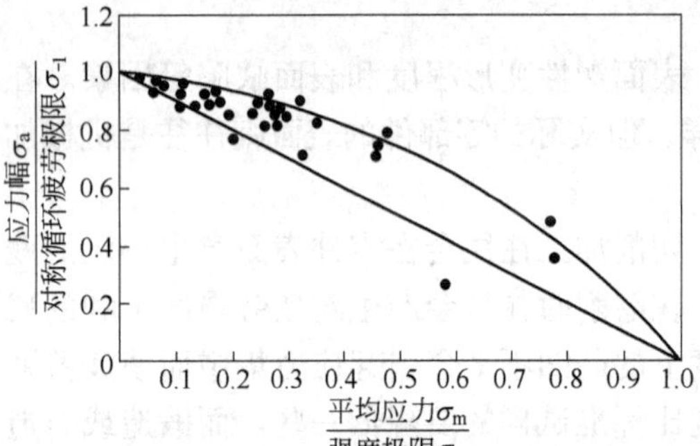

图 7-28　钢在 10^7 次循环寿命下的疲劳极限线图

从图 7-28 中可以看出，多数试验数据点落在直线与曲线之间。这条直线称为古德曼（Goodman）线，见式（7-20）；曲线就是杰柏（Gerber）抛物线，见式（7-21）；用屈服极限 σ_s 代替 σ_b 得到索德柏格（Soderberg）线，见式（7-22）；用断裂真应力 σ_f 代替 σ_b，得到摩儒（Morrow）线，见式（7-23）。

Goodman 线
$$\sigma_a = \sigma_{-1}\left(1 - \frac{\sigma_m}{R_m}\right) \tag{7-20}$$

Gerber 曲线
$$\sigma_a = \sigma_{-1}\left(1 - \frac{\sigma_m}{R_{0.2}}\right) \tag{7-21}$$

Soderberg 线
$$\sigma_a = \sigma_{-1}\left[1 - \left(\frac{\sigma_m}{R_m}\right)^2\right] \tag{7-22}$$

Morrow 线
$$\sigma_a = \sigma_{-1}\left(1 - \frac{\sigma_m}{\sigma_f}\right) \tag{7-23}$$

古德曼（Goodman）线对于延性金属略偏保守且简单方便，在疲劳设计中应用最广。常用的还有另一种叫做理想的改进 Goodman 曲线。图 7-29 所示为工字形型钢对接梁弯曲疲劳载荷下理想的改进 Goodman 图。横坐标表示最小应力 σ_{min}，纵坐标表示最大应力 σ_{max}，其直线方程式为

$$\sigma_{max} = m\sigma_{min} + b \tag{7-24}$$

式中　m——Goodman 线的斜率；

b——直线在 y 轴上的截距，它是最小应力等于零时即脉动循环的疲劳极限。

疲劳极限用最大应力表示时，即 $\sigma_w = \sigma_{max}$，考虑到应力比 $R = \sigma_{max}/\sigma_{min}$，由式（7-24）有

$$\sigma_w = \frac{b}{1 - mR} \tag{7-25}$$

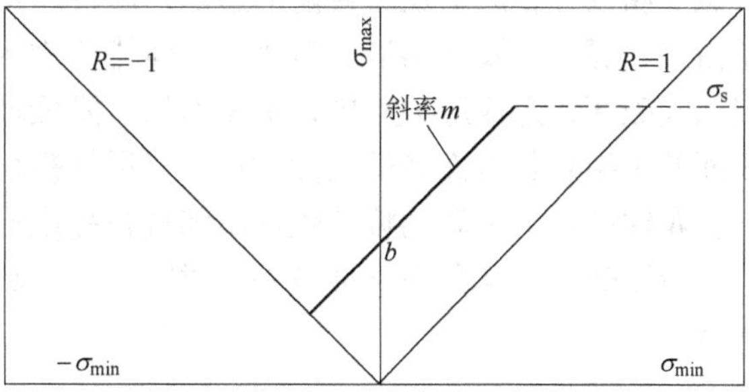

图 7-29 理想的改进 Goodman 图

由式（7-25）即可求出应力比为 R 时的疲劳极限。实际材料或零件的具体结构要远比获得 S-N 曲线时的试验条件复杂，例如焊接形式及应力集中等，美国 AAR 标准（association of American railroads）提供了许多典型焊接结构疲劳强度方面的有价值的参考，所以，实际计算中的 b 与 m 均取自于 AAR 标准。

平均应力相同时，应力幅越小，交变分量越小，疲劳寿命可以更大，疲劳极限提高。

试验研究表明，静载分量对应力集中系数、尺寸系数、表面系数的影响较小，可以忽略。

总的来说，应力比对疲劳强度的影响可以由图 7-30 看出。

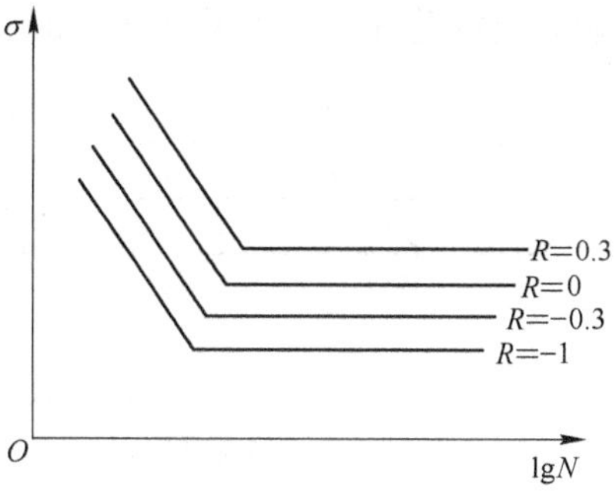

图 7-30 应力比对疲劳强度的影响

7.5.6 合金成分及显微组织的影响

显微组织对疲劳性能的影响有很多不同的规律。在硬度低于 RC40 的范围，细化晶粒能够明显提高疲劳极限：铁素体珠光体钢晶粒从 2 级提高到 4 级可以使疲劳强度提高 10%。奥氏体钢在同样的条件可以使疲劳强度提高 20%。热处理淬火得到的马氏体越多疲劳性能越好；不同热处理组织中回火屈氏体疲劳性能最好；球状珠光体比片状珠光体好；等温淬火比淬火加回火好。夹杂物分布方向和纤维方向与应力方向平行时疲劳性能优良。

7.5.7 使用温度的影响

使用温度降低会使疲劳强度提高，与强度有相同的趋势。主要是由于低温时滞后环的宽度变小，每一循环过程中储存于试样中的变形功减小，裂纹的萌生和扩展减小。相反温度提高使疲劳强度降低。温度提高到一定的程度，疲劳曲线不会出现水平部分。对于钢材，小于 300℃ 范围温度变化对疲劳强度影响不显著；大于 300℃，温度每提高 100℃ 疲劳强度下降 15% ~20%；超过 500℃，温度每提高 100℃，疲劳强度下降 40% ~50%。

所以在比较高的温度情况下，疲劳强度已经没有意义。

7.5.8 环境介质的影响

环境介质是指酸、碱等腐蚀性物质对疲劳性能的影响。腐蚀通常分为化学腐蚀和吸附腐蚀两种。化学腐蚀是由酸、碱、盐及其溶液、海水、人体排泄物等对金属的腐蚀。由于腐蚀在金属表面造成嵌入式破坏，造成应力集中，引发裂纹，降低疲劳强度。吸附作用主要由于活性介质改变表面原子结合状态而降低表面质量。普通钢铁材料在水中的疲劳强度比空气中的低。另外，在腐蚀条件下金属的疲劳强度不随抗拉强度提高而提高。同样不存在疲劳曲线的水平部分。所以热处理强化在腐蚀条件下贡献不大。部分表面强化方法对腐蚀条件下疲劳强度有贡献。

7.5.9 表层残余应力对疲劳强度的影响

零部件如果承受弯曲疲劳载荷、扭转疲劳载荷，表层残余应力对疲劳强度有显著的影响。残余压应力能够提高疲劳强度，残余拉应力则降低疲劳强度。残余应力对疲劳强度的影响是载荷加和的关系（图 7-31）。

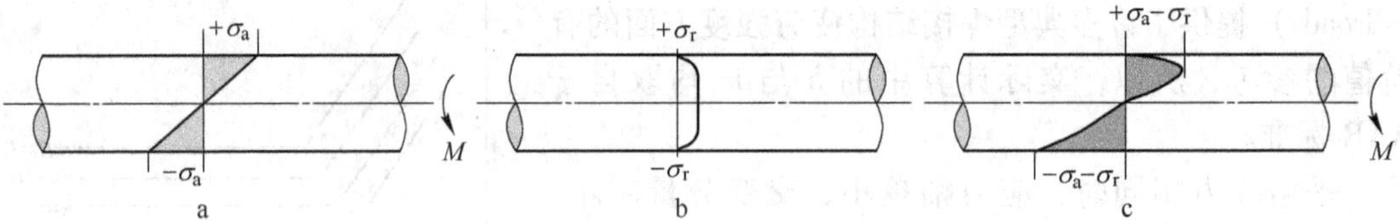

图 7-31 残余应力和工作疲劳应力叠加情况

a—工作循环应力 σ_a；b—零部件原有残余应力 σ_r；c—两项应力叠加以后的情况

如图 7-31 所示，残余压应力对疲劳工作应力起到消减作用。残余应力与疲劳强度之间可以用下述公式表示：

$$\sigma_{-1r} = -M(\sigma_m + \sigma_r) + \sigma_{-1}$$

式中 σ_{-1r}——具有残余应力的疲劳极限；

M——系数；

σ_m——平均应力；

σ_r——残余应力，同样可以表示为正是拉应力，负是压应力；

σ_{-1}——无残余应力的光滑试样疲劳极限。

表面残余压应力，对疲劳强度的贡献不仅与表面残余压应力的数值大小有关以外，还与残余压应力区的深度和分布状态有关。压应力层的深度增加到大约自表面 4mm 时，随压应力层的加厚，疲劳强度提高；层深超过 4mm 之后，再增加压应力层深度，疲劳强度不再提高。有数据说明，残余压应力有利于降低裂纹扩展速率。拉应力正好相反。

获得表面压应力层的方法主要有零部件表面喷丸强化、表面化学热处理强化（氮化、渗碳、碳氮共渗）。

7.6 疲劳强度与材料基础力学性能之间的关系

根据长期工作经验，人们总结了常规力学性能和疲劳强度之间的关系数据。因为疲劳设计同样离不开材料基础力学性能和化学成分、组织特征、处理状态等情况的了解。

7.6.1 疲劳强度和抗拉强度之间的经验关系

对于钢铁材料来讲，疲劳强度和抗拉强度之间存在比较好的对应关系。很多试验结果说明，抗拉强度提高，疲劳强度提高。粗略地说，在一定的强度范围内，钢铁材料的疲劳强度与抗拉强度之比约等于0.5。当抗拉强度超过1400MPa之后，疲劳强度不再随抗拉强度提高而提高，甚至可能下降。切口试样（$K_t = 1.6 \sim 2.1$ 之间）的试验数据说明，这个比值约为0.24～0.30。

对于一般钢铁材料

$$\sigma_{-1} = 9.8(0.35R_m + 12.2)$$

对于高强度钢

$$\sigma_{-1} = 9.8[0.25(1 + 1.35\Psi)R_m]$$

对于有色金属

$$\sigma_{-1} = 9.8(0.19\sigma_f + 2)$$

式中 R_m，σ_f，Ψ——分别表示抗拉强度、断裂强度和断面收缩率。

更具有广义性质的表达式：

$$\sigma_{-1} = 1.0139^{\frac{1}{n}}\sigma_u^{0.911}$$

式中 n，σ_u——分别为 Hollmann 方程的应变硬化指数和最大载荷所对应的真应力。

7.6.2 疲劳宏观因子和常规力学性能的关系

描述应力疲劳的 Basqin 方程为

$$S = \sigma_f'(2N_f)^b$$

式中 σ'_f——接近单向拉应力的真应力，也称为疲劳强度系数；

N_f——疲劳寿命；

b——疲劳强度指数，其值为 -0.05～0.12。

描述应变疲劳的 Coffin-Manson 方程

$$\frac{\Delta\varepsilon_p}{2} = \varepsilon_f'(2N_f)^c$$

式中 ε_f'——接近断裂应变的疲劳塑性系数；

c——疲劳塑性指数。

这些公式说明提高材料的断裂强度能够比较有效地提高抵抗应力疲劳抗力；提高材料的断裂应变能力，也能够有效提高材料的抵抗应变疲劳能力。但是目前对于疲劳强度指数 b 和疲劳塑性指数 c 的研究数据还不多。如果把 b、c 看作与材料组织无关的常数，可以采用 Manson 提出的方程：

$$\Delta\varepsilon_T = 3.5\frac{R_m}{E}N_f^{-1.12} + \varepsilon_f^{0.6}N_f^{0.6}$$

式中 $\Delta\varepsilon_T$，E，R_m，N_f——分别为总应变、正弹性模量、抗拉强度和疲劳寿命。

建立这个方程时 b 取为0.12，c 取为 -0.6。这个数据是各类材料的平均值。

7.7 疲劳机理

疲劳破坏的根本原因还是零部件内部形成裂纹和裂纹扩展问题。疲劳由三个阶段的连续作用组成：

(1) 裂纹的萌生——裂纹的形核称为第一阶段；

(2) 裂纹的扩展——裂纹的生长是第二阶段；

(3) 突然断裂——裂纹失稳扩展是瞬间发生的，被称为第三阶段。

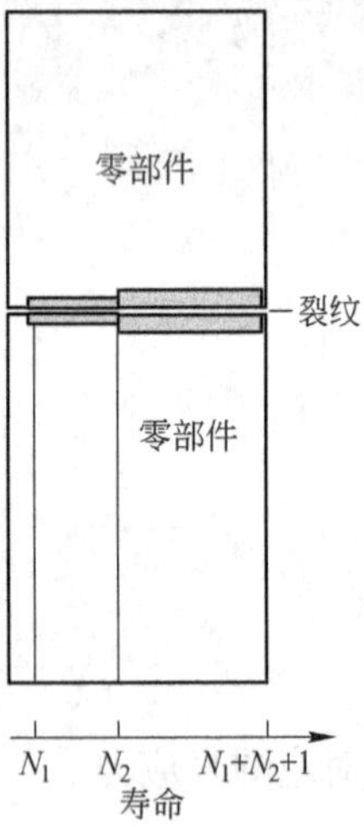

图 7-32 三个阶段在疲劳寿命载荷所占的比例

如果把疲劳寿命分为两个阶段，那么裂纹形成所需要的寿命 N_1 和裂纹扩展寿命 N_2 两个部分，而大面积断裂是在最后一次发生的（图 7-32）。

如果把疲劳寿命表示为 N，则有

$$N = N_1 + N_2 + 1$$

比较深入的研究说明，对于同样材料来说，裂纹形成寿命 N_1 和裂纹扩展寿命 N_2 的相对比例主要与应力幅有关。应力幅较大时，N_1 所占的比例较小，裂纹一旦形成即进入长大阶段，所以 N_2 所占比例较大。也说明，对于较高的应力应变作用力下工作的疲劳零部件，疲劳裂纹扩展寿命的长短对疲劳贡献大。所以降低疲劳裂纹扩展速率的工作具有重要意义。低应力应变作用下的疲劳则应以提高 N_1 为提高疲劳寿命的主要方法和途径。

7.7.1 裂纹的萌生

疲劳过程就是裂纹形成问题。实践说明，疲劳裂纹在多数情况下从零部件的表面开始形成。理论和实践检验都能够证明裂纹形成可以用位错理论加以说明。在变动载荷作用下表面附近的微滑移会在金属表面造成挤入或挤出——裂纹源。反复作用应力不断加深这个表面缺陷，形成微裂纹，进一步发展成为疲劳源（图 7-33）。1 表示金属表面附近的一个晶粒。2 表示在拉应力 σ_1 作用下位错源 1 首先达到临界分切应力，开始启动，沿其滑移面在金属

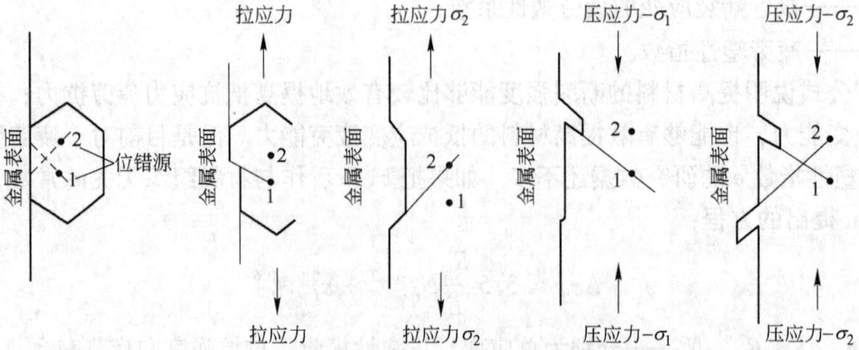

图 7-33 两个位错源在反复作用力下在金属表面造成挤出或压入的情况

表面造成一个台阶。外应力继续增加达到σ_2，位错源2也达到临界分切应力，也沿其滑移面滑移，也在金属表面造成另一个台阶。此时应力开始改变方向，变为压应力。压应力达到$-\sigma_1$时也是位错源1首先达到临界分切应力而启动，但是其滑移面已被位错源2的滑移错开一个距离，反向滑移没有沿原来的滑移面进行，因此反向的滑移造成一个金属表面上的凹陷。外应力继续增加达到$-\sigma_2$时位错源2再次启动，由于相同的原因，滑移面改变了，所以也在金属表面造成一个挤出台阶。应力如此反复作用，表面挤出和凹陷继续增加就形成表面裂纹。

7.7.2 疲劳过程的硬化和软化

疲劳裂纹的形成如果是以挤入挤出方式进行时，金属在变动载荷下工作时会表现出循环硬化和循环软化。循环硬化是指特定的应力振幅作用下达到的应变幅度不断变小，或者在特定的应变振幅作用下达到同样应变的应力不断增加。相反，循环软化则是指特定的应力振幅作用下应变量不断增加，特定应变振幅下所需要的应力不断减小（图7-34）。

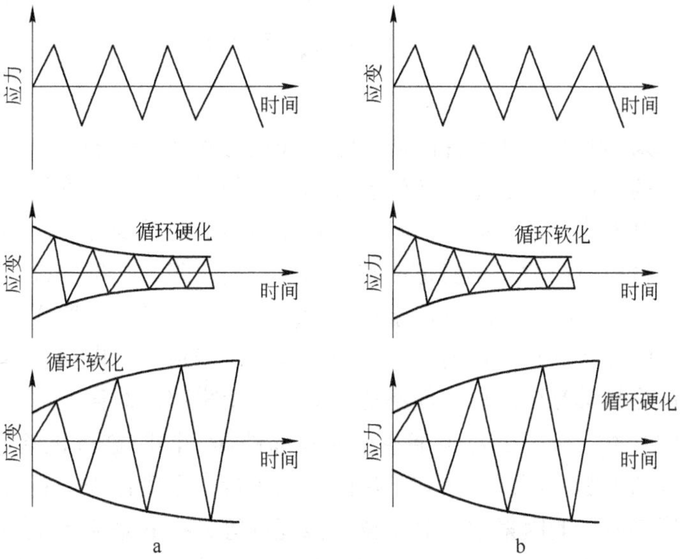

图7-34 循环硬化和循环软化
a—在恒定应力作用下；b—在恒定应变作用下

疲劳过程中形成的循环硬化和循环软化就是位错运动的往复特性决定的。塑性变形是晶体中位错运动的结果。在正应力作用下开动的位错源在反向应力作用下收缩部分位错形成循环软化。但是随着位错滑移量的不断增加位错密度不断增加，造成位错运动阻力不断增加，形成循环硬化。循环硬化和循环软化是在一定的疲劳周期内出现的，不可能持续很多疲劳周次。

7.7.3 疲劳裂纹的扩展

具有一定尺寸的核心（已经形成的裂纹，达到一定尺寸）裂纹会在循环应力作用下以一定的速度扩展，这就是疲劳裂纹的扩展阶段。通常把疲劳裂纹扩展分为两个阶段：第一

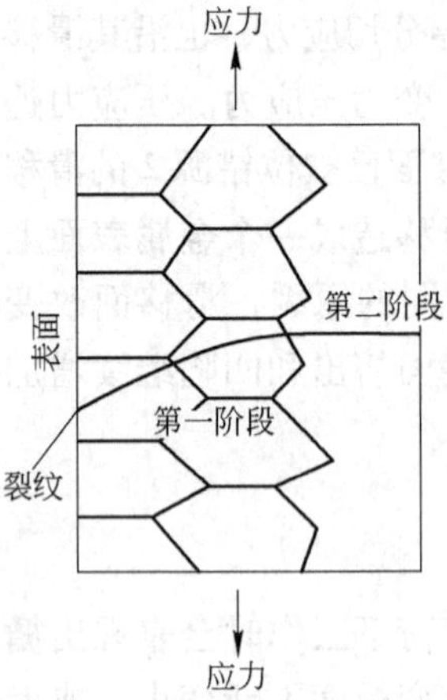

图 7-35　显微裂纹扩展和主裂纹扩展示意图

阶段是显微裂纹的扩展。在表面形核的裂纹在循环应力作用下沿与最大应力呈 45°角的方向扩展。扩展深度约 2 ~ 3 个晶粒尺度，符合典型的最大切应力理论。一般认为显微裂纹的扩展速率非常低，通常每循环的扩展量在纳米数量级。疲劳裂纹的形成和初级扩展都在金属表面上，所以提高表面质量——提高表面层的强度、光洁度、减少台阶、划痕，对于提高疲劳寿命具有特别重要的意义。

当显微裂纹扩展到 2 ~ 3 个晶粒深度之后裂纹的扩展方向发生变化，裂纹扩展方向变为与主应力轴相垂直的方向，这是第二阶段的扩展。其主要机理就是塑性钝化机制，就是在循环应力作用下裂纹尖端不断地钝化-锐化-钝化交替进行进而裂纹不断向前扩展（图 7-35）。通常一个应力循环使裂纹钝化-锐化一次，带有一定的塑性变形和加工硬化现象伴随。

7.8　疲劳强度设计

通过设计计算来预测构件或零件的疲劳强度和疲劳寿命，是多少年来无数学者和工程技术人员孜孜以求的目标，但是至今还没能够形成一种对实际工程适用的、比较准确的疲劳强度和寿命的计算方法。这是因为，研究对象在结构上的千变万化、加工制造工艺及其质量的不稳定性、材料组织性能不稳定性和内部及表面缺陷的不确定性、外部载荷的复杂和随机性以及结构的动态响应问题等因素很难归纳成为一个统一的物理或数学模型。因此至今关于疲劳强度的计算都有一定的误差存在，甚至误差很大。即使计算结果是比较准确的，也将其结果认为是具有统计性，而不是针对每一个零部件而言。

对于新产品的开发，应至少对于某些重要零部件等，同时进行试验研究和试验验证。如果受试验条件等的限制，可以根据零部件的特点进行合理简化来进行模拟性试验，这也是非常有用的。诸多纷杂的因素中，对于疲劳强度危害最大的是应力集中。因此，从设计和制造的过程来看，危害最大的是结构的不合理性、工艺缺陷（如焊接缺陷、机械加工缺陷、材料内部缺陷，还包括偶然因素造成的表面伤痕等）、材料的选择。因此如果为提高疲劳强度，在设计和制造过程中最重要的就是降低应力集中。对于实际零部件还需要注意的是，因为其往往带有切口等截面不均匀情况，所以未必选择高强度钢就可提高其疲劳寿命。

到目前为止，疲劳强度的设计实质上还是基于大量试验结果的估算。近年来已经出现了有关疲劳强度设计的专用软件，使得这项工作的效率更高和更易趋于合理准确，但对于它的使用同样需要具有一定的疲劳强度设计的经验。

疲劳强度设计包括疲劳安全系数的校核和疲劳寿命的估算两项内容。具体的设计计算方法有应力-寿命法和局部应力-应变法。局部应力应变法目前还只适用于零部件的应力集中处发生了塑性变形的低周疲劳。应力-寿命设计法主要用于只发生弹性变形的高周疲劳，设计所用的基本参数是零部件危险点处的名义应力，所以这种方法又称为名义应力法，它的研究和使用历史较长，资料丰富，至今仍被广泛使用。名义应力法包括无限寿命设计和有限寿命设计两种设计思路，本节只就名义应力法的内容进行讨论。

名义应力法的关键点也是它的难点有三，一是疲劳极限降低系数和应力-寿命曲线的确定，二是危险点应力的确定计算，三是外载荷的获得。而要解决好这些问题，计算和试验两者都不可偏废。

7.8.1 无限寿命设计法

所谓的无限寿命是希望零部件能够永远使用。例如高速铁路铁轨，希望能够长期使用而不用更换。无限寿命设计法的基本思路是，使得零件或构件的危险部位的工作应力低于其疲劳极限，从而保证它在设计的工作应力下能够长久工作而不发生破坏。无限寿命设计主要应用于下列情况：零件的结构比较简单、应力集中较小、恒幅交变应力、过载应力小且次数很少和零部件不重要等情况下可用这种方法。对应力集中较大的构件使用该方法进行疲劳强度设计将会使结构变得粗大笨重。对于过载应力较大且次数较多的交变载荷情况和随机载荷一般不宜采用此种方法。

7.8.1.1 对称循环载荷的无限寿命设计

$R=-1$，疲劳强度条件为

正应力

$$n_\sigma = \frac{\sigma_{-1\mathrm{D}}}{\sigma_\mathrm{a}} = \frac{\sigma_{-1}}{K_{\sigma\mathrm{D}}\sigma_\mathrm{a}} \geqslant [n] \tag{7-26}$$

剪应力

$$n_\tau = \frac{\tau_{-1\mathrm{D}}}{\tau_\mathrm{a}} = \frac{\tau_{-1}}{K_{\tau\mathrm{D}}\tau_\mathrm{a}} \geqslant [n] \tag{7-27}$$

式中 n_σ，n_τ——安全系数；

σ_a，τ_a——应力幅；

σ_{-1}，τ_{-1}，$\sigma_{-1\mathrm{D}}$，$\tau_{-1\mathrm{D}}$——分别为对称循环下材料和零件的疲劳极限，且有

$$\sigma_{-1\mathrm{D}} = \frac{\sigma_{-1}}{K_{\sigma\mathrm{D}}},\tau_{-1\mathrm{D}} = \frac{\tau_{-1}}{K_{\tau\mathrm{D}}} \tag{7-28}$$

式中 $K_{\sigma\mathrm{D}}$，$K_{\tau\mathrm{D}}$——对称循环下零件的疲劳强度降低系数，它包含了前面讨论的疲劳强度的诸影响因素。

该系数的选择无疑将对疲劳强度的估算产生很大的影响。它有多种计算用经验表达式形式，现只列出比较常见的几种。

$$K_{\sigma\mathrm{D}} = \frac{K_\sigma}{\varepsilon\beta} \tag{7-29}$$

$$K_{\sigma\mathrm{D}} = \frac{1}{\varepsilon}\left[K_\sigma + \left(\frac{1}{\beta} - 1\right)\right] \tag{7-30}$$

$$K_{\sigma\mathrm{D}} = \frac{K_\sigma}{\varepsilon} + \left(\frac{1}{\beta} - 1\right) \tag{7-31}$$

式中 K_σ——疲劳切口系数；

ε——尺寸系数；

β——表面加工系数。

式（7-29）~式（7-31）的主要不同点在于对表面加工系数β的处理。式（7-29）认为β、K_σ、ε三者互不影响；式（7-30）认为β随着K_σ的增加而减弱；式（7-31）认为β随着K_σ/ε值增加而减小。从试用的情况来看，在K_σ较低的范围内三者的差别不大。在K_σ较大的情况下，式（7-29）的结果偏大，而式（7-30）的结果比式（7-31）的结果略大。关于表面粗糙度等表面加工情况对疲劳切口系数的影响，未见到有关的研究报道。但参照多重切口材料的疲劳切口系数的研究结果推断，随着疲劳切口变尖锐表面粗糙度的影响不应增大。考虑材料强度对表面加工系数的影响，高强度钢适合采用式（7-30），而对于塑性比较好的低中强度钢适合采用式（7-31）。

7.8.1.2 不对称循环载荷的无限寿命设计

（1）R保持不变时的疲劳强度条件时正应力n_σ、剪应力n_τ分别为

$$n_\sigma = \frac{\sigma_{aD}}{\sigma_a} = \frac{\sigma_{-1}}{K_{\sigma D}\sigma_a + \Psi_\sigma \sigma_m} \geqslant [n] \tag{7-32}$$

$$n_\tau = \frac{\tau_{aD}}{\tau_a} = \frac{\tau_{-1}}{K_{\tau D}\tau_a + \Psi_\tau \tau_m} \geqslant [n] \tag{7-33}$$

式中 σ_{aD}，τ_{aD}——应力比为R时的疲劳极限；

σ_m，τ_m——平均应力；

Ψ_σ，Ψ_τ——平均应力折算系数，对于Goodman方程（7-20）有$\Psi_\sigma=\sigma_m/\sigma_b$；

其他符号意义同前。

（2）平均应力保持不变时

$$n_\sigma = \frac{\sigma_{aD}}{\sigma_a} = \frac{\sigma_{-1D} - \Psi_\sigma/K_{\sigma D}}{\sigma_a} \geqslant [n] \tag{7-34}$$

7.8.2 有限寿命设计法

相对于无限寿命来讲，有限寿命指的是在有限的数次使用过程中零部件保证安全就可以。例如飞机起落架使用1000次就更换，航空发动机工作5000h就更换，炮弹和手榴弹使用一次就行了。当交变载荷有较多的冲击过载或工作载荷为随机载荷时，工作应力在某些时刻会越过疲劳极限。此时，疲劳寿命设计主要是保证构件在设计的寿命之内不发生疲劳破坏而正常工作，也即设计使构件具有有限的疲劳寿命。考虑到偶然因素的影响，为确保安全在设计时一般使设计寿命为使用寿命的数倍。

有限寿命设计法主要基于疲劳累积损伤理论，故先作简单介绍然后讨论疲劳强度校核问题。

7.8.2.1 迈因纳累积损伤理论

金属疲劳累积损伤的假说多达数十种，但其中最简单而且比较适用的是迈因纳

（Palmgren-Miner）理论，习惯称之为线性累积损伤理论。迈因纳理论认为材料的疲劳破坏是由于循环载荷的不断作用而产生损伤并不断积累造成的；疲劳损伤累积达到破坏时吸收的净功 W 与疲劳载荷的历史无关，并且材料的疲劳损伤程度与应力循环次数成正比。设材料在某级应力下达到破坏时的应力循环次数为 N_1、经 n_1 次应力循环而疲劳损伤吸收的净功为 W_1，这样将每一级应力水平造成的损伤积累起来达到 1 的时候零部件就失效。

迈因纳理论将其表示为

$$\frac{n_1}{N_2} + \frac{n_2}{N_2} + \frac{n_3}{N_3} + \cdots = 1$$

也就是

$$\frac{W_1}{W} = \frac{n_1}{N_1} \tag{7-35}$$

则在 i 个应力水平级别下分别对应经过 n_i 次应力循环时，材料疲劳累积损伤为

$$D = \sum \frac{n_i}{N_i} \tag{7-36}$$

式中 n_i——第 i 级应力水平下经过的应力循环数；

N_i——第 i 级应力水平下达到破坏时的应力循环数。

当 D 值等于 1 时，认为被评估对象开始破坏。

应该指出迈因纳理论没有考虑加载顺序的影响和平均应力的影响，只是一种近似理论。但是，由于该理论简单便于利用，在工程上得到了广泛应用。针对线性累积损伤理论所存在的问题，又提出了非线性累积损伤理论以提高其计算精度，但应用不如前者广。

7.8.2.2 随机载荷的处理

零部件承受的变幅载荷尤其是承受随机载荷时需要实测得到。利用累积损伤理论进行疲劳设计时，需要先对实测得到的载荷-时间历程进行编谱，即用概率统计的方法将其简化成典型的载荷谱或应力谱。因为引起疲劳的最根本的原因是动载分量应力幅值和它的循环次数，所以一般用统计记数法来处理波形与频次的关系等问题。在各种统计记数法中，被国际上广泛用于疲劳强度设计的是雨流计数法，它被认为最符合材料的疲劳损伤规律。这种方法把整个载荷-时间历程中出现的应力幅范围划分为若干个等差的应力幅级别，然后统计出各级应力幅级别内所出现的循环次数，从而得到载荷-频次曲线等各种形式的载荷的统计结果。

实测的载荷-时间历程的半波数往往是数以几十万、几百万个，用手算的方法几乎是不可能的。所以工程上编制了雨流计数法的计算机处理程序，可以便捷地进行编谱分析。

7.8.2.3 疲劳强度校核

设计中为保证不发生疲劳破坏，需 $D \leqslant 1$，即

$$\sum \frac{n_i}{N_i} \leqslant 1 \tag{7-37}$$

由式（7-13）得

$$\sigma_i^m N_i = \sigma_{-1}^m N_0 \tag{7-38}$$

式（7-38）左边分子与分母同乘以 $\sigma_i{}^m$ 并结合式（7-26），可得安全强度条件

$$\sqrt[m]{\frac{N}{N_0}\sum \sigma_i^m \frac{n_i}{N}} \leqslant \sigma_{-1}$$

故等效应力 σ_d 为

$$\sigma_d = \sqrt[m]{\frac{N}{N_0}\sum \sigma_i^m \frac{n_i}{N}} \tag{7-39}$$

安全系数

$$n_\sigma = \frac{\sigma_{-1D}}{\sigma_d} = \frac{\sigma_{-1}}{K_{-1D}\sigma_d} \tag{7-40}$$

式中 N_0——S-N 曲线的拐点对应的循环数；
σ_{-1}——材料疲劳极限；
m——式（7-13）中的指数；
σ_i——第 i 级应力水平的应力幅；
N_i——第 i 级应力水平的循环应力作用下，材料达到破坏时的应力循环次数；
N——设计疲劳寿命即总应力循环次数；
n_i——在设计疲劳寿命下第 i 级应力水平的循环次数；
n_i/N——第 i 级应力的循环次数与总应力循环次数之比，当载荷谱已知时为一不变值。

其他符号意义同前。

可见随着设计寿命的增加，等效应力增大而安全系数降低。

7.8.2.4 *疲劳寿命估算*

根据迈因纳理论，达到疲劳破坏时有

$$\sum \frac{n_i}{N_i} = \sum \frac{N_T}{N_i} \cdot \frac{n_i}{N_T} = 1$$

$$N_T = \left(\sum \frac{\alpha_i}{N_i}\right)^{-1}$$

$$\alpha = \frac{n_i}{N_T} \tag{7-41}$$

式中 N_T——载荷谱下出现损伤的循环次数即所求的总寿命；
n_i——i 级应力水平 σ_i 的循环次数；
α_i——i 级应力水平 σ_i 的循环次数在总寿命中所占比例；
N_i——在应力 σ_i 作用下导致破坏的循环数。在应力谱已知的情况下，N_i 的估算是此

项估算工作的关键。

对于每级应力水平下导致的破坏循环寿命的确定，可参照工程标准，许多软件安排了一些常用的准则供用户选用。这里仅以 I-Deas 为例，即：

（1）应力-寿命（stress life）准则。

（2）应变-寿命（strain life）准则。

（3）SWT（Smith-Watson-Topper）准则。

（4）美国机械工程学会（ASME）锅炉和压力容器规范。

（5）英国焊接研究所公式（BWI，British Weld Institute formulation）。

另外，它还允许用户自定义些特殊的应力或应变寿命准则，程序为此已留有相应的接口。

以应力-寿命（stress life）准则确定 N_i，是依据材料的应力寿命曲线或零件本身的应力寿命曲线的斜线部分来确定。首先可用应变片测定危险点处的应力或用材料力学或有限元等方法求出危险点的应力幅 σ_a，然后再根据斜线部分求出对应于应力水平 $K_{-1D}\sigma_i$时的断裂寿命即为所求 N_i。如果使用零件的 S-N 曲线进行计算则可直接根据此曲线求得对应于应力幅 σ_a的 N_i。也可先根据材料的 S-N 曲线等现有资料对材料的 S-N 曲线进行修整从而得到画出零件的 S-N 曲线，然后进行与上相同的 N_i的计算。在以上三种方法中，要根据所掌握资料的情况，优先选择最接近所设计对象的一种。

7.8.3 复合应力下的疲劳强度设计

以上讨论是单向应力的情况，对于复合应力的情况也有类似的疲劳强度校核与疲劳寿命的估算方法，只是此时所用的应力幅变成了对应强度理论下的等效应力幅，下面作一简单讨论。

在构件危险点处的应力分别为 σ_x、σ_y、σ_z、σ_{xy}、σ_{yz}、τ_{zx}时，该处的第三、第四强度理论的等效应力分别为

$$\sigma_{d4} = \sqrt{\frac{1}{2}[(\sigma_x - \sigma_y)^2 + (\sigma_y - \sigma_z)^2 + (\sigma_z - \sigma_x)^2] + 3(\tau_{xy}^2 + \tau_{yz}^2 + \tau_{xz}^2)} \tag{7-42}$$

$$\sigma_{d3} = \sqrt{(\sigma_x - \sigma_y)^2 + 4\tau_{xy}^2}$$

用主应力表示时，分别有式（7-43）和式（7-44）。

$$\sigma_{d3} = \sigma_1 - \sigma_3 \tag{7-43}$$

$$\sigma_{d4} = \sqrt{\frac{1}{2}[(\sigma_1 - \sigma_2)^2 + (\sigma_2 - \sigma_3)^2 + (\sigma_3 - \sigma_2)^2]} \tag{7-44}$$

这时的强度条件的一般表式为

$$n = \frac{\sigma_{-1}}{K_{\sigma D}\sigma_d} \tag{7-45}$$

式中 $K_{\sigma D}$，σ_{-1}，σ_d——分别为疲劳强度降低系数、材料的疲劳极限和对应的等效应力。

试验表明，在平面弯扭组合疲劳应力 σ、τ 的情况下，当材料达到疲劳破坏时满足

$$\left(\frac{\sigma}{\sigma_{-1}}\right)^2 + \left(\frac{\tau}{\tau_{-1}}\right)^2 = 1 \tag{7-46}$$

式中 σ_{-1}，τ_{-1}——分别为材料的弯曲和扭转的疲劳极限。

式（7-46）由高夫首先提出。式（7-46）两边同乘以σ_{-1}并开方，有

$$\sqrt{\sigma^2 + \left(\frac{\sigma_{-1}}{\tau_{-1}}\right)\tau^2} = \sigma_{-1}$$

对于σ_{-1}、τ_{-1}，在第三、第四强度理论时分别有

$$(\sigma_{-1}/\tau_{-1})^2 = 4, (\sigma_{-1}/\tau_{-1})^2 = 3 \tag{7-47}$$

故式（7-47）又可变为

$$\sqrt{\sigma^2 + 4\tau^2} = \sigma_{-1} \tag{7-48}$$

$$\sqrt{\sigma^2 + 3\tau^2} = \sigma_{-1} \tag{7-49}$$

式（7-48）、式（7-49）正好是式（7-43）和式（7-44）在平面弯扭组合情况下的结果。由零件的疲劳强度校核条件式（7-48）、式（7-49），有

$$n = \frac{\sigma_{-1}}{K_{\sigma D}\sigma_d} = \frac{1}{\sqrt{(K_{\sigma D}\sigma/\sigma_{-1})^2 + (K_{\sigma D}\tau/\tau_{-1})^2}} \tag{7-50}$$

设$n_\sigma = \sigma_{-1}/\sigma$，$n_\tau = \tau_{-1}/\sigma_{-1}$，分别为纯弯和纯扭转时安全系数，则式（7-50）为

$$n = \sqrt{1/n_\sigma^2 + 1/n_\tau^2} \tag{7-51}$$

以上疲劳强度校核公式适用于钢等延性材料，载荷为对称循环。

对于非对称循环载荷，有类似公式

$$n = \frac{\sigma_{-1}}{K_{\sigma D}\sigma_{rd}} \tag{7-52}$$

式中 σ_{rd}——应力比为r时的等效应力。

$$\sigma_{rd} = \sigma_d + \frac{\varphi_\sigma}{K_{\sigma D}}\sigma_m \tag{7-53}$$

式中 φ_σ——平均应力折算系数，见式（7-33）。

7.9 疲劳裂纹扩展速率 dα/dN 及其测试

为了能够对于疲劳寿命进行估算，研究疲劳裂纹的扩展规律，研究和测定疲劳裂纹扩展速率是非常重要的。疲劳裂纹扩展时，对应于每一次应力循环 dN 的裂纹扩展量 dα，称为疲劳裂纹扩展速率，以 dα/dN 表示，单位为 mm/周次。

实验表明，决定 dα/dN 的主要力学参量为应力场强度因子 ΔK（$\Delta K = K_{max} - K_{min}$）。典型的（dα/d$N$）-$\Delta K$ 的关系曲线如图 7-36 所示。在双对数坐标轴上，疲劳裂纹扩展速率分为三个阶段。第Ⅰ阶段扩展速率由门槛值 ΔK_{th}（疲劳裂纹不扩展的应力强度因子范围的临界值）开始上升。在 ΔK_{th} 以下裂纹扩展缓慢（约小于 10^{-7} mm/周次）。第Ⅲ阶段的 K_{max} 已接近 K_{IC} 故 dα/dN 快速上升。第Ⅱ阶段为亚临界扩展阶段，其 lg（dα/dN）与 lgΔK 之间的关系为一直线。可用著名的帕里斯（P. C. Paris）公式表示：

$$d\alpha/dN = C(\Delta K)^n$$

式中 C，n——材料常数。

为了测定出 dα/dN，并将实验结果整理成帕里斯公式的形式，首先要用预制裂纹的试样做疲劳实验，记录不同循环周次 N_i 下的疲劳裂纹长度 α_i，画出 α-N 曲线（图7-37）。在曲线上求出某一给定裂纹长度下对应点的斜率，即为 dα/dN。同时根据该点的裂纹长度 α 及交变载荷范围 ΔF，计算出应力场强度因子范围 ΔK。根据曲线上各点的 dα/dN 及相应的 ΔK，做出 lg(dα/dN)-lgΔK 之间的关系曲线，由此便可求出帕里斯公式中的材料常数 C 和 n。

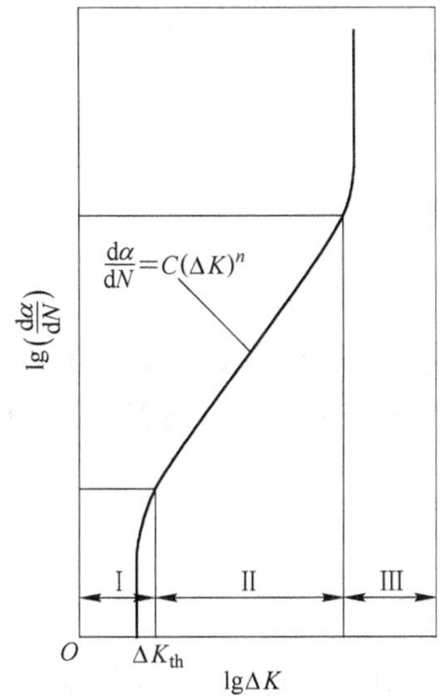

图 7-36 典型的（dα/dN）- ΔK 关系曲线

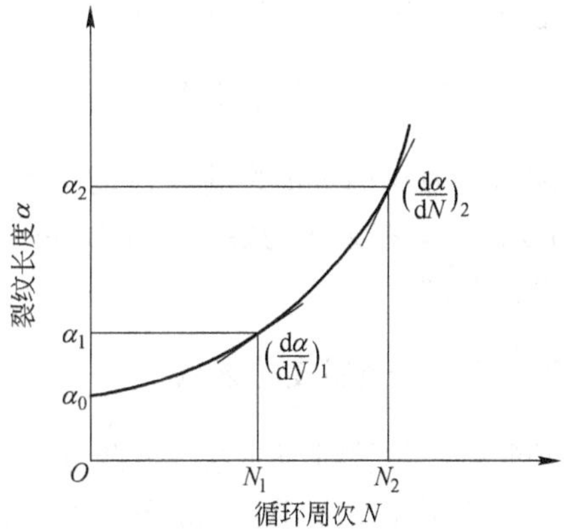

图 7-37 疲劳裂纹扩展曲线及裂纹扩展速率

7.9.1 疲劳裂纹速率测定试样及制备方法

7.9.1.1 试样类型及对试样尺寸的要求

从理论上讲，任何形状的含有裂纹的试样，只要长度可测，裂纹尖端应力场强度因子可以计算，都可以用来测定材料的 dα/dN。在国家标准中，推荐采用紧凑拉伸（CT）试样或中心裂纹拉伸（CCT）试样。此外，为了试样加工和试验方便，也可以采用三点弯曲试样。对试样尺寸的要求主要是试样厚度 δ 和宽度 w。试样的最小厚度应能避免试验时产生屈曲现象；试样宽度 w 应保证试验过程中韧带处于小范围屈服状态。因此，试样的尺寸也应根据材料的 $R_{0.2}$ 以及预期最大应力场强度因子 K_{max} 或最大交变负荷 F_{max} 来确定。推荐的试样尺寸列于表 7-7。

表 7-7 裂纹扩展速率试验推荐的试样尺寸

试 样 类 型	试样厚度 δ	试样宽度 w
CT 试样	$\frac{w}{20}\leq\delta\leq\frac{w}{4}$ （$w\geq$20mm）	$w-\alpha=\frac{4}{\pi}\left(\frac{K_{max}}{R_{0.2}}\right)^2$
CCT 试样	$\delta\leq\frac{w}{8}$	$w-2\alpha=\frac{1.25F_{max}}{R_{0.2}}$

实际确定试样尺寸时，还应考虑试验的目的。例如，为了对实际构件进行寿命估算，其试样厚度应尽可能接近甚至直接采用实际构件的厚度。又如，当试验目的是评定材料或工艺的优劣时，则试样厚度选择就应考虑材料的淬透性，以保证整个截面淬透，使组织和性能均匀一致。

7.9.1.2 试样上切口的制备

试样在磨削加工后应开切口，以便预制疲劳裂纹。切口可用铣切、线切割或其他方法加工而成。对切口长度 α_n 的要求：CT 试样 $\alpha_n \geqslant 0.2\omega$。

7.9.2 试验程序

通常一组试样的数量应不少于 3 个，在相同的条件下进行试验。

7.9.2.1 测量试样尺寸

用精度为 0.01mm 的量具在韧带区域三点处测量厚度 δ，取平均值；用精度不低于 0.001ω 的量具在试样的裂纹所在截面附近测量宽度 ω。被测量的试样尺寸应符合标准所规定的公差范围。

7.9.2.2 预制疲劳裂纹

预制疲劳裂纹时应注意以下两点：

（1）对载荷的要求。预制疲劳裂纹的最后一级最大载荷值，不应大于开始记录试验数据时的最大载荷值 F_{max}。为了减少预制疲劳裂纹的时间，可以先用比 F_{max} 大的载荷产生疲劳裂纹。但必须把较大的载荷分级降至 F_{max}，每级下降率不得大于 20%。在每一级加载范围内应使裂纹扩展量不小于 $\frac{3}{\pi}\left(\frac{K'_{max}}{R_{0.2}}\right)^2$，其中 K'_{max} 为上一级载荷最后的最大应力场强度因子 K_{max} 值。

（2）对疲劳裂纹的要求。裂纹长度应大于 0.1δ 并大于切口宽度 h，但不得小于 2.5mm。裂纹长度应在前后表面上测量。测量时准确到 0.1mm 或 0.02ω 中较大的一个。若前后表面所测裂纹长度之差超过 0.25δ 或左右两侧裂纹长度之差超过 0.025ω，则此试样作废。

7.9.2.3 疲劳裂纹扩展试验

疲劳裂纹扩展试验一般在高频疲劳试验机上进行。

A 试验参数的选择

试验载荷（包括载荷范围 ΔF、应力比 R 等）和加载频率是影响疲劳裂纹扩展速率的主要参数。试验前应根据试验要求对这两个参数进行选择。加载频率一般选得高些，以节省试验时间。如果构件的实际工作频率与试样试验频率相差较大时，可用系数修正。试验载荷的选择，应由试验目的而定。例如，为了给构件的剩余寿命估算提供依据，则应尽量使试验载荷接近构件的实际服役载荷，并使应力比 R 也尽量一致。当试验是为了探讨材料的裂纹扩展抗力或热处理工艺对 $d\alpha/dN$ 的影响，则所加载荷应根据具体要求选择。

在整个试验过程中，应使 F_{max} 和 ΔF 保持稳定，并避免产生过载停滞效应。

B 裂纹扩展长度的测量

试验时要求每隔一定的应力循环周次 N_i（这在疲劳试验机上可直接读出）测量裂纹扩展长度 α_i。精确测出裂纹扩展长度是裂纹扩展速率测定的关键环节。

测量裂纹扩展长度的方法有目测法或其他等效测量方法（如超声波法、柔度法、电阻法等）。由于目测法只需使用读数显微镜，简便易行，目前应用较广。为使测量结果准确无误，可在试样的两个外表面上，画出等间距（如 0.5mm、1.0mm 等）的刻线，然后用读数显微镜测量。测量精度不低于 0.1mm 或 0.002ω 中的较大值。

测量时最好不停机。若需停机，时间越短越好（如小于 10min）。停机测量时，为使裂纹尖端清晰，可对试样加上静载，其值应小于最大交变载荷。

裂纹增量 $\Delta\alpha$ 的测量间隔，应使 $d\alpha/dN$-ΔK 数据点接近均匀分布。推荐的裂纹测量间隔列于表 7-8。

表 7-8 推荐的裂纹测量间隔

试样类型	测量范围	测量间隔 $\Delta\alpha$	试样类型	测量范围	测量间隔 $\Delta\alpha$
CT 试样	$0.2\leqslant\alpha/\omega\leqslant0.40$ $0.40<\alpha/\omega\leqslant0.60$ $\alpha/\omega>0.60$	$\leqslant0.04\omega$ $\leqslant0.02\omega$ $\leqslant0.01\omega$	CCT 试样	$2\alpha/\omega\leqslant0.60$ $2\alpha/\omega>0.60$	$\leqslant0.03\omega$ $\leqslant0.02\omega$

对于比较薄的试样（如 $\delta/\omega<1.5$），裂纹长度可在试样的一面测量。对于较厚试样则应从前后两面测量，取平均值。在测量点上，裂纹线与切口中心线的延长线偏离大于 5°，或前后两面裂纹长度之差超过 0.25δ，此点数据无效。

7.9.3 试验结果的处理和计算

7.9.3.1 裂纹曲率的修正

裂纹前缘一般不是一条直线，而是略带曲率的弧线。当此弧线的曲率过大时，从前后两侧面测得的裂纹的真实长度，因而要进行曲率修正。修正的方法是在试验结束后将试样压断检验断口，在预制裂纹和极限裂纹两个位置上测量沿厚度方向 $\delta/4$、$\delta/2$ 及 $3\delta/4$ 三点的裂纹长度，其平均裂纹长度与试验记录的相应裂纹长度之差，即为起始和终了的裂纹曲率修正量。中间各数据点的曲率修正量可在起始和终了修正量之间取线性插值。

在任何一个位置上，由平均裂纹长度和试验记录的裂纹长度计算出的应力场强度因子值，如果相差大于 5%，则需进行裂纹的曲率修正。

7.9.3.2 $d\alpha/dN$ 的确定

根据疲劳扩展试验所测得的一组 N_i 和 α 数据来确定 $d\alpha/dN$，可采用图解法或拟合 α-N 曲率求导法。前者虽较简单易行，但误差较大。因此，在当前微机应用较为普及的情况下，推荐采用递增多项式方法进行局部拟合求导，以确定 $d\alpha/dN$ 的拟合值。此法的数学过程如下：

在 α-N 曲线上，以任一点 i 为中心取（$2n+1$）个连续数据点（点数 n 值可取 2、3、4，一般取 3）。采用如下的二次多项式拟合这段曲线。

$$\delta_i = b_0 + b_1\left(\frac{N_i - C_i}{C_1}\right) + b_2\left(\frac{N_i - C_i}{C_2}\right) \tag{7-54}$$

式中 C_i——对应于循环周次 N_i 上的拟合裂纹长度；

$$-1 \leqslant \frac{N_i - C_1}{C_2} \leqslant 1$$

$$C_1 = \frac{1}{2}(N_{i+n} + N_{i-n})$$

$$C_2 = \frac{1}{2}(N_{i+n} - N_{i-n})$$

系数 b_0、b_1、b_2 是在 $\alpha_{i-n} \leqslant \alpha \leqslant \alpha_{i+n}$ 区间内按最小二乘法（也就是使裂纹长度观测值与拟合值之间的偏差平方和最小）确定的回归参数。

在 i 点处的裂纹扩展速率由式（7-54）求导而得：

$$\left(\frac{\mathrm{d}\alpha}{\mathrm{d}N}\right)_{\hat{\alpha}_i} = \frac{b_1}{C_2} + \frac{2b_2(N_i - C_i)}{C_2^2} \tag{7-55}$$

7.9.3.3 ΔK 的计算

根据拟合裂纹长度 $\hat{\alpha}_i$ 计算与 $(\mathrm{d}\alpha/\mathrm{d}N)_{\hat{\alpha}_i}$ 值相对应的 $\Delta K_{\hat{\alpha}_i}$ 值。

ΔK 按下列数学表达式计算：

对于 CT 试样

$$\Delta K = \frac{\Delta F}{\delta\sqrt{\omega}} \cdot \frac{2+\omega}{(1-\alpha)^{3/2}}(0.886 + 4.64\alpha - 13.32\alpha^2 + 14.72\alpha^3 - 5.6\alpha^4) \tag{7-56}$$

当 $\alpha/\omega \geqslant 0.2$，式（7-56）有效。

对于 CCT 试样：

$$\begin{aligned} \Delta K &= \frac{\Delta F}{\delta}\sqrt{\frac{\pi\alpha}{2\omega}\sec\frac{\pi\alpha}{2}} \\ \Delta F &= F_{\max} - F_{\min}\ (R \geqslant 0) \\ \Delta F &= F_{\max}\ (R < 0) \end{aligned} \tag{7-57}$$

当 $2\alpha/\omega \leqslant 0.95$，式（7-57）有效。

7.9.3.4 试验数据的有效性检验

对于 CT 试样、CCT 试样要求韧带尺寸（$\omega - \alpha$）分别满足

$$\omega - \alpha \geqslant \frac{4}{\pi}\left(\frac{K_{\max}}{\sigma_{0.2}}\right)^2 \tag{7-58}$$

$$\omega - 2\alpha \geqslant \frac{1.25F_{\max}}{\delta\sigma_{0.2}} \tag{7-59}$$

以上所述$(\mathrm{d}\alpha/\mathrm{d}N)_{\hat{\alpha}_i}$及$\lg(\mathrm{d}\alpha/\mathrm{d}N)_{\hat{\alpha}_i}$的确定、$\Delta K_{\hat{\alpha}i}$及$\lg\Delta K_{\hat{\alpha}i}$的计算及有效性检验等数据处理过程，都可在计算机上进行。

7.9.3.5 作$\lg(\mathrm{d}\alpha/\mathrm{d}N)$-$\lg\Delta K$曲线，计算材料常数$C$和$n$

将计算所得的$\lg(\mathrm{d}\alpha/\mathrm{d}N)$及对应的$\lg\Delta K$值在方格坐标纸上作点描图（图7-38）。在裂纹扩展的第Ⅱ阶段，其$\mathrm{d}\alpha/\mathrm{d}N$与$\Delta K$两者的对数值呈线性关系，据此就可求出式$\mathrm{d}\alpha/\mathrm{d}N = C(\Delta K)^n$中材料常数$C$和$n$。求$C$和$n$可用线性回归法计算，也可先用作图法求出$n$（直线部分的斜率），然后再在直线及其延长线上选取若干个点，读出相应的$\mathrm{d}\alpha/\mathrm{d}N$和$\Delta K$值，分别连同$n$代入式$\mathrm{d}\alpha/\mathrm{d}N = C(\Delta K)^n$，即可求出$C$值。

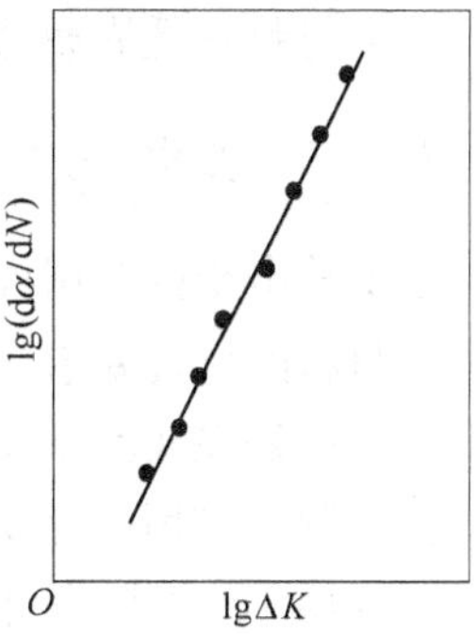

图7-38 $\lg(\mathrm{d}\alpha/\mathrm{d}N)$-$\lg\Delta K$曲线

7.10 其他形式的疲劳

材料工作状态千差万别，疲劳失效以各种各样的形式出现。下面介绍几种工程实践中常见的疲劳形式。

7.10.1 低周疲劳

相对于前面讨论的疲劳情况，低周疲劳指的是载荷水平比较高，零部件工作寿命比较短，可能在$10^2 \sim 10^5$范围的疲劳寿命。低周疲劳顾名思义就是应力循环周次比较低情况下的疲劳。所以相对而言，前面讨论的疲劳可以称为高周疲劳。由于应力水平比较高，往往应力变化频率可能比较低。这样的情况往往对应载荷水平可能在零部件运行中造成微量的变形——不排除塑性变形。

疲劳应力作用下的总应变幅可以表示为塑性应变ε_p和弹性应变ε_e之和，即

$$\varepsilon_T = \varepsilon_p + \varepsilon_e$$

试验研究说明两种应变作用下零部件疲劳强度呈现如图7-39所示的寿命分布。

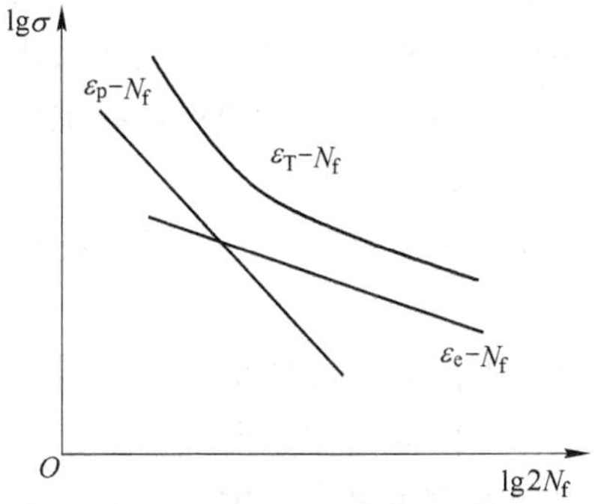

图7-39 应变疲劳和应力疲劳曲线

在低周疲劳范围，塑性应变幅ε_p起主导作用，其特点是应力水平高，疲劳寿命随应力循环周次提高而迅速下降。相比之下，高周疲劳则在相同的材料中随循环周次提高寿命下降比较慢。所以可以认为高周疲劳情况下弹性应变幅ε_e起主要作用。两者在双对数坐标图上均为直线。但是由于变化规律不同所以得到一个交点。这个交点对应的寿命称为过渡寿命。如果寿命不到过渡寿命认为零部件发生了低周疲劳，寿命超过了过渡寿命认为零部件发生了高周疲劳。研究证明，强度提高有使过渡寿命左移的趋势；而塑性提高则有使过渡寿命右移的作用。这个结果可以理解为对于高周疲劳应以提高强度作为主要对策，对于低周疲劳而应以在足够强度条件下提高塑性为提高寿命的方法。

很多材料在低周疲劳的初期表现出具有循环软化或者循环硬化特性。

7.10.2 多次冲击抗力（冲击疲劳）

多次冲击指的是试样在变方向冲击弯曲载荷作用下经过规定应力循环次数吸收能量的本领。材料的韧性要求是很高的。为此有时候材料非常昂贵，或者加工工艺困难，甚至制造困难。可是在实际工作中，有些例子是很有思考意义的。例如，大功率的柴油机曲轴用球墨铸铁制造使用中经受了考验得到令人满意的效果。而这种材料的冲击韧性非常低；凿岩机活塞用 T8、T12 钢制造代替了昂贵的 12CrNi4 钢、12CrNi2 钢，使用寿命延长一倍。这些情况说明，对性能的追求，应该针对使用情况。

7.10.2.1 冲击疲劳（多次冲击）载荷的特点

工业生产中有许多机件是在多次冲击载荷下工作的。典型的例子如凿岩机活塞、钎杆、凿子、锤头、锻锤杆、锻模等。虽然多次冲击的研究迄今已有七十多年的历史，但与其他类型的疲劳研究相比，工作做得并不算多。这是因为一来长期以来人们对它的作用和地位存在着不同的看法，二来各种检测分析标准和检验方法不很统一。

国内这方面的研究工作开始于 20 世纪 50 年代，迄今也存在不同看法。毕竟多次冲击不同于一次冲击、两者本质不同，因此不能用一次冲击值的高低来作为评定遭受多次冲击载荷的零件选材依据。而多次冲击与疲劳的异同，是人们关心的主要问题。由于采用了动态应力应变测定，运用了断裂力学和电子显微镜断口分析等研究方法，使这方面的工作有了较大进展。

多冲与疲劳相比有许多相同之处。例如，当把多冲试验结果用 $A\text{-}N_f$ 曲线表示时，符合 Coffin-Mansion 规律。多次冲击与疲劳的破坏过程相同。电子显微镜断口分析表明，它们有着相同的破坏机制。因此应该说，多冲属于疲劳范畴。多冲实质上相当于冲击疲劳过负荷持久值的范围，因此，多冲抗力反映了材料对冲击疲劳的过载抗力。

但是，多次冲击载荷也有其自身的特点：

（1）冲击载荷的特征表现为应力在材料内部以波的形式高速度传播。对于钢铁材料，弹性波的传播速度约为 5000m/s。因此，对于有限尺寸的零件，这种波很快便可到达其表面，一部分成为透射波，穿出零件表面；一部分成为反射波，并在零部件体内产生叠加现象，形成很复杂的应力，对多次冲击载荷下零件的寿命产生很大影响。

（2）材料在多冲载荷作用下有明显不同于静疲劳的尺寸和体积效应。切口效应也比静疲劳大。

（3）材料在多冲载荷下要发生一些独特的组织和性能变化，如弹性模量、弹性滞后环、屈服极限、应变硬化指数以及 Bauschinger 效应等在程度上甚至性质上出现有别于一般静低周疲劳的变化。鉴于多冲载荷的上述特点，就使得材料在多冲载荷下的行为和静疲劳行为存在差异，同时也导致了研究这些行为的复杂性。

多次冲击试验是依据在一定的冲击次数前提下冲击能量的大小来表示的。冲击能量 A 与冲击次数 N 之间有一定的规律相，所以经常做成 $A\text{-}N$ 曲线表示材料承受到冲载荷的能力。

7.10.2.2 多冲 A-N 曲线及其规律

为了研究材料在多冲载荷下的力学行为，人们已设计了多种形式的试验机，进行不同加载方式下的试验研究。其中包括多冲弯曲、多冲拉伸、多冲压缩和多冲扭转试验，但研究最多的还是多冲弯曲和多冲拉伸试验。这里着重介绍这两种试验中得到的若干基本规律。

（1）强度与韧性不同的两种材料，在其冲击能量 A 和冲击破断周次 N 的 A-N 曲线上存在交点。在极高的冲击能量作用下，多冲抗力决定于材料的韧性，在较低的冲击能量下，多冲抗力则主要决定于材料的强度。这一结论由图 7-40 可清楚看到。三种不同强度、韧性的材料在 S-N 曲线上均存在交点，并且交点的位置都在破断周次相当低的范围内（10^2 ~ 10^3次）。当 $N>10^3$次时，强度最高、韧性最低的淬火低温回火 T8 钢便具有最高的多冲抗力。

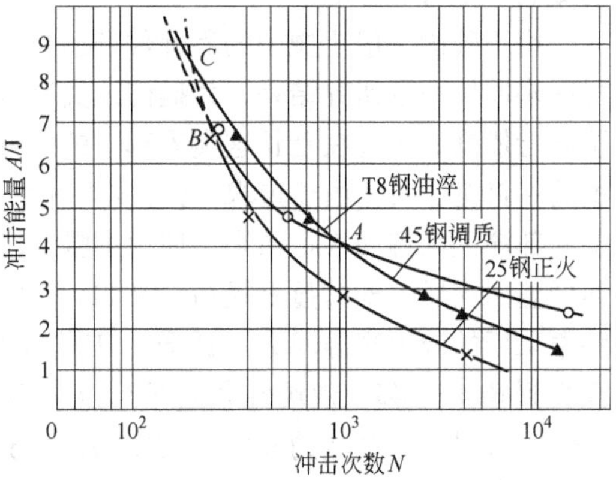

图 7-40 三种钢的多冲曲线

（2）淬火回火钢的多冲破断周次随回火温度而变化，且在一定温度回火后会出现峰值，峰值的位置取决于冲击能量。当冲击能量降低，峰值向低温回火方向转移，如图 7-41 所示。50 钢不同处理状态性能变化如图 7-42 所示。峰值的转移说明在一定的冲击能量下对材料要求有一定的强度与塑性、韧性的配备。多冲抗力的峰值转移现象在不同碳含量的钢中普遍存在。而且在不到 10^4次冲击破断的能量范围内，对于碳钢来说，多冲抗力最佳的回火温度随钢中碳含量的降低向低温回火方向移动，如 T8 钢为 470℃、50 钢为 350℃、40 钢为 320℃、30 钢为 300℃、20 钢为 200℃甚至不回火（也正因为此，启发我们同时开展了对低碳马氏体综合力学性能的研究）。进一步的研究表明，只有当钢中的碳含量小于 0.45% 时，

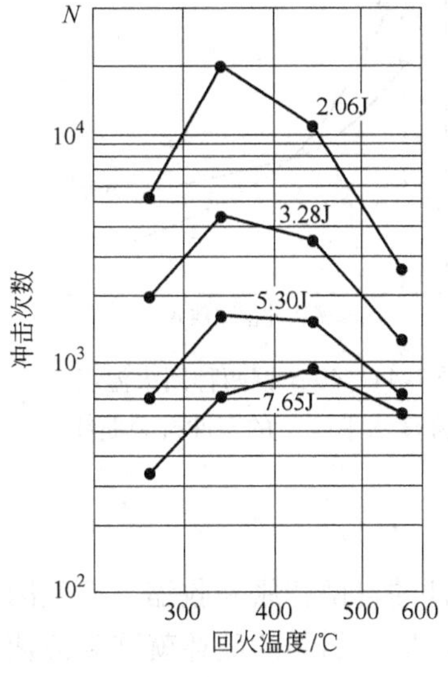

图 7-41 50 钢多冲曲线的峰值变化

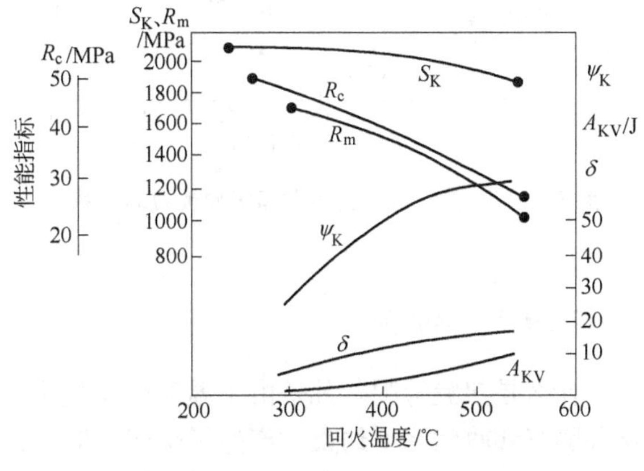

图 7-42 50 钢不同处理状态性能变化

才存在明显的峰值转移；而在大于0.45%时，没有发现明显的峰值转移现象，在所试冲击破断周次能量范围内，均以400℃回火多冲抗力最高。

(3) 冲击值A_K对多冲抗力的影响与材料的强度水平有关。如图7-43所示，在低中强度范围内，在相同强度水平下，材料的冲击值A_K对多冲抗力影响不大。在高强度范围($\sigma_b \geqslant 1.3$GPa (130kgf/mm^2))，加入某些合金元素改善马氏体的塑性，对材料的多冲抗力的提高产生有利影响。

由于我国一般机械中的零部件普遍存在着塑性韧性有余而强度不足的问题。根据上述材料多冲抗力的研究结果，为提高这类零部件的使用强度水平，发挥材料的强度潜力提供了试验依据。已经在延长这类零部件的寿命、减轻重量等方面发挥了重要作用。如铆接风枪的铆钉窝，过去由于追求高的冲击韧性，将铆钉窝（高碳钢制造）整体调质，然后再两端局部淬火低温回火。结果，使用中腰部因冲击疲劳而折断，寿命很低。改用整体淬火整体低温回火后，寿命显著提高。又如1t、5t、10t模锻锤锤杆，在不改变原用钢材条件下，将原采用的淬火高温回火（调质）工艺改为淬火中温回火，使表面硬度由原HB250左右提高到Rc40—45，使用寿命提高3、4到20倍以上。凿岩机活塞、十字销螺钉冲头等高碳钢淬火低温回火制造的零件，硬度很高，只要在稍许或基本不降低硬度、强度的情况下，适当提高塑性和韧性；就可以使使用寿命得到大幅度的改善。

40Cr钢两种回火温度的多冲抗力曲线如图7-44所示。40Cr钢不同处理状态的强度和多次冲击抗力之间：淬火+320回火A_K=3.375J，强度1470MPa；淬火+600回火A_K=21.25J，强度784MPa。

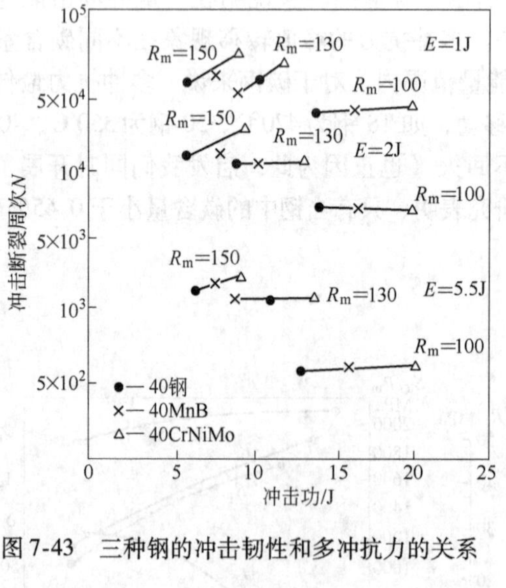

图7-43 三种钢的冲击韧性和多冲抗力的关系

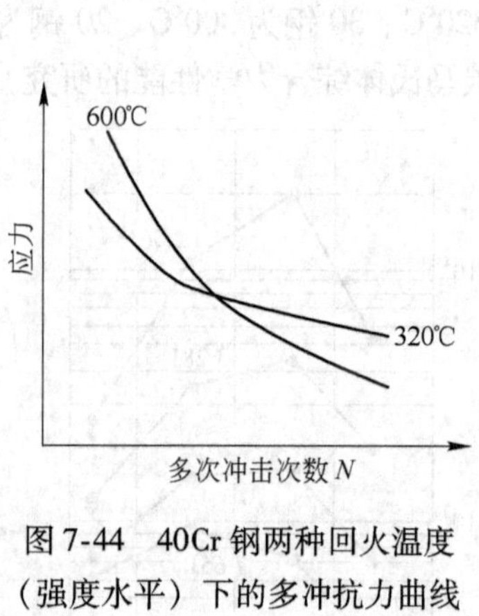

图7-44 40Cr钢两种回火温度（强度水平）下的多冲抗力曲线

7.10.3 热疲劳

什么是热疲劳呢？凡是由于温度周期变化引起零件或构件的自由膨胀和收缩，而又因这种膨胀和收缩受到约束，产生了交变热应力，由这种交变热应力引起的破坏就称为热疲劳。在材料中应力应变之间的关系多数情况下是由应力引发应变，只有热疲劳情况下是应变引发应力。首先由于温度变化造成热膨胀或者收缩，继而形成应力，这种应力交替变化造成零件或构件热疲劳的原因可能是：

（1）零件或构件中存在显著的温度梯度，比如锅炉管、涡轮盘等。

（2）零件或构件的温度差，如管道焊接接头的热膨胀。

（3）由于材料的膨胀系数不同，如铁素体钢与奥氏体钢的焊接等。热疲劳属于低周疲劳的范畴，它和上面所说的低周疲劳从本质上说都是受恒定的应变范围所控制的。但产生的外界条件有所不同，它不是在恒定温度下由外加的机械应力产生的应变所造成，而是由于温度的反复变化，造成相应的应变（$\Delta\varepsilon = \alpha\Delta T$，$\alpha$ 为线膨胀系数）变化而引起的。当然也有更复杂的情况。热疲劳可以是热应力与机械应力两者叠加的结果。所以，前面讲述的低周疲劳中弹性应变幅、塑性应变幅对疲劳寿命有关。

在热作模具材料中，由于模具工作表面的反复加热与冷却，也会形成热疲劳裂纹，因此抗热疲劳性能也是衡量模具材料性能的一个重要依据。但是对模具抗热疲劳性能的研究，还停留在工艺性试验阶段。例如，将模具材料制成直径为 20mm，长为 50 ~ 60mm 试样进行高频加热，加热层深 1.2 ~ 1.5mm，加热温度视模具工作表面的温度而定。如此反复加热与冷却，每隔 20 次将试样取出，观察有无形成裂纹。在宏观上，热疲劳破坏以表面出现的特有的龟裂纹为其特征。以出现裂纹的循环周次来表示抗热疲劳性能的好坏。从材料的内部组织影响来看，过多的碳化物虽然对耐磨性红硬性有利，但却使抗热疲劳性能变坏，特别是粗大的不均匀的碳化物。晶粒粗大会降低抗热疲劳性能。从热疲劳性能和其他力学性能的关系看，材料的韧性是判断抗热疲劳性能的一个重要参考标准。为了保证热疲劳性能，材料硬度应限制在 Rc45—50 以下。这些结果说明，模具材料的热疲劳性能仍然定性地符合低周疲劳的试验规律。

有很多零部件在工作过程中经受温度变化，最典型的热疲劳工件应该算是冶金轧辊。

8 金属的磨损和接触疲劳

摩擦和磨损是重要的工程现象。任何一部机器在运转时，机件之间总要发生相对运动。当两个相互接触的机件表面做相对运动（滑动、滚动，或滚动+滑动）时就产生摩擦，有摩擦就必有磨损，这是必然的结果。

磨损是降低机器和工具效率、精确度甚至使其报废的重要原因，也是造成金属材料损耗和能源消耗的重要原因。据不完全统计，摩擦磨损消耗占运行能源的1/3～1/2，大约80%的机件失效是磨损引起的。因此，研究磨损规律，提高机件耐磨性，对节约能源、减少材料消耗、延长机件寿命具有重要意义。

本章将讨论机器零件中最常见的磨损形式，介绍它们的机理和影响磨损速率的因素，并从材料科学角度研究控制磨损的途径。

8.1 磨损及磨损类型

8.1.1 磨损的概念

机件表面相互接触并作相对运动时，表面逐渐有微小颗粒分离出来形成磨屑（松散的尺寸与形状均不相同的碎屑），使表面材料逐渐流失（导致机件尺寸变化和质量损失）、造成表面损伤的现象称为磨损。磨损可以由力学作用引起，也可以由其他物理化学过程引起。研究表明磨损并非单一力学过程。引起磨损的原因既有力学作用，也有物理和化学作用。零部件材料、润滑条件、加载方式和大小、相对运动特性（方式和速度）以及工作温度等诸多因素均影响磨损量的大小，所以，磨损是一个复杂的物理现象。

现在，磨损还没有统一的分类方法，通常就按磨损机理进行分类。磨损类型有：粘着磨损、磨粒磨损、冲蚀磨损、疲劳磨损（接触疲劳）、腐蚀磨损和微动磨损。据估计，在工业领域各类磨损造成的经济损失中，以磨粒磨损所占比例最高，达50%，粘着磨损占15%；冲蚀磨损和微动磨损各占8%；腐蚀磨损占5%。这些比例上的差别显然是和各类磨损产生的条件和环境相关联的。

在磨损过程中，磨屑的形成也是一个变形和断裂（撕裂）的过程。静强度中的基本理论和概念也可用来分析磨损过程，但前几章中所述变形和断裂是指机件整体变形和断裂机制，而磨损是发生在机件表面的过程，两者是有区别的。在整体加载时，塑性变形集中在材料一定体积内，在这些部位产生应力集中并导致裂纹形成；而在表面加载时，塑性变形和断裂发生在表面，由于接触区应力分布比较复杂。沿接触表面上任何一点都有可能参加塑性变形和断裂，反而使应力集中降低。在磨损过程中，塑性变形和断裂是反复进行的，一旦磨屑形成后又开始下一循环，所以过程具有动态特征。这种动态特征标志着表层组织变化也具有动态特征，即每次循环，材料表面总要转变到新的状态，加上磨损本身的一些特点，所以普通力学性能试验所得到的材料力学性能数据不一定能反映材料耐磨性的优劣。

典型的磨损过程做成磨损曲线（磨损量和时间），一般分为三个阶段，如图8-1所示。

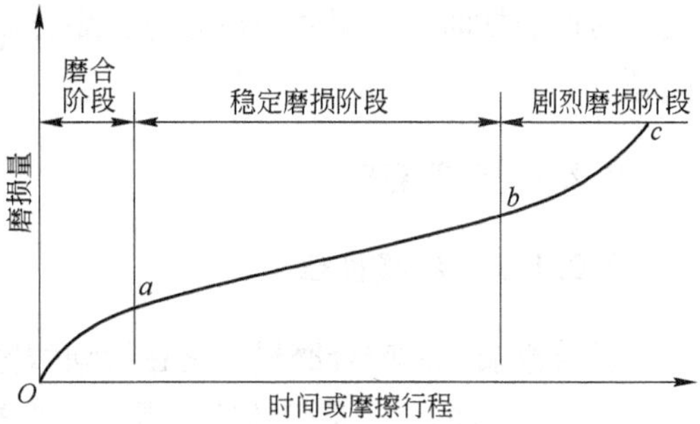

图8-1　磨损量与磨损时间关系示意图

（1）磨合阶段。相互接触的磨损初期如图8-1中的 Oa 线段。在此阶段内，无论零部件双方硬度如何，摩擦表面逐渐被磨平，实际接触面积增大，故磨损速率减小。这个阶段也称为跑合阶段，跑合阶段磨损量增加得比较快。新投入使用的汽车需要磨合就是要完成这个阶段的磨损。但是磨损速率在逐步减小。这与表面应变硬化及表面形成氧化膜有关。对磨损表面的电子衍射证实，铸铁活塞环和汽缸的跑合表面有氧化层存在。

（2）稳定磨损阶段。经过一段时间的磨损进入稳定磨损阶段，如图8-1中的 ab 线段。这是磨损速率稳定的阶段，线段的斜率就是磨损速率。大多数机器零件均在此阶段内服役，实验室磨损试验也需要进行到这一阶段。通常即根据这一阶段的时间、磨损速率或磨损量来评定不同材料或不同工艺的耐磨性能。在跑合阶段跑合得越好，稳定磨损阶段的磨损速率就越低。

（3）剧烈磨损阶段。剧烈磨损阶段是随着机器工作时间增加，零部件接触表面之间的间隙增大，机件表面质量下降，润滑膜被破坏，引起剧烈振动，磨损重新加剧，此时机件很快失效。

上述磨损曲线因工作条件不同可能有很大差异，如摩擦条件恶劣，跑合不良，则在跑合过程中就产生强烈磨损，而使机件无法正常运行，此时只有剧烈磨损阶段；反之，如跑合很好，则稳定磨损期很长，且磨损量也比较小，零部件工作寿命长。

8.1.2　耐磨性的表示

耐磨性是材料抵抗磨损能力的指标，这是一个综合性性质。迄今为止，还没有一个统一的、意义明确的耐磨性指标。通常是用磨损量来表示材料的耐磨性，磨损量越小，耐磨性越高。磨损量既可用试样摩擦表面法线方向的尺寸减小来表示，也可用试样体积或质量损失来表示。前者称为线磨损，后者称为体积磨损或质量磨损。若测量单位摩擦距离、单位压力下的磨损量等，则称为比磨损量。为了与通常的概念一致，有时还用磨损量的倒数来表征材料的耐磨性。此外，还广泛使用相对耐磨性的概念，相对耐磨性 ε 用下式表示

$$\varepsilon=\frac{\text{标准试样的磨损量}}{\text{被测试样的磨损量}}$$

有人也采用相对耐磨性的倒数，称为磨损系数，但应用比较少。

8.2　磨损模型和磨损机理

在摩擦学上根据零部件相对运动特性将摩擦分为滚动摩擦和滑动摩擦，在力学性能角

度上讨论磨损时，根据磨损机理进行划分。下面按照磨损机理划分的方法讨论磨损的具体问题。

8.2.1　粘着磨损

8.2.1.1　磨损机理

粘着磨损又称咬合磨损，是在滑动摩擦条件下，当零部件相对滑动速度较小（钢小于1m/s）时发生的。它是因缺乏润滑油，零部件表面无氧化膜，且单位法向载荷很大，以致接触应力超过实际接触点处屈服强度而产生局部的粘连形成的一种磨损，其表面形貌如图 8-2所示。

在相对摩擦的物体表面尽管看起来非常平整，表面上总存在局部凸起，当零部件双方接触时，即使施加较小载荷，在真实接触面上的局部应力就可能引起塑性变形。倘若接触面上洁净而未受到腐蚀，则局部塑性变形会使两个接触面的原子彼此十分接近而产生强烈粘连（冷焊）。所谓粘着，实际上就是原子间形成键合作用。随后在继续相对运动时，粘着点被剪断并转移到一方金属表面或者脱离，形成磨屑。一个粘着点剪断了，又在新的地方产生粘着，随后也被剪断、转移，如此粘着→剪断→转移→再粘着循环下去，就构成粘着磨损过程。货物运输的输送槽就属于典型的粘着磨损。粘着磨损过程示意图如图 8-3所示。

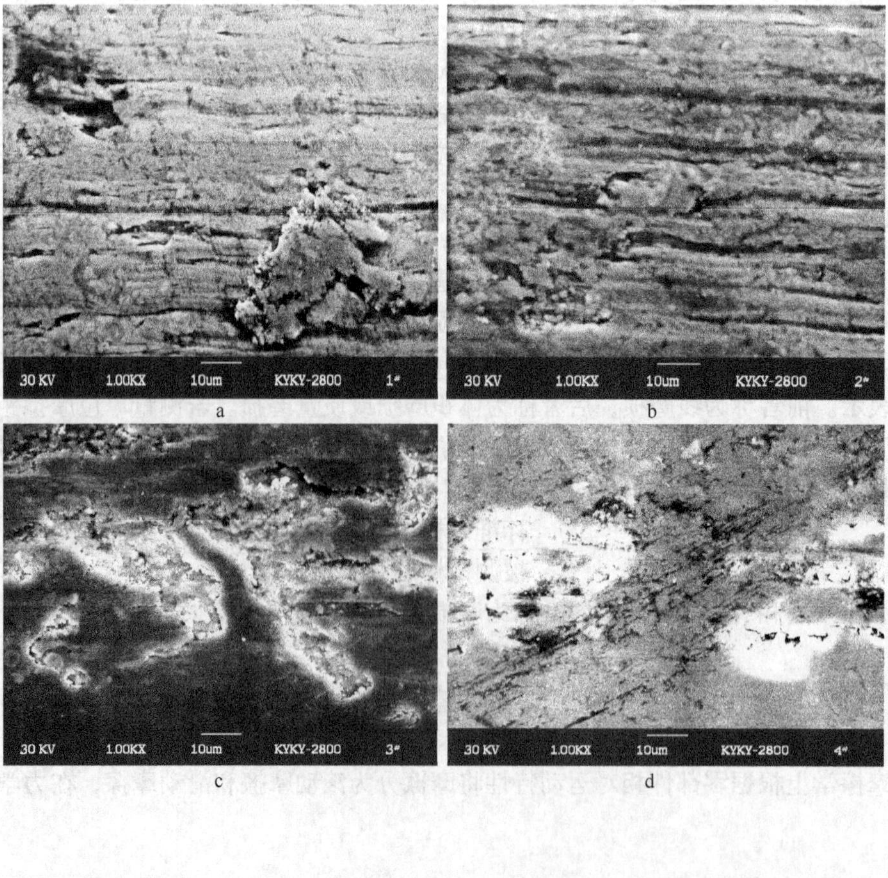

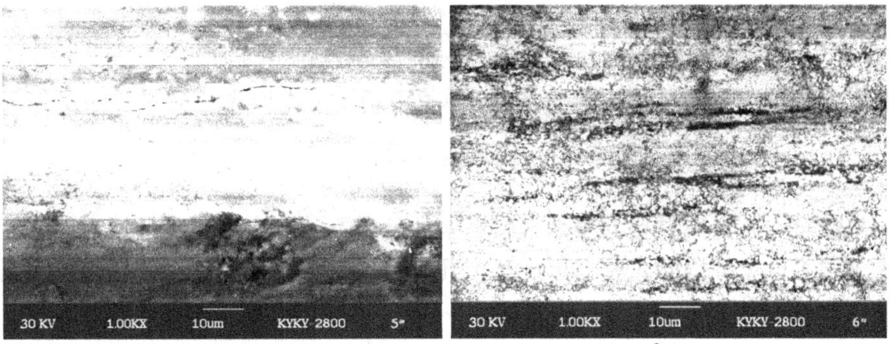

图 8-2 不同温度粘着磨损的表面形貌

a—常温磨损试样；b—300℃磨损试样；c—400℃磨损试样；d—500℃磨损试样；
e—600℃磨损试样；f—700℃磨损试样

图 8-3 所示粘着磨损过程是粘着点强度比零部件一方金属强度高的情况。此时常在较软一方本体内产生剪断，其碎片则转移到较硬一方的表面上，软方金属在硬方表面逐步积累最终使不同金属的零部件滑动成为相同金属间的滑动，故磨损量较大，表面较粗糙，甚至可能产生咬死现象。铅基合金与钢之间的滑动就是这种情况。

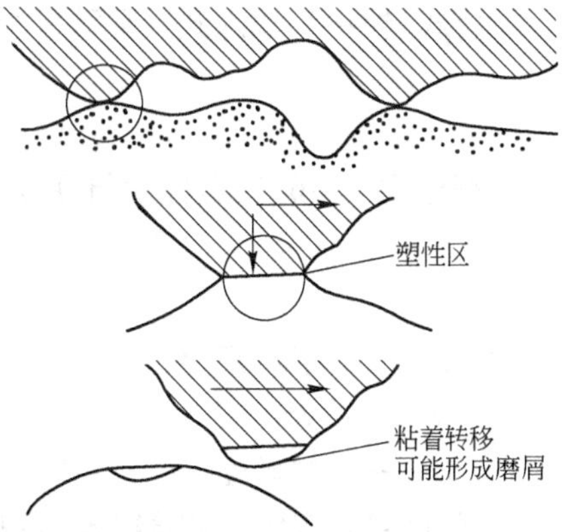

图 8-3 粘着磨损过程示意图

如果粘着点的强度比零部件两方金属的强度都低，此时沿分界面断开，磨损量较小，摩擦面也显得较平滑，只有轻微擦伤。锡基合金与钢的滑动就是如此。

若粘着点强度比零部件两方金属的强度都高，则剪断既可发生在较软金属本体内，也可发生在较硬金属本体内。此时较软金属的磨损量较大。

8.2.1.2 磨损量的估算方法

阿查得（J. F. Archard）提出的粘着磨损量估算方法如下：

在零部件接触处为三向压缩应力状态，故接触压缩屈服强度近似为单向压缩屈服强度 σ_{sc} 的三倍。若接触处因压应力很高超过 $3\sigma_{sc}$ 产生塑性变形，随后因加工硬化而使变形终止。此时，外加载荷事实上作用在接触点真实面积上。设真实接触面积为 A，接触压缩屈服强度为 $3\sigma_{sc}$，作用于表面上的法向力为 F，则

$$F = A(3\sigma_{sc}) \tag{8-1}$$

假定磨屑呈半球形，直径为 d。任一瞬时有 n 个粘着点，设所有粘着点尺寸相同，直径也为 d，则

$$A = n\frac{\pi d^2}{4} \tag{8-2}$$

将式（8-1）代入式（8-2），得

$$n = \frac{4F}{3\pi\sigma_{sc} d^2} \tag{8-3}$$

再假定每一粘着点滑过距离也为 d，则单位滑动距离内形成的粘着点数 N 为

$$N = \frac{n}{d} = \frac{4F}{3\pi\sigma_{sc} d^3} \tag{8-4}$$

由于从较软一方金属材料的表面脱离下来的碎屑不一定全部成为磨屑，有些碎屑可能仍附于硬金属表面上。因此，磨屑形成有个几率问题，设此几率为 K，则单位滑动距离内的磨损体积为

$$\frac{\Delta V}{\Delta l} = KN\frac{\pi d^3}{12} \tag{8-5}$$

式中 ΔV——单位滑动距离内磨损体积；

Δl——单位滑动距离；

K——磨屑形成几率；

d——磨屑直径。

将式（8-4）代入式（8-5），得

$$\frac{\Delta V}{\Delta l} = \frac{KF}{9\sigma_{sc}} \tag{8-6}$$

积分式（8-6），且强度与硬度之间有一定关系，则总滑动距离内的粘着磨损体积 V 为

$$V = \frac{KFl_t}{9\sigma_{sc}} = \alpha\frac{KFl_t}{H} \tag{8-7}$$

式中 l_t——总滑动距离；

α——系数；

H——材料硬度。

式（8-7）表明，粘着磨损体积磨损量与法向力、滑动距离成正比，与软方材料的压缩屈服强度（或硬度）成反比，而与表观接触面积无关。

于是，在其他条件相同时，如零部件较软一方金属材料的压缩屈服强度较高，则因其难于塑性变形不易粘着转移而使磨损减小。但是，如果 σ_{sc}（或硬度 H）一定，而材料塑性较好，则在相同法向力条件下可以产生较大塑性变形，使真实接触面积增加，因降低了单位面积上的法向力也可减小磨损量，此即意味着材料的磨损量与其塑性成反比。式（8-7）又可改写为

$$V = \frac{KFl_t}{9\sigma_{sc}\delta} \tag{8-8}$$

式中 δ——材料的断后伸长率。

σ_{sc} 与 δ 之乘积为材料的磨损韧性。可见，粘着磨损体积磨损量随较软一方材料的压缩屈服强度和韧性增加而减小。其实，从粘着磨损机理来看，增加硬度固然能减小磨损，但在材料韧性增加时，由于延缓断裂过程，所以也能使磨损量减小。另外，上述理论中粘着点的描述和形状确定过于简单，处理结果与实际差别较大，还需要进一步完善。

8.2.1.3 影响粘着磨损的因素

材料强度和硬度特性、法向力、滑动速度以及温度等均对粘着磨损有明显影响。

塑性材料比脆性材料易于变形而容易粘着；组分之间互溶性大的材料（相同金属或晶格类型、点阵常数、电子密度、电化学性质相近的金属）组成的零部件粘着倾向大；单相金属比多相金属粘着倾向大；化合物比固溶体粘着倾向小；金属与非金属组成的零部件比金属与金属的零部件不易粘着。

在摩擦速度一定时，粘着磨损量随法向力增大而增加。这是因为法向力增加变形区间和变形程度，增加粘着趋势。

在法向力一定时，粘着磨损量随滑动速度增加而增加，但达到某一极大值后又随滑动速度增加而减小。这可能是由于滑动速度增加，粘着磨损量因温度升高材料剪断强度下降，以及塑性变形不能充分进行延缓粘着点长大两个因素同时作用所致。

零部件表面粗糙度、工作温度以及润滑状态等也都对粘着磨损有较大影响。降低表面粗糙度，将增加抗粘着磨损能力；但粗糙度过低，反因润滑剂难于储存在摩擦面内而促进粘着。

温度和滑动速度的影响是一致的。这里所说的温度是环境温度或零部件体积平均温度，它不同于零部件的表面平均温度，更不同于零部件接触区的温度。在接触区，因摩擦热的影响，其温度很高，甚至可能使材料达到熔化状态。不管何种概念的温度，工作温度显著影响磨损性能的原因是改变磨损机理，对于一系列材料做的不同温度的磨损试验表明，低温时表现出硬质点接触（支撑）磨损，中等温度范围则表现为基体磨损，高温（高于600℃）则表现为晶界弱化磨损。

8.2.1.4 改善粘着磨损耐磨性的措施

改善粘着磨损耐磨性的措施如下：

（1）首先要注意零部件材料的配对选择。其基本原则是配对材料的粘着倾向应比较小，如选用互溶性小的材料配对；选用表面易形成化合物的材料配对；金属与非金属材料配对，如金属与高分子材料配对，以及选用淬硬钢或淬硬钢与灰铸铁配对等都有明显效果。球磨机选用橡胶衬板就是这个原理。

（2）采用表面化学热处理改变材料表面状态。合理的表面化学热处理可有效地减轻粘着磨损。如果沿接触面上产生粘着磨损，可进行渗硫、磷化、氮碳共渗处理或涂覆镍-磷合金等。表面化学热处理在金属表面形成一层化合物层或非金属层，既避免零部件直接接触，又减小摩擦因数，故可防止粘着。如果粘着磨损发生在较软一方材料机件内部，则采用渗碳、渗氮、碳氮共渗及碳氮硼三元共渗等工艺都有一定效果。

（3）控制摩擦滑动速度和接触压应力。如果设计允许，减轻压力可使粘着磨损大为减轻。改善润滑条件，提高表面氧化膜与基体金属的结合能力，以增强氧化膜的稳定性，阻止金属之间直接接触，以及降低表面粗糙度等也都可以减轻粘着磨损。

8.2.2 磨粒磨损

8.2.2.1 磨损机理

磨粒磨损是当零部件接触面之间存在着硬质粒子时所产生的一种磨损。对于零部件分为两体磨粒磨损和三体磨粒磨损（图8-4）。两体磨粒磨损是指零部件之间自身存在不平的质点，这些突出的质点首先接触受力产生磨损，如锉削过程；三体磨粒磨损是指两个工作物质相对移动过程中遇到另外的质点接触产生磨损，如软物料在颚式破碎机中动颚板和定额板的磨损。真正工程零部件的磨损发生在磨损件上。硬质粒子可以是由磨损产生而脱落在零部件表面间的金属磨屑，也可以是被破碎的物料，还可以是自表面脱落下来的氧化物或其他沙、灰尘等。

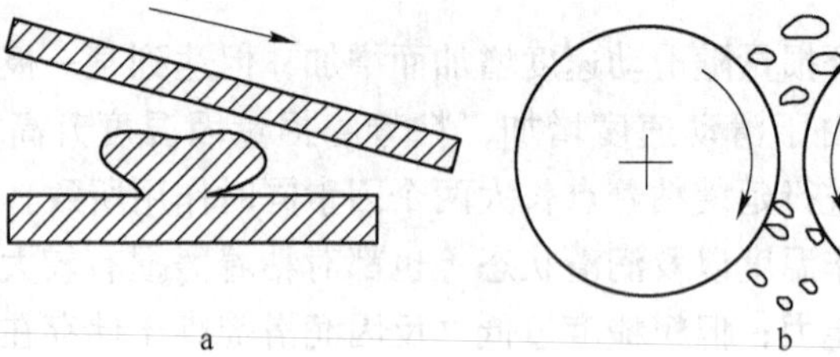

a b

图 8-4 两体和三体磨粒磨损
a—两体磨损 b—三体磨损

根据磨粒所受应力大小不同，磨粒磨损可分为凿削式磨粒磨损、高应力碾碎性磨粒磨损和低应力擦伤性磨粒磨损三类。在凿削式磨粒磨损时，从材料表面上凿削下大颗粒金属，零部件表面形成较深沟槽，如锤式破碎机锤头、挖掘机斗齿、破碎机颚板等机件表面的破坏。若磨粒与摩擦面接触处的最大压应力超过磨粒的破坏强度，则磨粒不断被碾碎，并产生高应力碾碎性磨粒磨损。此时，一般金属材料被拉伤，韧性金属产生塑性变形或疲劳，脆性金属则形成碎裂或剥落，如球磨机衬板与钢球之间、圆锥破碎机轧臼壁和物料之间、轧碎机滚筒内装物料之间等机件表面的破坏。当作用于磨粒上的应力不超过其破坏强度时，产生低应力擦伤性磨粒磨损。此时，摩擦表面仅产生轻微擦伤，如犁铧、运输槽板及机件被沙尘污染的摩擦表面等。

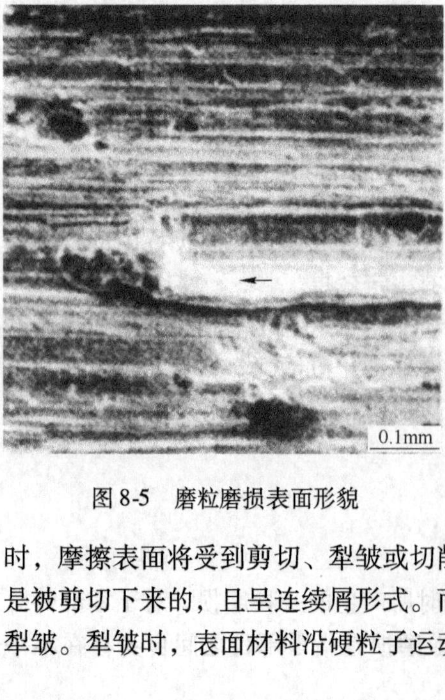

图 8-5 磨粒磨损表面形貌

如果从磨粒硬度与被磨材料硬度相对关系看，若磨粒硬度高于被磨材料的硬度，则属于硬磨粒磨损；反之，为软磨粒磨损。通常的磨粒磨损即指硬磨粒磨损。

磨粒磨损的主要特征是摩擦面上有明显犁皱形成的沟槽，如图 8-5 所示。

在磨粒磨损时，磨粒与摩擦表面之间的相互作用，与机械加工中切削刀具与工件的相互作用类似。对于韧性金属材料，每一磨粒从表面上切下的是一个具有一定长度的连续屑；而对于脆性金属材料，一个磨粒切下的是许多断屑。由于磨粒磨损产生的条件不同，它不是简单的切削过程。当磨粒受切向力作用而沿摩擦表面产生相对运动时，摩擦表面将受到剪切、犁皱或切削。对于韧性金属材料和有锐刃的硬粒子，表面材料是被剪切下来的，且呈连续屑形式。而对于有光滑刃或圆刃的硬粒子，韧性金属材料只被犁皱。犁皱时，表面材料沿硬粒子运动方向被横推而形成沟槽。大部分塑性变形的材料沿沟槽两侧堆积起来，而不是从表面上切削下来。对于脆性材料，沟槽是由裂纹扩展和随后的表面材料成碎片脱落而形成的。

在碾碎性磨粒磨损时，磨粒被压碎前几乎没有滚动和切削的机会，因此，磨粒对摩擦表面的作用是由于磨粒接触点处的集中压应力所造成的。这种集中压应力可使韧性材料表面产生塑性变形。由于磨粒大量而密集地反复压入摩擦表面，使经受塑性变形的材料前后流动，最后由于疲劳而破坏。对于脆性材料，由于摩擦表面几乎不产生塑性变形，故此时磨损是由于表面材料脆性断裂的结果，但也可能是反复应力作用而产生疲劳破坏所致。

由上所述可见，磨粒磨损过程可能是磨粒对摩擦表面产生的切削作用、塑性变形和疲劳破坏作用或脆性断裂的结果，还可能是它们综合作用的反映。

8.2.2.2 磨损量估算

现以两体磨粒磨损为例推导以切削作用为主的磨粒磨损量计算式。

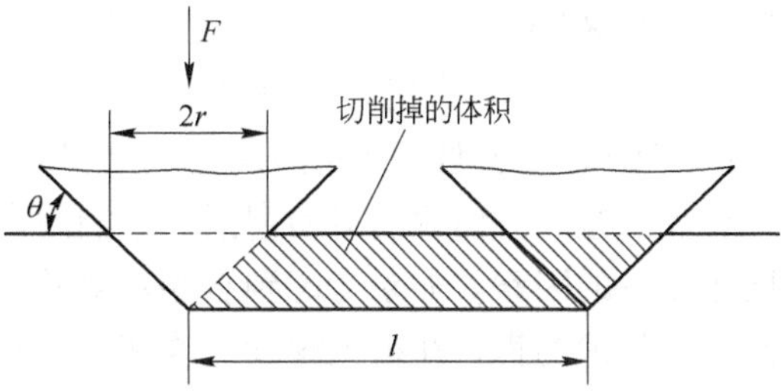

图 8-6 磨粒磨损切削过程示意图

设磨粒磨损模型如图 8-6 所示。按照这一模型，在法向力 F 作用下，硬材料的凸出部分或磨粒（假定为圆锥体）被压入软材料中。当作用在一个凸出部分上的力 F 除以凸出部分在水平面上投影接触面积 πr^2 等于软材料的压缩屈服强度时，则凸出部分或磨粒的压入就会停止下来，于是可以得到

$$F = 3\sigma_{sc}\pi r^2 \tag{8-9}$$

设 θ 为凸出部分的圆锥面与软材料表面间的夹角，当零部件相对滑动了 l 长的距离时，凸出部分或磨粒切削下来的软材料体积（图 8-6 阴影线所示面积），即磨损量 V 为

$$V = \frac{1}{2} \times 2\pi r\tan\theta l = r^2 l\tan\theta \tag{8-10}$$

将式（8-9）代入式（8-10）得

$$V = \frac{Fl\tan\theta}{3\pi\sigma_{sc}} \tag{8-11}$$

因为金属材料的屈服强度与硬度成正比（一定范围内可以这样考虑），所以式（8-11）又可写为

$$V = K\frac{Fl\tan\theta}{H} \tag{8-12}$$

式中，K 为系数。

可见，磨粒磨损量与法向力、摩擦距离成正比，与材料硬度成反比，同时还与硬材料凸出部分或磨粒的形状有关。

图 8-6 是理想化的磨粒磨损模型。实际上，由于磨粒的棱面相对摩擦表面的取向不同，只有一部分磨粒才能切削表面产生磨屑；大部分磨粒嵌入较软材料中，并使之产生塑性变形（即使是脆性材料也会产生少量塑性变形），造成擦伤或形成沟槽，而形成沟槽并不包含直接去除零部件表面的材料。堆积在沟槽两侧的材料，在零部件随后相对运动过程中只有一部分能形成磨屑。此外，实际的磨粒的形状并不一定是圆锥形的。因此，式（8-12）

中的系数 K 应该考虑到这些因素的影响。

8.2.2.3　影响因素

根据试验，金属材料对磨粒磨损的抗力与 H/E 成比例，H 为材料硬度，E 为弹性模量。材料的 H/E 值越大，在相同接触压力下弹性变形量增大。由于接触面积增加，单位法向力反而下降，致使沟槽深度减小，堆在沟槽两侧的材料也少，故磨损量亦减小。然而，E 是对组织不敏感的，因此，机件抵抗磨粒磨损的能力主要与材料硬度成正比。所以，一般情况下，材料硬度越高，其抗磨粒磨损能力也越好。

纯金属与未经热处理的钢，其磨粒磨损耐磨性与它们的自然硬度成正比，且直线通过原点（图 8-7a）。

经过热处理的钢，其耐磨性也与硬度呈线性关系，但直线的斜率比纯金属小（图 8-7b）。这表明，在相同硬度下比较时，经过热处理的钢，其抗磨粒磨损能力反不及纯金属。这一方面说明滑动磨损的影响因素比较多，另一方面也说明硬度并非是决定磨粒磨损唯一的因素。如果考虑到在磨粒磨损过程中，磨粒的切削作用占有一定分量，那么，经过热处理的钢，在很大程度上改变了材料内部组织，硬的组织产生比较大的耐磨性，而各种冶金缺陷，可能加速切削过程。这种组织的不均匀性对耐磨性特别不利，所以磨损量增加。

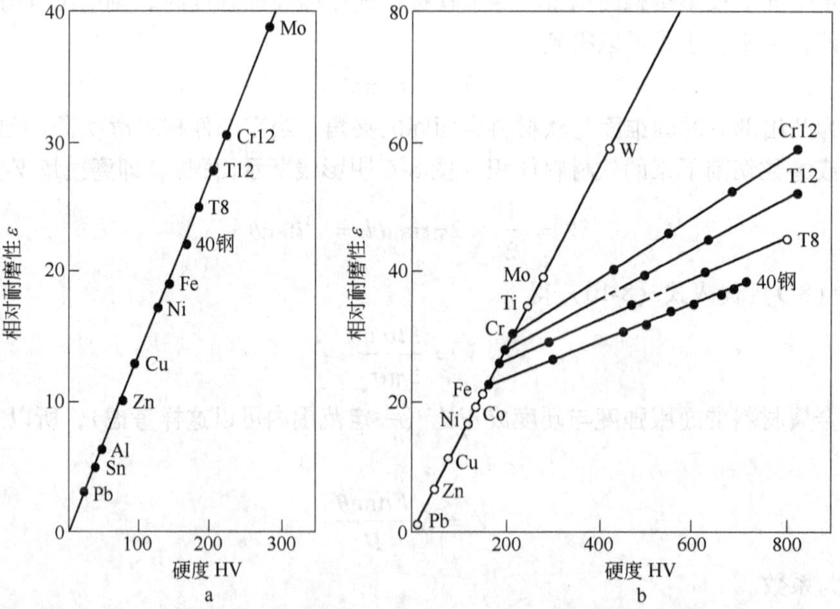

图 8-7　磨粒磨损相对耐磨性与材料硬度的关系

由图 8-7 可见，在硬度相同时，钢和其他材料相比较，合金的含碳量越高，碳化物形成元素越多，则耐磨性越好，几乎呈线性关系。另一些试验说明，耐磨性和硬度之间呈线性关系是在一定的硬度范围，在这个范围之内硬度提高耐磨性提高，当硬度提高到特别高的范围，耐磨性不再随硬度提高而提高，如图 8-8 所示。这主要是由于基体太硬不利于包裹住那些耐磨颗粒，颗粒容易脱落造成。

断裂韧度也影响金属磨粒磨损耐磨性。图 8-9 所示为耐磨性与硬度及断裂韧度关系的示意图。由图可见，在Ⅰ区，磨损受断裂过程控制，故耐磨性随断裂韧度提高而增加；在Ⅱ区，当硬度与断裂韧度配合最佳时，耐磨性最高；在Ⅲ区，断裂韧性很高的时候，材料的硬度自然很低，耐磨性随硬度降低而下降，磨损过程受塑性变形所控制。可见，磨粒磨损抗力并不唯一地决定于硬度，还与材料的韧性有关。

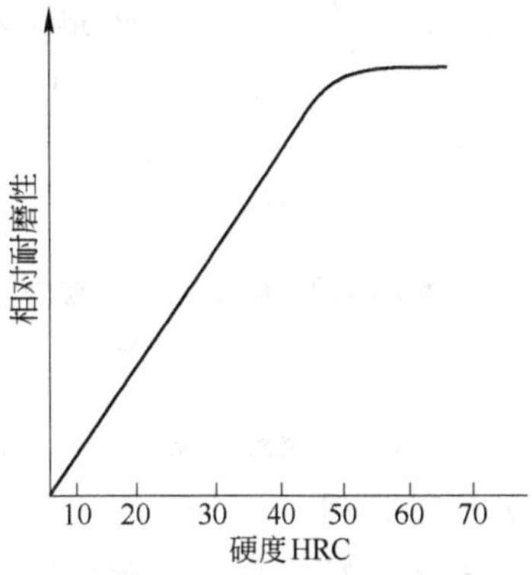

图 8-8 材料硬度和相对耐磨性之间关系

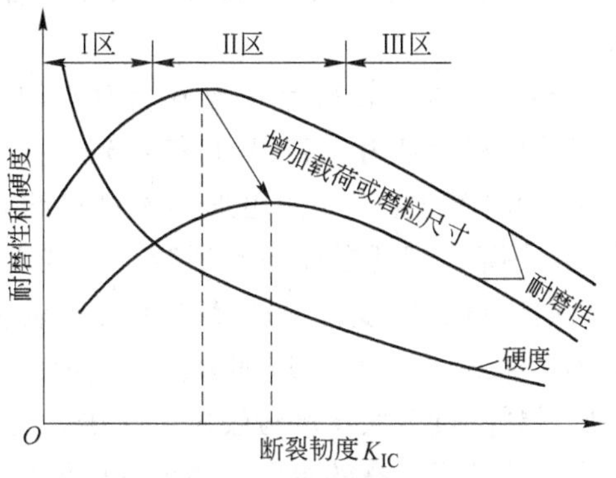

图 8-9 耐磨性、硬度与断裂韧度的关系示意图

钢中的显微组织对材料抗磨粒磨损能力也有影响，各种固溶体组织中马氏体耐磨性最好，铁素体因硬度太低，磨粒磨损的耐磨性最差。奥氏体组织由于具有特别强的加工硬化作用，所以表现出比较好的耐磨性，高锰钢就是利用这个原理工程中得到了广泛的应用。

球墨铸铁的试验证明，因基体组织不同，耐磨性也不同，基体为马氏体与回火马氏体者，其耐磨性最好。

在相同硬度下，下贝氏体比回火马氏体具有更高的耐磨性。贝氏体中保留一定数量残留奥氏体对于提高耐磨性是有利的，因为经加工硬化或残留奥氏体转变为马氏体后，基体硬度较完全为贝氏体组织者高。

细化晶粒因为能提高屈服强度、硬度及静载塑性，所以也提高耐磨性。

钢中碳化物也是影响耐磨性的重要因素之一。在软基体中碳化物数量增加，弥散度增加，耐磨性也提高；但在硬基体（即基体硬度与碳化物硬度相近）中，碳化物反而损害材料的耐磨性，因为此时碳化物如同内缺口一样，极易使裂纹扩展，致使表面材料通过切削过程而被除去，如马氏体中分布的 M_3C 型碳化物就是这样。

加工硬化对金属材料抗磨粒磨损能力的影响，因磨损类型不同而异。在低应力擦伤性磨粒磨损时，加工硬化对材料的耐磨性没有影响，这是由于磨粒或硬的凸出部分切削金属时，局部区域产生急剧加工硬化，比预先加工硬化要剧烈得多所致。但在高应力碾碎性磨粒磨损时，加工硬化能显著提高耐磨性，因为此时磨损过程不同于低应力下的情况，表面金属材料主要是通过疲劳破坏而不是切削作用去除的。

以上所述属于硬磨粒磨损情况。

在磨粒硬度低于金属材料硬度的软磨粒磨损情况下，磨损机理将发生变化，故控制耐磨性的因素也将随之变化。图 8-10 为磨损体积与硬度比（磨粒硬度 H_a 与金属材料硬度 H 比）的关系曲线。

曲线有明显的三个区域：

（1）Ⅰ区，$H_a<H$，物料硬度比较低，属于软磨粒磨损区，磨损量最小；

（2）Ⅱ区，$H_a \approx H$，过渡区，金属材料的磨损体积与硬度比（H_a/H）成直线关系；

（3）Ⅲ区，$H_a>H$，硬磨粒磨损区，磨损量较大。

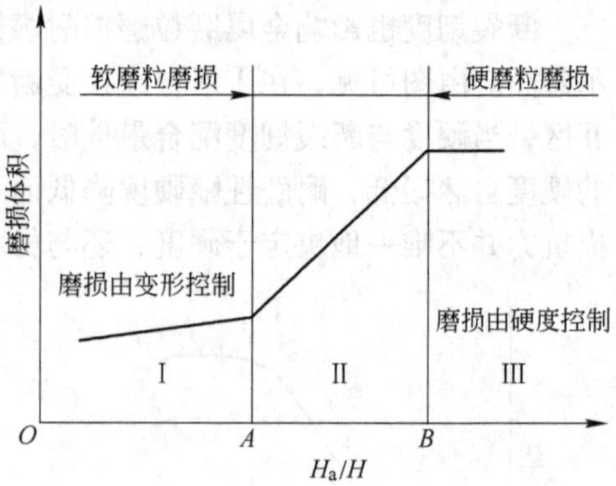

图 8-10 磨损体积与硬度比（磨粒硬度与材料硬度比）的关系

图 8-10 中两个转折点 A 与 B 所对应的 H_a/H 对于钢铁材料分别为 0.7～1.1 和 1.3～1.7。

由图 8-10 可见，如能增加金属材料的硬度，使 H_a/H 下降，则磨损体积不断减小。进入Ⅰ区时，再增加材料硬度，磨损量变化已不显著了。当 $H_a/H \geqslant 1.3 \sim 1.7$ 后再增加 H，磨损量也不再变化。因此，要降低磨粒磨损速率，必须使金属材料的硬度大于磨粒硬度 1.3 倍，这是获得低磨损速率的判据。

在磨粒硬度较高的Ⅲ区，虽然说耐磨性由硬度控制，但是硬度特别高的时候金属材料的磨损是通过合金中硬的质点脱落，破坏基体连续性，耐磨性下降。

在磨粒硬度较低的Ⅰ区，金属材料的磨损是通过表面严重变形、疲劳而发生的。此时，硬度是次要因素。这表明，在软磨粒磨损情况下，提高材料的硬度对提高耐磨性作用不大。

磨粒磨损在冶金、矿山、建筑和工程机械中非常普遍。农业机械中失效机件 40% 以上是由于磨粒磨损引起的。因此，寻求新的耐磨粒磨损材料及提高材料磨粒磨损耐磨性的有效工艺方法，一直受到广泛关注。

8.2.2.4 改善磨粒磨损耐磨性的措施

改善磨粒磨损耐磨性的措施如下：

（1）一般来讲，磨粒磨损的工作条件应增加材料硬度。这是提高耐磨性的比较有效的措施。如用含碳较高的钢淬火获得马氏体组织，即可得到高硬度和高耐磨性。如果能使材料硬度与磨粒硬度之比达到 0.9～1.4（图 8-10 之 A 点），可使磨损量减得很小。但如果磨粒磨损机理是塑性变形，或塑性变形后疲劳破坏（低周疲劳）、脆性断裂，则提高材料韧性对改善耐磨性是有益的。此时，用等温淬火获得下贝氏体，消除基体中初生碳化物，并使二次碳化物均匀弥散分布，以及含适量残留奥氏体等都能改善抗磨粒磨损能力。

（2）要根据零部件服役条件，合理选择耐磨材料。如在高应力冲击载荷下（颚式破碎机齿板粉碎难破碎矿石时），要选用高锰钢 Mn13，利用其高韧性和高的加工硬化能力，可得到高耐磨性。但在滑动接触式连续性重载作用下（挖掘机刀头）工作，则应选用硬质合金、高铬白口铸铁，或经过二次硬化处理的基体钢，才能得到高的抗磨粒磨损性能。在冲击载荷不大的低应力磨损场合（水泥球磨机衬板、拖拉机履带板等），用中碳低合金钢并经淬火回火处理，可以得到适中的耐磨粒磨损性能。

（3）正确采用渗碳、碳氮共渗等化学热处理提高表面硬度，也因改变摩擦条件而能有效地提高磨粒磨损耐磨性。

（4）经常注意机件防尘和清洗。防止大于 1μm 磨粒进入接触面，也是有效的措施。

8.2.3　冲蚀磨损

8.2.3.1　磨损现象和机理

冲蚀磨损是指流体或固体以松散的小颗粒按一定的速度和角度对材料表面进行冲击所造成的磨损也可以理解为冲刷磨损。松散粒子尺寸一般比较小，冲击速度在 500m/s 以内。根据携带粒子的介质不同，冲蚀磨损又分为固粒冲蚀磨损、流体冲蚀磨损、液滴冲蚀磨损和气蚀磨损（表 8-1）。气固冲蚀磨损又称喷砂型冲蚀磨损，是最常见的冲蚀磨损。

表 8-1　冲蚀现象分类

冲蚀磨损类型	介　质	第二相	破坏实例
喷砂型冲蚀	带悬浮颗粒的气体	固体粒子	燃气轮机、锅炉管道
雨滴、水滴冲蚀		液　滴	高速飞行器、蒸汽轮机叶片
泥浆冲蚀	悬浊液体	固体粒子	水轮机叶片、泥浆泵轮
气　蚀		气　泡	水轮机叶片、高压阀门密封面

在冲蚀磨损过程中，表面材料流失主要是机械力引起的。在高速粒子不断冲击下，塑性材料表面逐渐出现短程沟槽和鱼鳞状小凹坑（冲蚀坑），且变形层有微小裂纹。图 8-11a 为球形粒子犁削材料表面形成的冲蚀坑，可见材料表面被冲蚀产生的变形；图 8-11b 和图 8-11c为立方体粒子冲击材料表面通过切削方式形成的冲蚀坑。切削 I 型冲蚀坑有较大的唇片隆起，这部分材料在随后的冲击时极易脱落，形成磨屑。

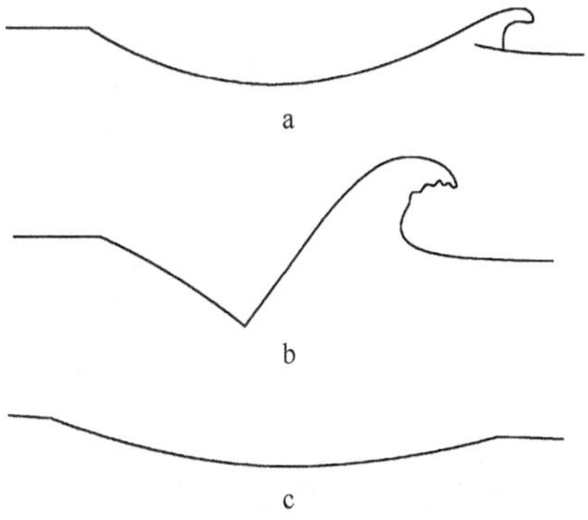

图 8-11　三种典型冲蚀坑侧面示意图

芬尼（Finnie）认为，塑性材料（如铝、低碳钢等）表面受粒子冲击形成冲蚀坑并导致材料流失，是短程微切削作用所致。他在几个假定的条件下给出下列估算冲蚀磨损量的公式。

当冲击角为 $0 < \alpha < \alpha_0$ 时

$$V = \frac{mv_0^2}{2}\frac{1}{\sigma_s}\left(\frac{\sin 2\alpha - 3\sin^2\alpha}{2}\right) \tag{8-13}$$

当冲击角为 $\alpha_0 < \alpha < 90°$ 时

$$V = \frac{mv_0^2}{2}\frac{1}{\sigma_s}\left(\frac{\cos^2\alpha}{6}\right) \tag{8-14}$$

式中　V——冲蚀磨损体积；

m——冲蚀粒子的总质量；

v_0——粒子入射初速度；

σ_s——材料屈服强度；

α——冲击角；

α_0——临界冲击角，等于18.43°。

由式（8-13）、式（8-14）可见，冲击角对冲蚀磨损量有重要影响：冲击角小于18.43°时，冲蚀磨损体积随冲击角增加明显增大；冲击角大于18.43°时，冲蚀磨损体积随冲击角增加逐渐降低。

实际上，塑性材料表面冲蚀坑是在短程微切削和塑性变形作用下形成的。在粒子反复冲击、材料反复塑性变形下形成磨屑，材料流失。

脆性材料（如陶瓷、玻璃等）冲蚀磨损是裂纹形成与快速扩展的过程。当用锐角粒子冲击脆性材料表面时，发现有两种形状的裂纹：一种是垂直于表面的初生径向裂纹；另一种是平行于表面的横向裂纹（图8-12）。在粒子冲击下，径向裂纹形成及其扩展降低材料强度。横向裂纹形成并扩展到表面，材料脱落变为磨屑而流失。

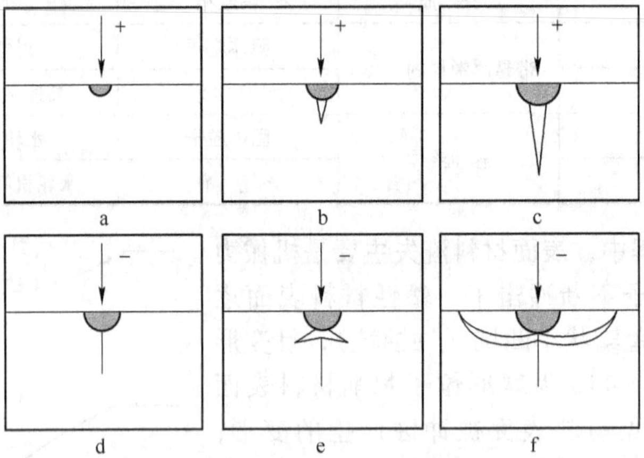

图8-12　锐角粒子冲击裂纹生长示意图
+—加载；−—卸载

8.2.3.2　影响因素

影响冲蚀磨损的因素很多，从冲蚀磨损发生的环境条件和材料破坏特性看，主要影响因素有：

（1）环境因素，如冲击角、粒子速度及浓度、冲击时间、温度及介质。

（2）粒子性能，如粒度、形状、硬度、密度、可碎性等。

（3）材料性能，如硬度、强度、韧性和物理性能。

在研究各种影响材料冲蚀磨损的因素时，通常要测定材料冲蚀率的变化。对喷砂型冲蚀，冲蚀率为单位重量粒子造成材料流失的重量或体积，单位为mg/g或mm^3/g。

粒子入射轨迹与材料表面的夹角称为冲击角（或攻角、入射角、迎角）。冲击角是影响材料冲蚀磨损量的重要因素。大量试验表明：陶瓷、玻璃等典型脆性材料最大冲蚀率出现在冲击角为90°附近；铜、铝合金等典型塑性材料最大冲蚀率出现在20°~30°之间（图8-13）。一般工程材料显示介于脆性材料和塑性材料之间的特性。

粒子速度对材料冲蚀率的影响，主要是因为冲蚀磨损量与粒子动能有重要关系。将许多材料冲蚀磨损试验结果整理，可得

$$\varepsilon = Kv^n \tag{8-15}$$

式中 ε——冲蚀率；

K——常数；

v——粒子速度；

n——速度指数，通常为2.3～2.4。

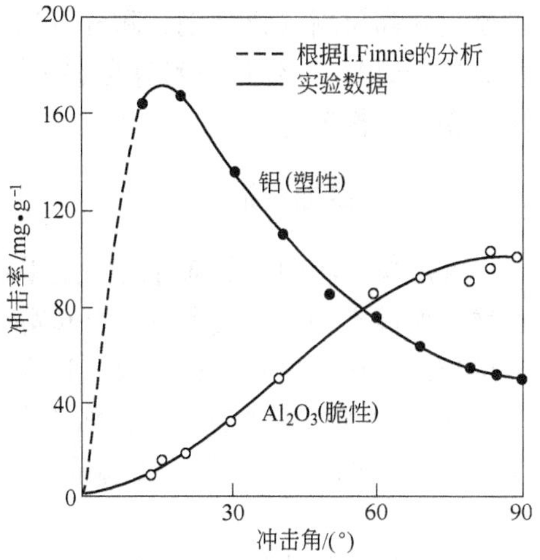

图8-13 铝及三氧化二铝冲蚀率与冲击角的关系

粒子速度对冲蚀磨损的影响通常都是指高速范围（60～400m/s）。速度小于60m/s，一般不发生严重冲蚀磨损，如气流输送管道中，粒子速度一般为25m/s左右，冲蚀破坏很轻。若粒子速度继续降低，则可能出现产生冲蚀磨损的速度下限，即所谓门槛速度值，低于此速度值的粒子与材料表面之间只有单纯的弹性碰撞而观察不到破坏。例如，用直径0.3mm的球形铸铁丸冲击玻璃，门槛速度为9.9m/s；而用直径0.3mm的石英砂冲击$w_{Cr}=11\%$的钢，门槛速度只有2.7m/s。

粒子粒度对冲蚀磨损有明显影响。粒子尺寸在20～200μm范围内，材料冲蚀率随粒子尺寸增大而上升，但粒子尺寸增大到某一临界值时，材料冲蚀率几乎不变或变化很缓慢。

在双对数坐标图上显示，材料冲蚀率随粒子硬度呈线性增加。

尖角形粒子与圆形粒子比较，在相同条件下，如45°冲击角时，尖角形粒子比圆形粒子造成的磨损大约4倍，甚至低硬度的尖角形粒子较高硬度的圆形粒子产生的磨损还要大。

粒子在冲击材料表面时有时会发生破碎，破碎的粒子碎片又会对表面产生第二次冲蚀，使材料冲蚀率增加。

材料性能对冲蚀磨损的影响比较复杂。提高塑性材料的屈服强度（或硬度），对增加材料冲蚀磨损抗力有利。但对脆性材料，断裂韧度的影响比硬度大，提高断裂韧度，冲蚀磨损体积降低。

材料冲蚀磨损是一个复杂过程，实际冲蚀磨损发生时往往是多个因素共同作用的综合结果。

8.2.3.3 改善冲蚀磨损耐磨性的措施

改善冲蚀磨损耐磨性的措施如下：

（1）设法减小入射粒子和介质的速度，因为速度是引起冲蚀磨损的重要参数。

（2）改变冲击角以减轻冲蚀磨损，塑性材料尽量避免在20°～30°之间服役，脆性材料则应力求不受粒子垂直入射。

（3）合理利用粒子浓度和粒度，以减轻冲蚀磨损。

（4）合理设计机件形状，如合理设计涡轮叶片、飞行器或其他机件的迎风面，输送管线平滑过渡和弯曲等。

（5）在保持良好设计条件时，应尽可能选用冲蚀磨损抗力较高的材料及表面处理方法。选材时，关键是要根据服役条件正确处理硬度和韧性的合理配合。如在小冲击角下应选硬度较高材料（淬硬钢、陶瓷等），以防切削型冲蚀磨损；在大冲击角下（特别是接近垂直冲击时），应保证材料有足够韧性，以防产生表面裂纹剥落。此时可选用奥氏体高锰钢、塑料、橡胶等。

8.2.4　腐蚀磨损

在摩擦过程中，零部件之间或零部件表面与环境介质发生化学或电化学反应形成腐蚀产物，腐蚀产物的形成和脱落引起腐蚀磨损。腐蚀磨损因常与摩擦面之间的机械磨损（粘着磨损或磨粒磨损）共存，故又称为腐蚀机械磨损。

典型的腐蚀磨损有各类机械中普遍存在的氧化磨损，以及在化工机械中因特殊腐蚀气氛而产生的特殊介质腐蚀磨损两类。特殊介质腐蚀磨损在一般机械中比较少见，故从略。

在常温，氧化磨损的磨损速率最小，仅为0.1～0.5μm/h，属于正常类型的磨损。

任何存在于大气中的机件表面总有一层氧的吸附层。当零部件做相对运动时，由于表面凹凸不平，在凸起部位单位压力很大，导致产生塑性变形。塑性变形加速了氧向金属内部扩散，从而形成氧化膜。由于形成的氧化膜强度低，在零部件继续做相对运动时，氧化膜被零部件一方的凸起所剥落，裸露出新表面，从而又发生氧化，随后又再被磨去。如此，氧化膜形成又除去，机件表面逐渐被磨损，这就是氧化磨损过程。

氧化磨损的宏观特征是，在摩擦面上沿滑动方向呈匀细磨痕，其磨损产物或为红褐色的 Fe_2O_3，或为灰黑色 Fe_3O_4。

既然因氧化磨损时，在零部件表面接触点处同时进行塑性变形和氧的扩散，所以氧化磨损的速率或磨损量取决于零部件表面层对塑性变形的抗力、氧在金属中的扩散速率、氧化膜的性质和厚度以及氧化膜与基体结合的牢固程度，以及摩擦学参数（如接触压力、滑动速度、滑动距离、温度等）。

奎因（T. F. J. Quinn）的研究指出，氧化磨损体积与接触压力、滑动距离、摩擦表面凸起相遇的距离成正比，而与氧化膜的临界厚度、氧化膜的密度、滑动速度、零部件的屈服强度（或硬度）以及滑动界面上的热力学温度成反比。由于这些因素有些是不确定的，因此氧化磨损定量估算比较困难。

氧化磨损不一定是有害的，如果氧化磨损先于其他类型磨损（如粘着磨损）发生和发展，则氧化磨损是有利的。

8.2.5　微动磨损

在机器的嵌合部位和紧配合处，接触表面之间虽然没有宏观相对位移，但在外部变动载荷和振动的影响下却能产生微小滑动。这种微小滑动是小振幅的切向振动，称为微动，其振幅约为 10^{-2}μm 数量级。接触表面之间因存在小振幅相对振动或往复运动而产生的磨损称为微动磨损或微动腐蚀，其特征是零部件接触区有大量红色 Fe_2O_3磨损粉末，如果是铝件，则磨损产物为黑色的。产生微动磨损时在摩擦面上还常常见到因接触疲劳破坏而形成的麻点或蚀坑。

微动磨损是一种复合磨损，兼有粘着磨损、氧化磨损和磨粒磨损的作用，其过程有三个阶段：在第一阶段产生凸起塑性变形，并由此形成表面裂纹和扩展，或去除表面污物形成粘着和粘着点断裂；第二阶段是通过疲劳破坏或粘着点断裂形成磨屑，磨屑形成后随即被氧化；第三阶段是磨粒磨损阶段，磨粒磨损又反过来加速第一阶段，如此循环不已就构成了微动磨损。

由于微动磨损集中在局部地区，又因两摩擦表面永不脱离接触，故磨损产物不易排出。在连续振动时，由于磨屑对于零部件表面产生交变接触压应力，导致表面疲劳破坏形成麻点或蚀坑。蚀坑有可能是应力集中源，并随后因疲劳裂纹发展，引起机件完全破坏。

在工程上，机械系统或机械部件如搭接接头、键、推入配合的传动轮、金属静密封、发动机固定件及离合器（片式摩擦离合器内外摩擦片的结合面）等，常产生微动磨损。在实验室进行疲劳试验时，有时在试样夹头处出现许多红色氧化物粉末，最后试样不在工作长度内而在夹头处产生疲劳断裂，这就是以微动磨损蚀坑为疲劳源、裂纹快速扩展的结果。

改善微动磨损耐磨性的措施，首先是加强紧配，保证足够的过盈量，避免产生微小振动。还可以用化学热处理方法，提高零部件表面抗粘着能力，以减轻微动磨损。钢制机件经表面渗硫或硫氮共渗处理，可以显著提高抗微动磨损能力。此外，在零部件间加绝缘层或充填聚四氟乙烯，既可以防止微凸起接触，又阻止氧参与磨损过程，可以大大减轻微动磨损。

8.3 常用磨损试验方法

磨损试验方法分为实物试验与实验室试验两类。实物试验采用与实际情况一致或接近一致的试验条件，因此，试验结果的可靠性高。但这种试验所需时间长，且受外界因素的影响难于掌握和分析。实验室试验虽然具有试验时间短、成本低、易于控制各种因素的影响等优点，但试验结果常不能直接表明实际情况。因此，研究重要机件的耐磨性时，往往兼用这两种方法。

实验室试验所用摩擦磨损试验机的原理和类型如图 8-14 所示。

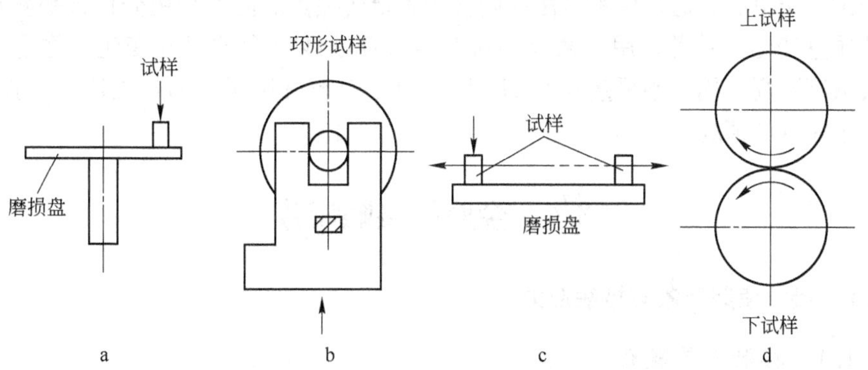

图 8-14 摩擦磨损试验机原理

图 8-14a 所示为销盘型试验机，试样加工成圆柱体。它是将试样加上试验力紧压在旋转圆盘上，试样可在半径方向往复运动，也可以是静止的。磨损盘表面可以粘贴砂纸或者

其他需要磨损的颗粒。这类试验机可用来评定各种零部件及润滑材料的低温与高温摩擦和磨损性能，既可以做磨粒磨损试验，又能进行粘着磨损规律的研究。试验在一定的载荷或者一定的磨损行程之后测量试样的质量。通常以磨损量作为磨损标志。图 8-14b 所示为环块型磨损试验机，两种试样分别加工成圆环形和块形。这种试验机可以测定各种金属材料及非金属材料（尼龙、塑料）等在滑动状态下的耐磨性能。环形试样（其材料一般是不变的）安装在主轴上，顺时针转动；块形试样安装在夹具上。通常，试验后测量环形试样的失重和块形试样的磨痕宽度，分别计算体积磨损，以评定试验材料的耐磨性。图 8-14c 所示为往复运动型试验机，外形像销盘试验机。试样在静止平面上做往复运动，可评定往复运动机件如导轨、缸套与活塞环等零部件的耐磨性；评定选用材料及工艺与润滑材料的摩擦及磨损性能等。图 8-14d 所示为滚子型磨损试验机，两个相对运动的滚子可以以相同速度旋转，也可以不同。该种试验机主要用来测定金属材料在滑动摩擦、滚动摩擦、滚动和滑动复合摩擦及间隙摩擦情况下的磨损量，用来比较各种材料的耐磨性能。在试验时，所用试样有圆环形和蝶形两种。当进行滚动、滚动与滑动复合摩擦磨损试验时，上、下试样均用圆环形试样；在进行滑动摩擦磨损试验时，上试样可为蝶形试样，下试样为圆环形试样。

磨损试验时，应按零部件运动方式（往复、旋转）及摩擦方式（滚动或滑动）来确定试验方法及所用试样形状和尺寸，并应使速度、试验力和温度等因素尽可能接近实际服役条件。

试样加工应保证相同的精度及表面粗糙度，有色金属试样应尽量避免磨削及研磨，以防磨粒嵌入摩擦表面。

磨损试验结果分散性很大，所以试验试样数量要足够，一般试验需要有 4~5 对零部件，数据分散度大时还应酌情增加。处理试验结果时，一般情况下取试验数据的平均值，分散度大时需用均方根值来处理。

必须指出，同一材料当用不同方法进行磨损试验时，结果往往不同。这种差别不仅表现在绝对值上，有时在相对关系上也不相同，甚至是颠倒的。因此，在引用文献资料以及比较试验结果时，应特别慎重。

磨损试验结束后，通常用称量法或测长法确定磨损量。前者是用分析天平测定试样磨损前后的质量变化，后者是用测微尺测量摩擦表面法线方向的尺寸变化。称量法操作简便，但灵敏度不高，用于磨损量在 0.01g 以上时才有较好结果。测长法用于磨损量较大、称量法难于实现的情况。

8.4 金属的接触疲劳

8.4.1 接触疲劳现象与接触应力

8.4.1.1 接触疲劳现象

接触疲劳是机件两接触面滚动或滚动加滑动摩擦时，在交变接触压应力长期作用下，材料表面因疲劳损伤，导致局部区域产生小片或小块状金属剥落而使材料流失的现象，又称表面疲劳磨损或疲劳磨损。

接触疲劳的宏观形态特征是在接触表面上出现许多小针状或痘状凹坑，有时凹坑很深，呈贝壳状，有疲劳裂纹扩展线的痕迹（图 8-15）。

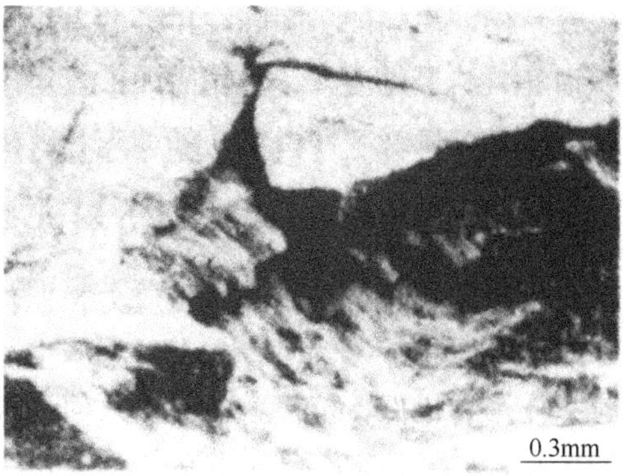

图 8-15 接触疲劳磨损表面形貌

根据剥落裂纹起始位置及形态不同，接触疲劳破坏分麻点剥落（点蚀）、浅层剥落和深层剥落（表面压碎）三类。深度在 0.2mm 以下的小块剥落称为麻点剥落，呈针状或痘状凹坑，截面呈不对称 V 形。浅层剥落深度一般为 0.2 ~ 0.4mm，剥块底部大致和表面平行，裂纹走向与表面成锐角和垂直。深层剥落深度和表面强化层深度相当，裂纹走向与表面垂直。

图 8-16 所示为齿轮节圆附近齿面的麻点剥落，图 8-17 所示为表面淬火齿轮深层剥落的宏观形貌。

图 8-16 中等硬度齿轮上的麻点

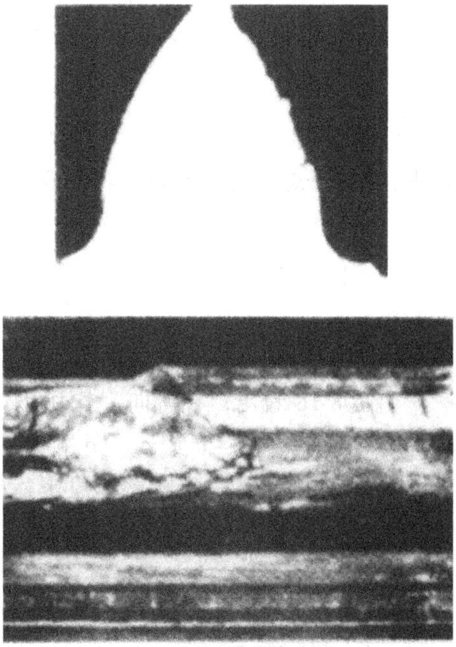

图 8-17 表面淬火齿轮沿过渡区深层剥落

接触疲劳与一般疲劳一样，也分为裂纹形成和扩展两个阶段，但通常认为裂纹形成过程时间长，而扩展阶段只占总破坏时间很小一部分。

接触疲劳曲线（最大接触压应力—破坏循环周次曲线）也有两种：一种是有明显的接触疲劳极限；另一种是对于硬度较高的钢，最大接触压应力随循环周次增加连续下降，无明显接触疲劳极限。

在接触压应力作用下，接触疲劳破坏与表面层塑性变形有关，因而表面层塑性变形的深度决定麻点剥落的深度，而塑性变形进行的剧烈程度则决定麻点剥落扩展的速度。

齿轮、轴承、钢轨与轮箍的表面经常出现接触疲劳破坏。少量麻点剥落不影响机件的正常工作，但随着时间的延长，麻点尺寸逐渐变大，数量也不断增多，机件表面受到大面积损坏，结果无法继续工作而失效。对于齿轮而言，麻点越多，啮合情况则越差，噪声也越来越大，振动和冲击也随之加大，严重时甚至可能将轮齿打断。

8.4.1.2 接触应力

由于接触疲劳是在接触压应力长期作用下的结果，所以需要了解接触应力的概念。

两物体相互接触时，在表面上产生的局部压入应力称为接触应力或赫兹应力。受接触应力作用的机件，按接触面初始几何条件不同，可分为线接触与点接触两类。前者如齿轮的接触，后者如滚珠轴承的接触。

假设有两圆柱体的半径分别为 R_1、R_2，长度为 l，在未变形前两者是线接触的。施加法向力 F 后，因弹性变形而变为面接触，接触面面积为 $2bl$，根据弹性力学分析，接触压应力 σ_z 沿 y 轴按半椭圆柱规律分布（图 8-17）。在接触中心（$y=0$）处，σ_z 达到最大值，则

$$\sigma_z = \sigma_{z\max}\sqrt{1-\frac{y^2}{b^2}} \tag{8-16}$$

$$\sigma_{z\max} = 0.418\sqrt{\frac{FE}{l}\cdot\frac{R_1+R_2}{R_1R_2}}$$

式中 E——综合弹性模量，由两圆柱体的弹性模量 E_1、E_2 求得

$$E = \frac{2E_1E_2}{E_1+E_2} \tag{8-17}$$

b——接触面半宽，$b=1.52\sqrt{\frac{F}{El}\cdot\frac{R_1+R_2}{R_1R_2}}$。

由图 8-18 看出，在法向力作用下，实际接触处的接触应力为三向压应力，所以除了 σ_z 外，尚有 σ_x、σ_y。σ_x、σ_y、σ_z 都是主应力，它们沿接触深度方向的分布如图 8-19 所示。由图 8-19 可知，在一定接触深度下，$\sigma_z>\sigma_y>\sigma_x$；超过一定深度后，$\sigma_z>\sigma_x>\sigma_y$，相应

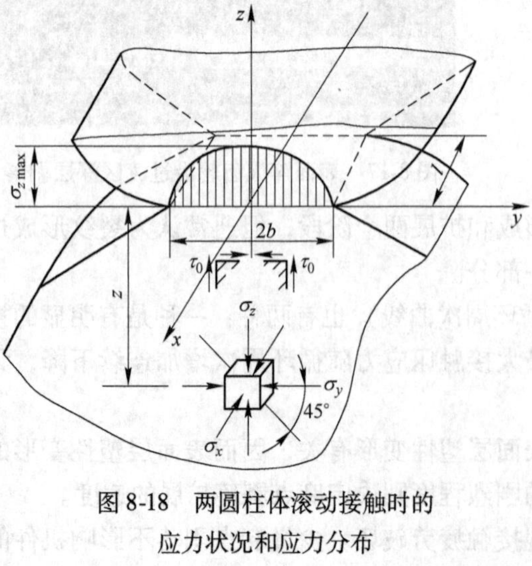

图 8-18 两圆柱体滚动接触时的应力状况和应力分布

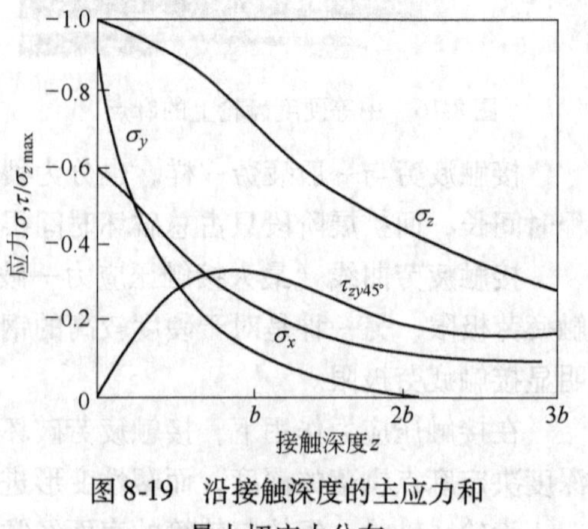

图 8-19 沿接触深度的主应力和最大切应力分布

的最大切应力为

$$\tau_{zy45^\circ} = \frac{\sigma_z - \sigma_y}{2}, \tau_{zx45^\circ} = \frac{\sigma_z - \sigma_x}{2}, \tau_{yx45^\circ} = \frac{\sigma_y - \sigma_x}{2}$$

这三个最大切应力分别作用在与主应力作用面互成45°方向的平面上，且 τ_{zy45° 值最大 τ_{zy45° 沿接触深度方向的分布如图 8-19 所示，在接触深度为 0.786b 处，τ_{zy45° 达到最大值，$\tau_{zy45^\circ} = (0.3 \sim 0.33)\ \sigma_{z\max}$。对于接触面上某一位置而言，当两物体相互接触并承受法向力时，在其接触面下深度 0.786b 处就建立起 $\tau_{zy45^\circ\max}$ 来，两物体脱离接触时，$\tau_{zy45^\circ\max}$ 降为零。因而对于接触面上某一位置，其亚表层受 $0 \sim \tau_{zy45^\circ\max}$ 脉动循环应力作用，应力半幅为 $\frac{1}{2}\tau_{zy45^\circ\max}$，即为（0.15 ~0.16）$\sigma_{z\max}$。

以上所述是在接触区沿 z 轴方向的应力分布，在接触区其他区域的应力分布与此不同。其他区域的切应力不等于零，故 σ_x、σ_y、σ_z 就不是主应力了，其应力状况也示于图 8-19，切应力 τ_0 平行于接触表面，因在 z 轴两边，τ_0 方向不同，故 τ_0 为交变切应力，其最大值 $\tau_{0\max}$ 位于接触面下 $z = 0.5b$、$y = \pm 0.85b$ 处，且 $\tau_{0\max} = 0.256\sigma_{z\max}$。由于该应力是对称循环变化的，所以应力半幅即为 $0.256\sigma_{z\max}$。

这样就可以看到，当两圆柱体滚动接触时，在接触中心下 0.786b 处受脉动循环切应力作用，切应力方向与接触面成45°，应力半幅为（0.15 ~0.16）$\sigma_{z\max}$；而在接触区下 $z = 0.5b$、$y = \pm 0.85b$ 处受对称循环切应力作用，方向与接触面平行，应力半幅为 $0.256\sigma_{z\max}$。由于 $\tau_{0\max}$ 应力半幅比 $\tau_{zy45^\circ\max}$ 的应力半幅大得多，所以，切应力 τ_0 比 τ_{zy45° 更危险，即接触疲劳强度设计和破坏分析以 τ_0 为依据更为合理。

在点接触情况下，施加法向力后，视两接触物体形状不同，接触面可能是椭圆或圆，滚珠与轴承套圈接触，接触面为椭圆，球与球或球与平面接触，接触面为圆。在接触面为椭圆的情况下，接触应力按半椭圆球规律分布，且

$$\sigma_z = \sigma_{z\max}\sqrt{1 - \frac{x^2}{a^2} - \frac{y^2}{b^2}} \tag{8-18}$$

对于半径为 R 的圆球和平面（$R = \infty$）的点接触，经弹性力学计算，接触圆半径 $b = 1.11\sqrt[3]{\frac{FR}{E}}$，$\sigma_{z\max} = 0.388\sqrt[3]{\frac{FE^2}{R^2}}$，$E$ 为综合弹性模量，F 为法向力。$\tau_{zy45^\circ\max}$ 也等于 $0.3\sigma_{z\max}$，深度也为 0.786b。如两球接触，则最大切应力 $\tau_{zy45^\circ\max}$ 在 0.5b 处。

以上属纯滚动的情况，倘若两接触物体既做滚动又有滑动，将产生切向作用的摩擦力。此时，摩擦力的应力场和接触应力的应力场相互叠加，将改变接触区的应力和应力分布。在有滑动时，摩擦力与最大切应力 τ_{zy45° 叠加的最大综合切应力的最大值从 $z = 0.786b$ 处向表层移动。当摩擦因数大于 0.1 时，最大综合切应力的最大值将移动到机件表面。这种应力和应力分布的变化对于分析接触疲劳破坏是很有用的。

8.4.2 接触疲劳破坏机理

8.4.2.1 麻点剥落

麻点剥落的形成过程是在滚动接触过程中（实际条件下尚应有滑动），由于表面最大

综合切应力反复作用，在表层局部区域，如材料的抗剪屈服强度较低，则将在该处产生塑性变形，同时必伴有形变强化。由于损伤逐步累积，直到表面最大综合切应力超过材料的抗剪强度时，就在表层形成裂纹。裂纹形成后，润滑油挤入裂纹。在连续滚动接触过程中，润滑油反复压入裂纹内并被封闭。封闭在裂纹内的高压油，以较高的压力作用于裂纹内壁（实际上是使裂纹张开的应力），使裂纹沿与滚动方向成小于45°倾角向前扩展。在纯滚动条件下，裂纹扩展方向与 $\tau_{zy45°\max}$ 方向一致；有滑动摩擦时，倾角减小，摩擦力越大，倾角越小。当裂纹扩展到一定程度后，因尖端有应力集中，故在该处产生二次裂纹。二次裂纹与初始裂纹垂直，其中也有润滑油。二次裂纹也受高压油作用而不断向表面扩展。当二次裂纹扩展到表面时，就剥落下一块金属而形成一凹坑。

实践表明，表面接触应力较小，摩擦力较大或表面质量较差（如表面有脱碳、烧伤、淬火不足、夹杂物等）时，易产生麻点剥落。前者是因为表面最大综合切应力较高，后者则是材料抗剪强度较低所致。

8.4.2.2　浅层剥落

浅层剥落裂纹产生于亚表层，其所在位置与 $\tau_{0\max}$ 所在位置相当，即产生于 $0.5b$ 处附近。由于该处切应力最大，故塑性变形最剧烈。在接触应力反复作用下，塑性变形反复进行，使材料局部弱化，遂在该处形成裂纹。裂纹常出现在非金属夹杂物附近，故裂纹开始沿非金属夹杂物平行于表面扩展，而后在滚动及摩擦力作用下又产生与表面成一倾角的二次裂纹。二次裂纹扩展到表面，另一端则形成悬臂梁，因反复弯曲发生弯断，从而形成浅层剥落（图8-20）。浅层剥落多出现在表面粗糙度低，纯滚动或相对滑动小、接近纯滚动的场合。

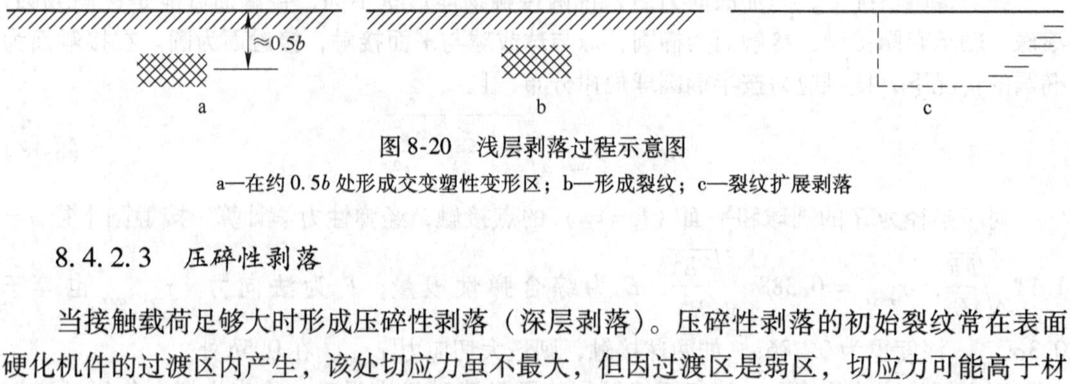

图8-20　浅层剥落过程示意图

a—在约 $0.5b$ 处形成交变塑性变形区；b—形成裂纹；c—裂纹扩展剥落

8.4.2.3　压碎性剥落

当接触载荷足够大时形成压碎性剥落（深层剥落）。压碎性剥落的初始裂纹常在表面硬化机件的过渡区内产生，该处切应力虽不最大，但因过渡区是弱区，切应力可能高于材料强度而在该处产生裂纹。裂纹形成后先平行于表面扩展，即沿过渡区扩展，而后再垂直于表面扩展，最后形成较深的剥落坑（图8-21）。

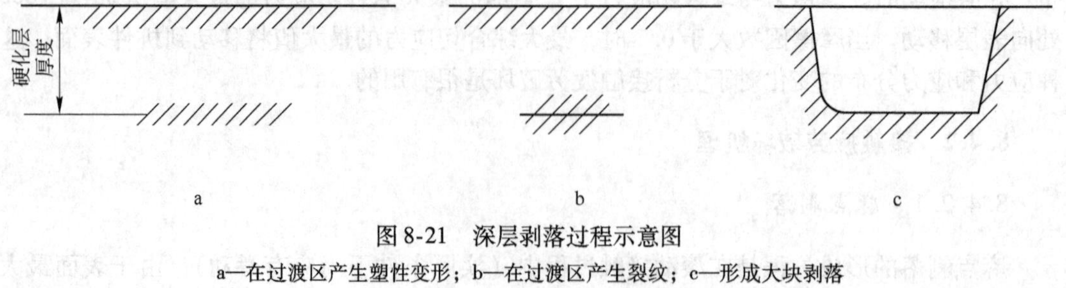

图8-21　深层剥落过程示意图

a—在过渡区产生塑性变形；b—在过渡区产生裂纹；c—形成大块剥落

表面硬化机件心部强度太低，硬化层深不合理，梯度太陡或过渡区存在不利的应力分布都易造成深层剥落。

8.4.3 接触疲劳试验方法

不同材料或同一材料经不同热处理后，其接触疲劳强度用接触疲劳曲线 σ_{max}-N（与高周疲劳的 S-N 曲线类似）来描述，σ_{max}为按赫芝公式算出的最大接触压应力，N 为破坏循环周次。14CrMnSiNi2Mo 钢接触疲劳曲线如图 8-22 所示，图中水平部分对应的应力为接触疲劳极限，斜线为过载持久值。

测定接触疲劳极限时，其循环基数 N_0一般也取 10^7次，并且规定：当试样上深层剥落面积不小于 3mm^2，或当试样上麻点剥落（集中区）在 10mm^{2}面积内出现麻点率达 15% 的损伤时，均判定为接触疲劳破坏。

接触疲劳试验是在接触疲劳试验机上进行的。试验机有纯滚动和滚动带滑动两类。前者结构简单些，但只适用于纯滚动条件下的金属材料试验；后一种结构比较复杂，因为有滑差结构，可以满足不同要求下的滚动带滑动的试验条件，对于齿轮材料的试验比较合适。

图 8-23 所示为应用较广的 JPM-1 型滚子式试验机原理，该试验机可以做纯滚动或滚动带滑动的试验。试样（上试样）装于上主轴，陪试件（下试样）装于下主轴。根据试验目的和试验机类型，可选用不同试样和陪试件进行线接触或点接触试验。

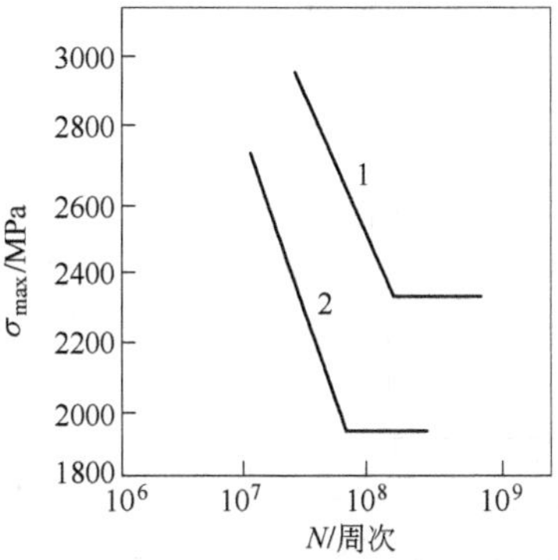

图 8-22 14CrMnSiNi2Mo 钢接触疲劳曲线

1—碳氮共渗，渗层 0.66mm；2—渗碳，渗层 0.76mm

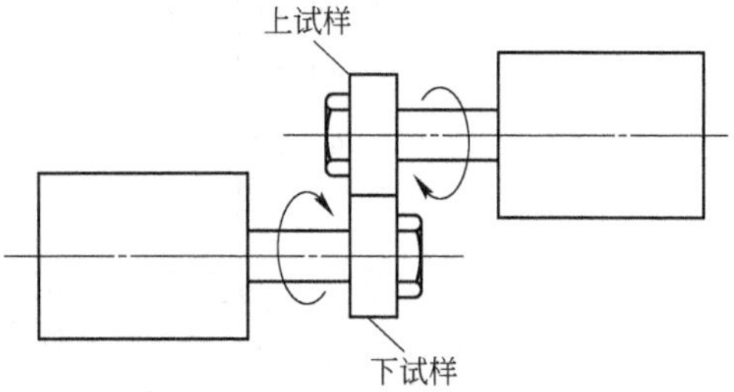

图 8-23 JPM-1 型试验机原理

8.4.4 影响接触疲劳寿命的因素

接触疲劳是轴承和齿轮常见的失效形式，以下所介绍的影响因素主要是针对这两类机件的。

8.4.4.1 内部因素

A 非金属夹杂物

钢在冶炼时总存在有非金属夹杂物等冶金缺陷，对机件（尤其是对轴承）的接触疲劳寿命影响很大。轴承钢里的非金属夹杂物有塑性的（如硫化物）、脆性的（如氧化铝、硅酸盐、氮化物等）和球状的（如硅钙酸盐、铁锰酸盐）三类，其中以脆性的带有棱角的氧化物、硅酸盐夹杂物对接触疲劳寿命危害最大。由于它们和基体交界处的弹塑性变形不协调，引起应力集中，故在脆性夹杂物的边缘部分最易造成微裂纹，降低接触疲劳寿命。而塑性的硫化物夹杂易随基体一起塑性变形，当硫化物夹杂把氧化物夹杂包住形成共生夹杂物时，可以降低氧化物夹杂的不良作用。因此，人们普遍认为，钢中适量的硫化物夹杂对提高接触疲劳寿命有益。生产上应尽量减少钢中非金属夹杂物（特别是氧化物、硅酸盐夹杂物），在有条件情况下，要采用电渣重熔、真空冶炼等工艺。

B 热处理组织状态

a 马氏体含碳量

承受接触应力的机件，多采用高碳钢淬火或渗碳钢表面渗碳强化，以使表面获得最佳硬度。接触疲劳强度主要取决于材料的抗剪强度，并要求有一定的韧性相配合。对于轴承钢而言，在未溶碳化物状态相同的条件下，当马氏体含碳量 $w(C)=0.4\% \sim 0.5\%$ 时，接触疲劳寿命最高，如图 8-24 所示。

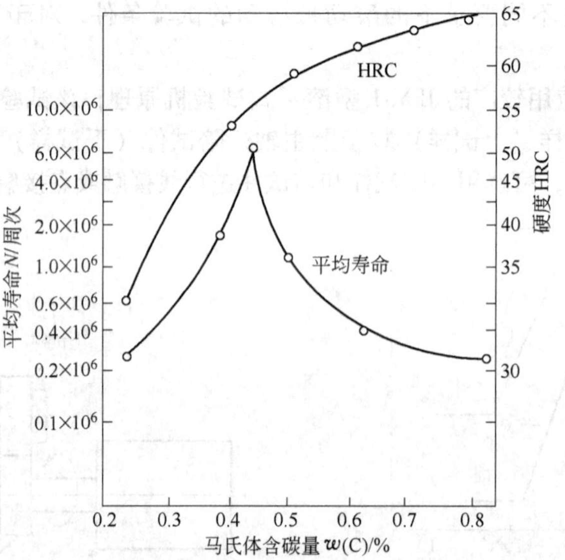

图 8-24 轴承钢中马氏体含碳量对接触疲劳寿命的影响

b 马氏体和残留奥氏体的级别

因工艺不同，渗碳钢淬火可以得到不同级别的马氏体和残留奥氏体。若残留奥氏体越多，马氏体针越粗大，则表层有益的残余压应力和渗碳层强度就越低，则越易产生显微裂纹，故降低接触疲劳寿命。

c 未溶碳化物和带状碳化物

对于马氏体含碳量 $w(C)=0.5\%$ 的高碳轴承钢，未溶碳化物颗粒越粗大，则其相邻马氏体边界处的含碳量就越高，该处也就越易形成接触疲劳裂纹，故寿命较低。通过适当热处理改善碳化物的形态与尺寸、分布，对于提高轴承钢接触疲劳寿命是有益的。

C 表面硬度与心部硬度

在一定硬度范围内，接触疲劳强度随硬度升高而增大，但并不保持正比关系。轴承钢表面硬度为62HRC时，其平均使用寿命最高（图8-25）。齿轮台架耐久试验也表明，随硬度增加，产生麻点前的啮合次数也增多。

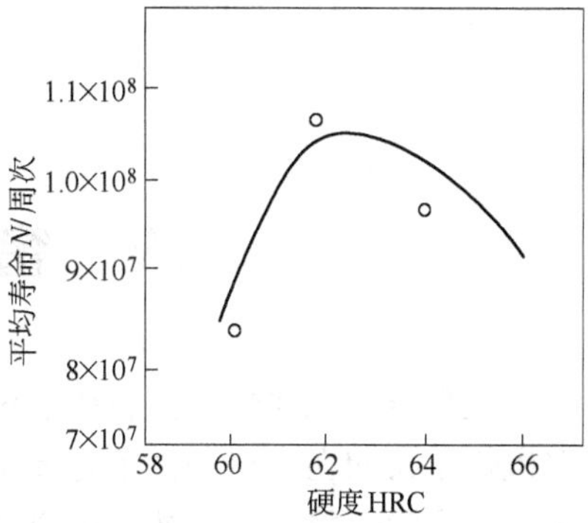

图8-25 轴承钢表面硬度与平均寿命的关系

表面脱碳降低表面硬度，又使表面易形成非马氏体组织，并改变表面残留应力分布，形成残余拉应力，故降低接触疲劳寿命。某些齿轮早期接触疲劳失效分析表明，当脱碳层深为0.20mm，表面含碳量$w(C)=0.3\%\sim0.6\%$时，70%～80%疲劳裂纹是从脱碳层内起源的。但若表面形成一层极薄的（0.1～0.3mm）均匀脱碳层（或残留奥氏体层）虽然降低表面硬度，但因使表面产生微量塑性变形和磨损，增加了接触面积，减小了应力集中，反能提高接触疲劳寿命。

渗碳件心部硬度太低，则表层硬度梯度过大，易在过渡区内形成裂纹而产生深层剥落。实践表明，渗碳齿轮心部硬度以35～40HRC为宜。

D 表面硬化层深度

为防止表层产生早期麻点或深层剥落，渗碳的齿轮需要有一定硬化层深度。最佳硬化层深度t推荐值为

$$t = m\left(\frac{15\sim20}{100}\right) \quad 或 \quad t \geqslant 3.15b \tag{8-19}$$

式中 m——模数；

b——接触面半宽。

E 残余内应力

在渗碳层的一定范围内，存在有利的残余压应力，可以提高接触疲劳寿命。

8.4.4.2 外部因素

A 表面粗糙度与接触精度

减少表面冷、热加工缺陷，降低表面粗糙度，提高接触精度，可以有效地增加接触疲劳寿命。接触应力大小不同，对表面粗糙度要求也不同。接触应力低时，表面粗糙度对接触疲劳寿命影响较大；接触应力高时，表面粗糙度影响较小。

B 硬度匹配润滑

两个接触滚动体的硬度匹配恰当与否，会直接影响接触疲劳寿命。实践表明，ZQ-400型减速器小齿轮与大齿轮的硬度比保持1.4～1.7的匹配关系，可使承载能力提高30%～50%。此外，两个接触滚动件的装配质量及它们之间的润滑情况也影响接触疲劳寿命。比较黏稠的润滑油有利于提高耐磨性而黏度太小的润滑介质流入微小缝隙反而降低零部件寿命。

9　金属的高温力学性能

在高压蒸汽锅炉、汽轮机、燃气轮机、柴油机、化工炼油设备以及航空发动机中，很多机件是长期在高温条件下运转的。因此，对于制造这类机件的金属材料，不仅要考虑常温下的力学性能，而且要考虑高温条件下的力学性能。

这是由于，温度对金属材料的力学性能影响很大。一般随温度升高，强度降低而塑性增加；金属材料在常温下的静载性能与载荷持续时间关系不大，而在高温下，载荷持续时间对力学性能则有很大影响。例如，蒸汽锅炉及化工设备中的一些高温高压管道，虽然所承受的应力小于工作温度下材料的屈服强度，但在长期使用过程中，则会产生缓慢而连续的塑性变形，使管径日益增大，如设计不当或使用中疏忽，可能导致管道破裂。又如，高温下钢的抗拉强度也随载荷持续时间的增长而降低。试验表明，20 钢在 450℃ 时的瞬时抗拉强度为 330MPa，但当试样承受 230MPa 的应力时，应力持续 300h 左右便断裂了；如将应力降至 120MPa 左右，应力持续 10000h 也能使试样断裂。在高温长时载荷作用下，金属材料的塑性显著降低，缺口敏感性增加，因而高温断裂往往呈脆性破坏现象。此外，温度和时间还影响金属材料的断裂形式。温度升高时晶粒强度和晶界强度都要降低，但由于晶界上原子排列不规则，扩散容易通过晶界进行，因此，晶界强度下降较快。晶粒与晶界两者强度相等时的温度称为等强温度 T_E，如图 9-1a 所示。当温度在 T_E 以上时，金属的断裂便由常见的穿晶断裂过渡到沿晶间断裂。金属材料的等强温度不是固定不变的，变形速度增加，晶界强度比晶内强度增加得快，交点向高温移动，因此等强温度随变形速度的增加而升高（图 9-1b）。

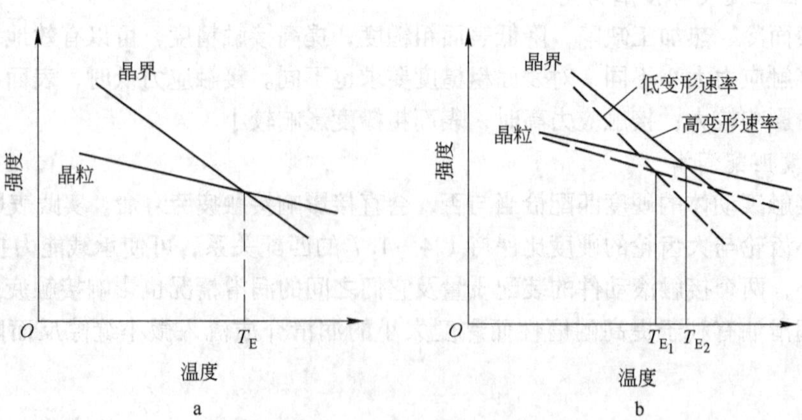

图 9-1　等强温度示意图

a—等强温度 T_E；b—变形速度对 T_E 的影响

据上所述，材料的高温力学性能不仅受应力影响，而且受时间影响。因此，研究金属材料高温力学性能指标还必须加入温度与时间两个因素，研究温度、应力、应变与时间的关系，建立评定材料高温力学性能的指标，探讨金属材料在高温长时载荷作用下变形和断裂的机理，以寻求提高高温力学性能的途径。

9.1　金属的蠕变与蠕变断裂

9.1.1　蠕变现象

金属在长时间的恒温、恒应力作用下，即使应力小于屈服强度，也会缓慢地产生塑性变形，这种现象称为蠕变。由于蠕变而最后导致材料的断裂称为蠕变断裂。蠕变在低温下也会产生只是变形量大小之别，但只有当温度高于 $0.3T_m$（以绝对温度表示的熔点）时才较显著。如加热碳钢温度超过 300℃、合金钢温度超过 400℃时，就必须考虑蠕变的影响。本章主要讨论这种高温蠕变现象。

金属的蠕变过程可用蠕变曲线来描述。典型的蠕变曲线如图 9-2 所示。图 9-2 中 oa 线段是试样加上载荷后所引起的瞬时应变 ε_0。如果施加的应力超过金属在该温度下的弹性极限，则 ε_0 包括弹性应变 oa' 和塑性应变 $a'a$ 两部分。这一应变还不算蠕变，而是由外载荷引起的一般瞬间变形过程。从 a 点开始随时间增长而产生的应变属于蠕变，图中 $abcd$ 曲线即为蠕变曲线，由 a 到 d 是蠕变曲线的距离和蠕变的累积量。蠕变曲线上任一点的斜率，表示该点的蠕变速度 $\left(\dot{\varepsilon}=\dfrac{d\varepsilon}{dt}\right)$。按照蠕变速度的变化情况，可将蠕变过程分成三个阶段。

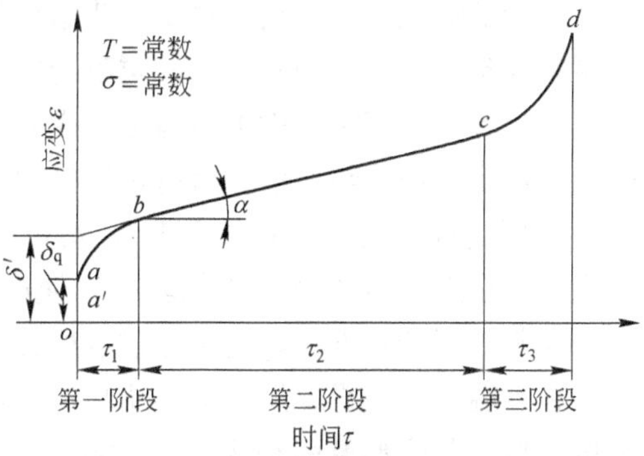

图 9-2　典型蠕变曲线

第一阶段，ab 是减速蠕变阶段。这一阶段开始的蠕变速度很大，随着时间延长，蠕变速度逐渐减小，到 b 点蠕变速度达到最小值。

第二阶段，bc 是恒速蠕变阶段。这一阶段的特点是蠕变速度几乎保持不变，因而通常又称为稳态蠕变阶段，由于数值稳定，通常说的蠕变速度就是指的这一阶段的变形速度 $\dot{\varepsilon}$。

第三阶段，cd 是加速蠕变阶段。蠕变速度随时间逐渐增大，直至 d 点产生蠕变断裂。不同材料在不同条件下的蠕变曲线是不相同的，同一种材料的蠕变曲线也随应力的大小和温度的高低而异。在恒定温度下改变应力，或在恒定应力下改变温度，都会导致蠕变曲线的改变。蠕变曲线的变化分别如图 9-3 所示。由图 9-3 可见，当应力较小或温度较低时，蠕变第二阶段持续时间较长，而变形累积量很小，甚至可能不产生第三阶段。相反，当应力较大或温度较高时，蠕变第二阶段便很短，甚至完全消失，试样将在很短时间内断裂。

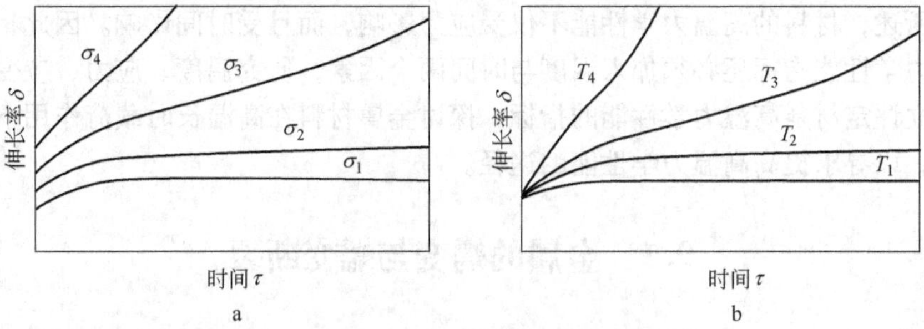

图 9-3 恒定温度下、恒定应力下的蠕变曲线

a—恒定温度下改变应力（$\sigma_4>\sigma_3>\sigma_2>\sigma_1$）；b—恒定应力下改变温度（$T_4>T_3>T_2>T_1$）

9.1.2 蠕变过程中变形与断裂机理

9.1.2.1 蠕变变形机理

蠕变变形是通过位错滑移、位错攀移形成亚晶及晶界的滑动和迁移等方式实现的。在高温蠕变条件下，它们对变形的贡献与常温下的有所不同。

在常温下，若滑移面上位错运动受阻，产生塞积现象，滑移便不能再进行。但在高温蠕变条件下，由于热激活，就有可能导致滑移面上塞积的位错进行攀移，形成小角度亚晶界（此即高温回复阶段的多边化），塞积群中位错有出、有进，增殖不停，变形也就不停。从而导致金属材料的交替硬化软化，使滑移继续进行。虽然对蠕变有贡献的是位错的滑移，但其进行的速度，则受攀移过程所控制。

在常温下，晶界变形是极不明显的，可以忽略不计，但在高温蠕变条件下，由于晶界强度降低，其变形量就很大，有时甚至占总蠕变变形总量的一半，这是蠕变变形的特点之一。

晶界变形过程如图 9-4 所示。图 9-4 中画出 A、B、C 三个晶粒。若 A、B 晶粒边界产生滑动（图 9-4a），则在 C 晶粒内产生畸变区，随后 B、C 晶粒边界便在垂直方向上向畸变能较高的 C 晶粒进行扩散迁移（图 9-4b），从而使三晶粒的交会点由 1 点移到 2 点。这样即可使压畸变和拉畸变消失，也可使晶界能降低。同样道理 B、C 晶粒界产生滑移（图 9-4c），可使新的三晶交会点 2 移到 3 点。这样就完成了三晶交会点由 1 点→2 点→3

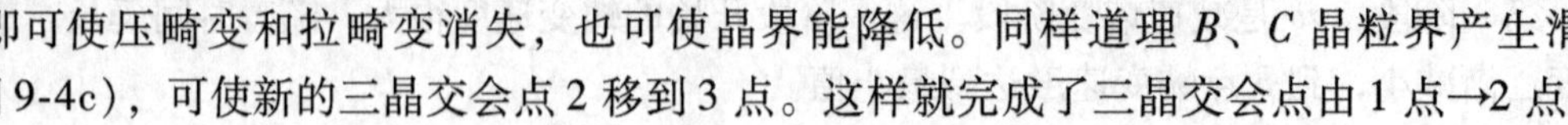

图 9-4 晶界滑动和迁移示意图

a—A、B 晶界滑动；b—B、C 晶界迁移；c—A、C 晶界滑动；d—A、B 晶界迁移

点的移动。由此可见，晶界变形是晶界的滑动和迁移交替进行的过程。晶界的滑动对变形产生直接的影响，晶界的迁移虽不提供变形量，但它能消除由于晶界滑动而在晶界附近产生的畸变区，为晶界进一步滑动创造了条件。

下面根据位错理论及蠕变变形方式对高温蠕变三个过程作简要说明。蠕变第一阶段以晶内滑移和晶界滑动方式产生变形。位错刚开始运动时，障碍较少，蠕变速度较快。随后，位错逐渐塞积、位错密度逐渐增大，晶格畸变不断增加，造成形变强化。在高温下，位错虽可通过攀移形成亚晶而产生回复软化，但位错攀移的驱动力主要来自温度，温度一定，位错攀移速度一定。位错滑移增殖容易而攀移难，即强化容易而软化难。因此，这一阶段的形变强化效应超过回复软化效应，使蠕变速度不断降低。蠕变第二阶段，晶内变形以位错滑移和攀移方式交替进行，晶界变形以滑动和迁移方式交替进行。晶内位错滑移和晶界滑动使金属强化，但位错攀移和晶界迁移则使金属软化。由于软化是扩散过程，受时间限制和主要由温度提供动力。第二阶段受控于软化，即受控于热扩散。蠕变发展到第三阶段，由于裂纹迅速扩展，为位错塞积群提供减少位错的新途径，位错除攀移外还可以从裂纹处放出自由表面，使塞积群得以松弛——加快了软化过程，使变形加快，蠕变速度加快。当裂纹达到临界尺寸时，便产生蠕变断裂。

9.1.2.2 蠕变断裂机理

蠕变断裂主要是沿晶断裂，在裂纹成核和扩展过程中，晶界滑动引起的应力集中与空位的扩散起着重要作用。由于应力和温度的不同，裂纹成核有以下两种类型：

（1）裂纹成核于三晶粒交会处。在高应力和较低温度下，在晶粒交会处由于晶界滑动造成应力集中而产生裂纹。图 9-5 表示几种晶界滑动方式所对应的晶界交会处产生裂纹示意图。这种由晶界滑动所造成的应力集中，若能被晶内变形（在滑动晶界相对的晶粒内引起形变带）或晶界迁移使畸变回复的方式所松弛，则裂纹不易形成，或产生后也不易扩展至断裂。

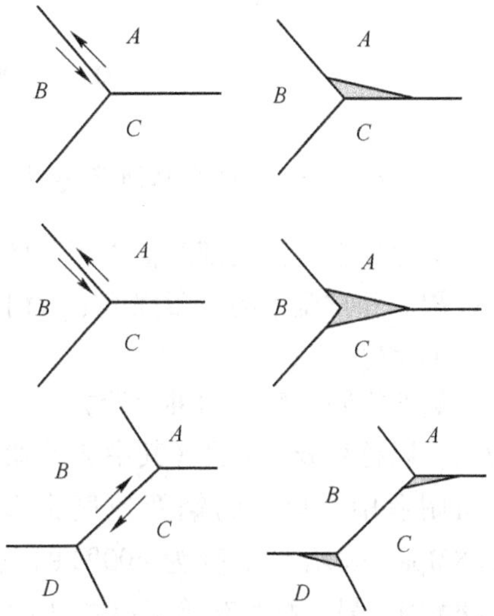

图 9-5 晶粒交会处因晶界滑动产生裂纹示意图

（2）孔洞汇集于晶界上。在较低应力和较高温度下，蠕变裂纹常分散在晶界各处，特别易产生在垂直于拉应力方向的晶界上。这种裂纹成核的过程为：首先由于晶界滑动在晶界的台阶（如第二相质点或滑移带的交截）处受阻而形成空洞。其次由于位错运动和交割产生的大量空位，为了减少其表面能都向拉伸应力作用的晶界上迁移，当晶界上有空洞时，空洞便吸收空位而长大，形成裂纹。

据上所述，蠕变断裂的裂纹形核与扩展过程可用图 9-6 来描述。

（1）在蠕变初期，由于晶界滑动在三晶粒交会处形成空洞核心或在晶界台阶处形成空洞核心，如图 9-6a 所示。

(2) 已形成的核心达到一定尺寸后，在应力和空位流的同时作用下，优先在与拉应力垂直的晶界上分散长大，如图 9-6b 所示。

(3) 蠕变第二阶段后期，楔形和洞形裂纹连接而形成终止于两个相邻的三晶粒交会处的“横向裂纹段”。此时，在其他与应力相垂直的晶界上，这种“横向裂纹段”相继产生，如图 9-6c 所示。

(4) 相邻的“横向裂纹段”通过向倾斜晶界的扩展而形成“曲折裂纹”，裂纹尺寸迅速扩大，蠕变速度迅速增加。此时，蠕变过程进入到第三阶段，如图 9-6d 所示。

(5) 蠕变第三阶段后期，“曲折裂纹”进一步连接，当扩展至临界尺寸时，便产生蠕变断裂，如图 9-6e 所示。

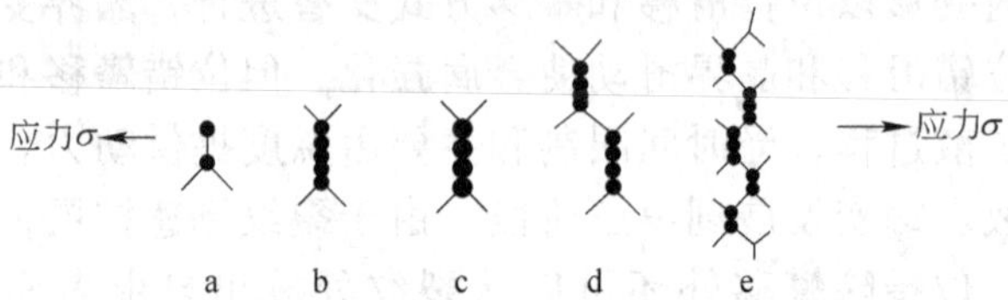

图 9-6 蠕变断裂过程示意图

a—形核；b—分散长大；c—“横向裂纹段”的形成；
d—“曲折裂纹”的形成；e—“曲折裂纹”的连接

9.2 蠕变极限与持久强度

9.2.1 蠕变极限及其测定方法

为保证在高温长期载荷作用下的机件不致产生过量变形，要求金属材料具有一定的蠕变极限。和常温下的屈服强度 $\sigma_{0.2}$ 相似，蠕变极限是高温长期载荷作用下材料对塑性变形抗力的指标。

蠕变极限一般有两种表示方法：一种是在给定温度下，使试样产生规定蠕变速度的应力值，以符号 $\sigma_{\dot{\varepsilon}}^{T}$ 表示（其中 $\dot{\varepsilon}$ 为第二阶段蠕变速度，%/h）。在电站锅炉、汽轮机和燃气轮机制造中，规定的蠕变速度大多为 1×10^{-5}%/h 或 1×10^{-4}%/h。例如，$\sigma_{1\times10^{-5}}^{600}=58.8$Mpa，表示在温度为 600℃ 的条件下蠕变速度为 1×10^{-5}%/h 的蠕变极限应力为 58.8MPa。另一种是在给定温度（T）下和在规定的试验时间（t/h）内，使试样产生一定蠕变变形量（δ/%）的应力值，以符号 $\sigma_{\delta/t}^{T}$ 表示。例如，$\sigma_{1\times10^{-5}}^{500}=98$MPa，就表示材料在 500℃温度下，$10^5$h 后变形量为 1% 的蠕变极限应力为 98MPa。试验时间及蠕变变形量的具体数值是根据机件的工作条件来规定的。

以上两种蠕变极限都需要试验到蠕变第二阶段若干时间后才能确定。这两种蠕变极限在应变量之间有一定的关系。例如，以蠕变速度确定蠕变极限时，当恒定蠕变速度为 1×10^{-5}%/h 时，就相当于 10^5h 的应变量为 1%。这与以应变量确定蠕变极限时的 10^5h 的应变量为 1% 相比，仅相差 $\varepsilon'_0-\varepsilon_0$（见图 9-2），但其差值甚小，可忽略不计。因此，就可认为两者所确定的应变量相等。同样，蠕变速度为 1×10^{-4}%/h，就相当于 10^4h 的应变量为 1%。

测定金属材料蠕变极限所采用的试验装置，如图9-7所示。试样7装卡在夹头8上，然后置于电炉6内加热。试样温度用捆在试样上的热电偶5测定，炉温用铂电阻2测控。通过杠杆3及砝码4对试样加载，使之承受一定大小的应力。试样的蠕变伸长则用安装于炉外的测长仪器1测量。蠕变试验用试样的形状、尺寸及制备方法、试验程序和操作方法等，可按有关国家标准GB/T 2039—1997、GB/T 10120—1996的有关规定进行。

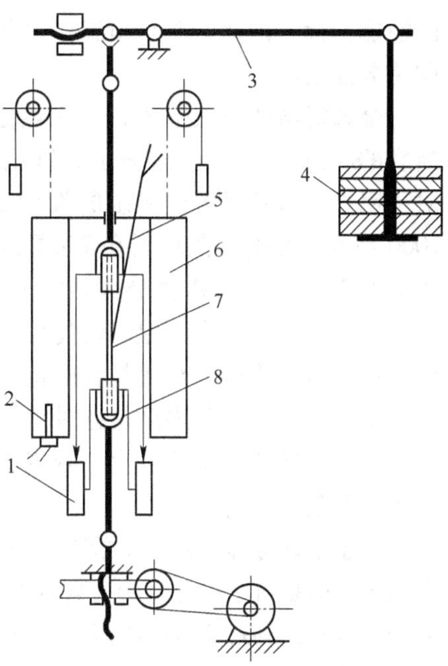

图9-7 蠕变试验装置简图

1—测长仪；2—铂电阻；3—杠杆；4—砝码；5—热电偶；6—电炉；7—试样；8—夹头

现以第二阶段蠕变速度所定义的蠕变极限为例，说明其测定的方法。

（1）在一定温度和不同应力条件下进行一组蠕变试验。每个试样的试验持续时间不少于2000～3000h。根据所测定的应变量与时间的关系，作出一组蠕变曲线，如图9-2所示。每一条蠕变曲线上直线部分的斜率，就是第二阶段恒定蠕变速度。

（2）根据获得的不同应力σ_1、σ_2、σ_3、…和与之对应的恒定蠕变速度$\dot{\varepsilon}_1$、$\dot{\varepsilon}_2$、$\dot{\varepsilon}_3$、…，在应力与蠕变速度的对数坐标上作出σ-$\dot{\varepsilon}$关系曲线。图9-8所示为12Cr1MoV钢在580℃时的应力-蠕变速度（σ-$\dot{\varepsilon}$）曲线。

（3）由图9-8可得，在同一温度下进行蠕变试验，其应力与蠕变速度的对数值（$\lg\sigma$-$\lg\dot{\varepsilon}$）之间成线性关系。

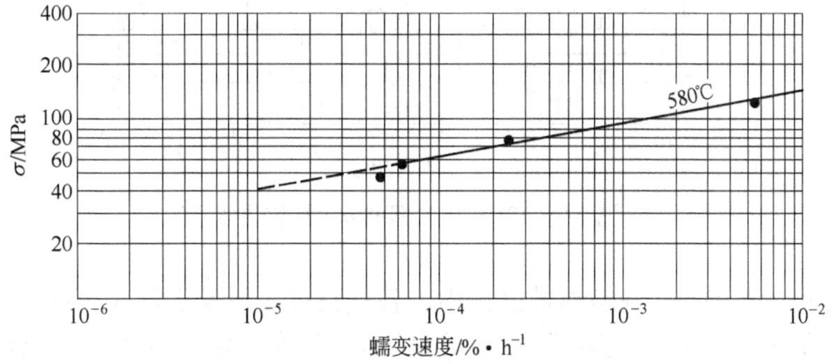

图9-8 12Cr1MoV钢的σ-$\dot{\varepsilon}$对数曲线

因此，可采用较大的应力，则可以在较短的试验时间作出几条蠕变曲线，根据所测定的σ-$\dot{\varepsilon}$对数曲线或用线性回归法给出规定蠕变速度的应力值，即得到蠕变极限。

9.2.2 持久强度及其测定方法

蠕变极限表征了金属材料在高温长期载荷作用下对塑性变形的抗力，但不能反映断裂时的强度及塑性。与常温下的情况一样，材料在高温下的变形抗力与断裂抗力是两种不同的性能指标。因此，对于高温材料还必须测定其在高温长期载荷作用下抵抗断裂的能力，即持久强度。

金属材料的持久强度，是在给定温度（T）下，恰好使材料经过规定时间（t）发生断裂的应力值，以 σ_i^T 来表示，这里所指的规定时间是以机组的设计寿命为依据。例如，对于锅炉、汽轮机等，机组的设计寿命为数万以至数十万小时，而航空喷气发动机则为1000或几百小时。某材料在700℃承受294MPa的应力作用，经1000h后断裂，则称这种材料在700℃、1000h的持久强度为294MPa，写成 $\sigma_{1\times10^3}^{700}=294\text{MPa}$。

对于设计某些在高温运转过程中不考虑变形量的大小，而只考虑在承受给定应力下使用寿命的机件来说，金属材料的持久强度是极其重要的性能指标。

金属材料的持久强度是通过做持久试验测定的。持久试验与蠕变试验相似，但较为简单，一般不需要在试验过程中测定试样的伸长量，只要测定试样在给定温度和一定应力作用下的断裂时间。

对于设计寿命为数百至数千小时的机件，其材料的持久强度可以直接用同样时间的试验来确定。但是对于设计寿命为数万以至数十万小时的机件，要进行这么长时间的试验是不可取的。因此，和蠕变试验相似，一般作出一些应力较大、断裂时间较短（数百至数千小时）的试验数据，画在 lg$t$-lgτ 坐标图上，找出 σ 与 t 之间接关系，用外推法求出数万以至数十万小时的持久强度。图9-9所示为12Cr1MoV钢在580℃时的持久强度曲线。由图9-9可见，试验最长时间为几千小时（实线部分），但用外推法（虚线部分）可得到10000～100000h的持久强度值。例如，12Cr1MoV钢在580℃，10000h的持久强度为 $\sigma_{1\times10^4}^{580}=107.8\text{MPa}$。

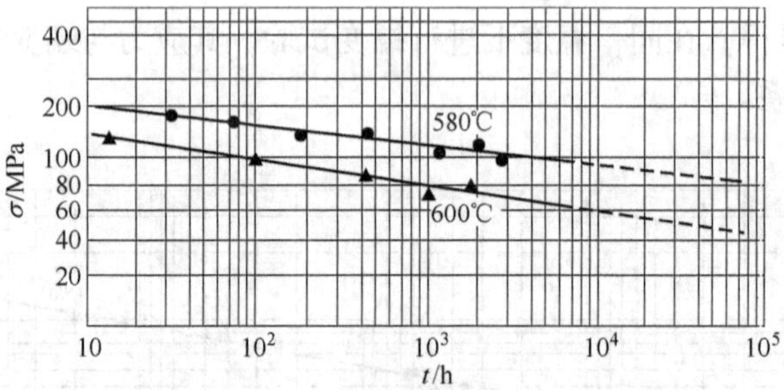

图9-9 12Cr1MoV钢的 σ-t 对数曲线

高温长时间试验表明，在双对数坐标中，各试验点并不真正符合线性关系，而常常有转折现象，如图9-10所示。其转折位置和形状随材料在高温下的组织稳定性和试验温度高低不等而不同。因此，直线外推法只是很粗略的方法。为了预防意外，一般限制外推时间不超过一个数量级。

通过持久强度试验，测量试样在断裂后的伸长率及断面收缩率，还能反映出材料在高温下的持久塑性。持久塑性是衡量材料蠕变脆性的一项重要指标，过低的持久塑性会使材料在使用中产生脆性断裂。实验表明，材料的持久塑性并不总是随载荷持续时间的延长而降低。因此，不能用外推法来确定持久塑性的数值。对于高温材料持久塑性的具体指标，还没有统一规定。制造汽轮机、燃气轮机紧固件用的低合金铬钼钒钢，一般希望持久塑性（伸长率）不小于3%～5%，以防止脆断。

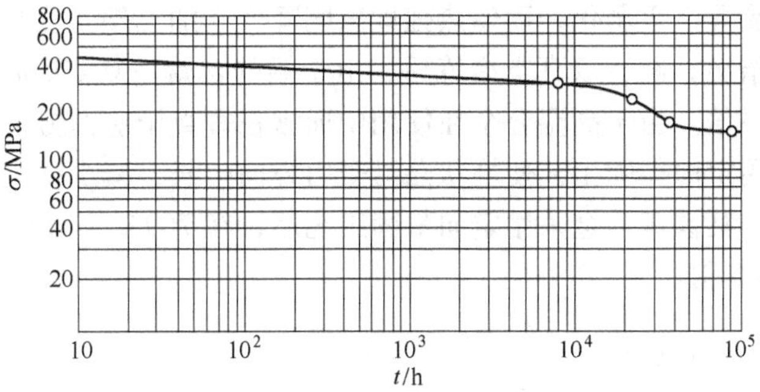

图 9-10 某种钢持久强度曲线的转折现象

9.2.3 影响蠕变极限及持久强度的主要因素

由蠕变断裂机理可知，要降低蠕变速度提高蠕变极限，必须控制扩散和位错攀移的速度；要提高断裂抗力，即提高持久强度，必须抑制晶界的滑动和位错的运动，也就是说要控制晶内和晶界的扩散过程。这种扩散过程主要取决于合金的化学成分，但又同冶炼工艺、热处理工艺等因素密切相关。

9.2.3.1 合金化学成分的影响

耐热钢及合金的基体材料一般选用熔点高，自扩散激活能大或层错能低的金属及合金。这是因为在一定温度下，熔点越高的金属自扩散越慢；如果熔点相同但结构不同，则自扩散激活能越高者，扩散越慢；堆垛层错能越低者越易产生扩展位错，使扩展位错宽度加宽，使位错难以产生割阶、交滑移及攀移。这些都有利于降低蠕变速度。大多数面心立方结构金属的高温强度比体心立方结构的高，这是一个重要原因。

在面心立方基体金属中加入铬、钼、钨、铌等合金元素形成单相固熔体，除产生固熔强化作用外，还因合金元素使层错能降低，易形成扩展位错，加大扩展位错的宽度，以及熔质原子与熔剂原子的结合力较强，增大了扩散激活能，从而提高蠕变极限。一般来说，固熔元素的熔点越高，其原子半径与熔剂的相差越大，对热强性提高越有利。

合金中如果含有弥散相，由于它能强烈阻碍位错的滑移与攀移，因此它是提高高温强度更有效的方法。弥散相粒子硬度高（指与基体相不共格）、弥散度大、稳定性高，则强化作用越好。对时效强化合金，若在基体中加入相同摩尔分数的合金元素的情况下，多种元素要比单一元素的效果好。

在合金中添加能增加晶界扩散激活能的元素（如硼及稀土等），则既能阻碍晶界滑动，又增大晶界裂纹的表面能，因而对提高蠕变极限，特别是持久强度是很有效的。

9.2.3.2 冶炼工艺的影响

各种耐热钢及其合金的冶炼工艺要求较高，因为钢中的夹杂物和某些冶金缺陷会使材料的持久强度降低。高温合金对杂质元素和气体含量要求更加严格，常存杂质除硫、磷外，还有铅、锡、砷、锑、铋等低熔点合金元素，即使其含量只有十万分之几，当其在晶界偏聚后，会导致晶界严重弱化，而使热强性急剧降低，加工塑性变坏。例如，对某些镍基合金的实验结果指出，经过双真空冶炼后，由于铅的含量由0.005%降至0.002%以下，其持久时间增长了一倍。由于高温合金在使用中通常在垂直于应力方向的横向晶界上易产生裂纹，因此，采用定向凝固工艺使柱状晶沿受力方向生长，减少横向晶界，从而大大提高持久寿命。例如，某镍基合金采用定向凝固工艺后，在760℃、646.8MPa应力作用下的断裂寿命可提高4~5倍。

9.2.3.3 热处理工艺的影响

珠光体耐热钢一般采用正火加高温回火工艺。正火温度应较高，以促使碳化物较充分而均匀地溶于奥氏体中。回火温度应高于使用温度100~150℃以上，以提高其在使用温度下的组织稳定性。

奥氏体耐热钢或合金一般进行固溶处理和时效，使之得到适当的晶粒度，并改善强化相的分布状态。有的合金在固溶处理后再进行一次中间处理（二次固溶处理或中间时效），使碳化物沿晶界呈断续链状析出，则可使持久强度和持久塑性进一步提高。

采用形变热处理改变晶界形状（形成锯齿状），并在晶内造成多边化的亚晶，使新生成位错攀移困难，则可使合金进一步强化。如GH38、GH78型铁基合金采用高温形变热处理后，在550℃和630℃的100h持久强度分别提高约25%和20%，而且还保持有较高的持久塑性。

9.2.3.4 晶粒度的影响

晶粒大小对金属材料高温性能的影响很大，当使用温度低于等强温度时，细晶粒钢有较高的强度；当使用温度高于等强温度时，粗晶粒钢及合金有着较高的蠕变抗力与持久强度。但是，晶粒度太大会使持久塑性和冲击韧性降低。为此，在热处理时应考虑适当的加热温度，以满足适当晶粒度的要求。对于耐热钢及合金随合金成分及工作条件不同有一最佳晶粒度范围。例如，奥氏体耐热钢及镍基合金，一般以2~4级晶粒度较好。

在耐热钢及合金中晶粒度不均匀会显著降低其高温性能。这是由于在大小晶粒交界处出现不协调产生高应力集中，裂纹就易于在此产生而引起过早的断裂。

9.3 松弛稳定性

9.3.1 金属中的应力松弛现象

为了用螺栓压紧两个零件（如蒸汽管道接头），需转动螺帽使螺杆产生一定的弹性变形，这样在螺杆中就产生了拉应力。在高温下会发现，经一段时间后，螺杆的拉应力却逐渐自行减小，但原来给的总变形量不变。这种在具有恒定总变形的零件中，随着时间的延长而自行减低应力的现象，称为应力松弛。

处于松弛条件下的零件如图9-11a所示；在一定温度下随着时间的延长，弹性应变量$\varepsilon_{弹}$与塑性应变量$\varepsilon_{塑}$的变化，如图9-11b所示，其总应变ε_0可用下式表示

$$\varepsilon_0 = \varepsilon_{弹} + \varepsilon_{塑} = 常数$$

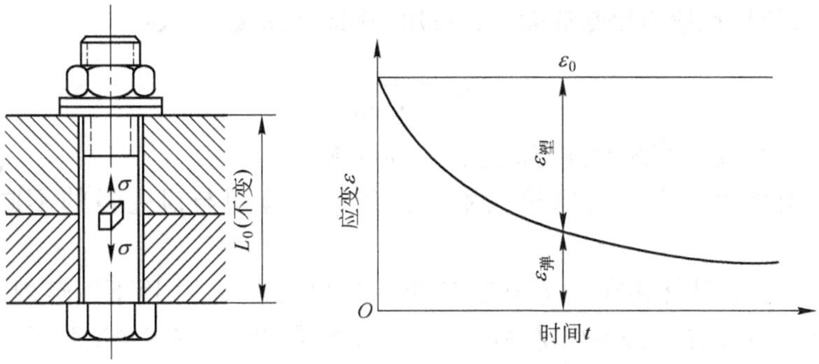

a　　　　　　b

图 9-11　金属中的应力松弛现象

最初，即 $t=0$ 时，零件中的总应变为 $\varepsilon_0=\Delta L_总/L_0$，全为弹性变形，这时其中的应力为，$\sigma_0=E\varepsilon_0$。随着时间的增长，塑性变形产生，弹性变形消失，弹性变形不断地转为塑性变形，即弹性应变 $\varepsilon_弹$ 不断地减少，零件中的应力也就相应降低，即应力 $\sigma=E\varepsilon_弹$，而 $\varepsilon_弹$ 减小，σ 就减小。

钢在常温下，可以说不产生松弛现象，因松弛速度甚小，没有实际意义。但在高温时，松弛现象就较明显。因此，蒸汽管道接头螺栓在工作一定时间后必须拧紧一次，以免产生漏水、漏气现象。在高温下，除螺栓外，凡是相互连接而其中有应力相互作用的零件，如弹簧、压配合零件等，都会产生应力松弛现象。

前已述及，金属的蠕变是在应力不变的条件下，不断产生塑性变形的过程；而金属的松弛则是在总变形不变的条件下，弹性变形不断转变为塑性变形，从而使应力不断减小的过程。因此，可以将松弛现象视为应力不断减小条件下的一种蠕变过程。由此可知，金属的蠕变与应力松弛两者的本质是一致的，只是由于外界条件有点差异而有不同的表现而已。

9.3.2　松弛稳定性指标及其测定方法

金属中的应力松弛过程，可通过松弛试验测定的松弛曲线来描述。金属的松弛曲线是在给定温度 T 和总变形量不变条件下应力随时间而降低的曲线，如图 9-12 所示。经验证明，在单对数坐标（$\lg\sigma$-t）上，用各种方法所得到的应力松弛曲线，都具有明显的两个阶段。第一阶段持续时间较短，应力随时间急剧降低，第二阶段持续时间很长，应力下降逐渐缓慢，并趋于恒定。

第一阶段主要是蠕变中位错滑移和晶界滑移起主导作用，而第二阶段主要是扩散控制的位错攀移和畸变区扩散起主导作用的缘故，前者较快，而后者较慢。材料抵抗应力松弛的性能称为松弛稳定性，可通过松弛曲线来评定。松弛曲线第一阶段的晶粒间界抗应力松弛的能力，用晶间稳定系数 s_0 表示

$$s_0=\sigma'_0/\sigma_0$$

式中　σ_0——初应力；

σ'_0——松弛曲线第二阶段的初应力，其数值可由图 9-12 所示松弛曲线上直线部分延长后与纵坐标的交点求得。

材料在第二阶段抗应力松弛的能力，可用晶内稳定系数 t_0 表示

$$t_0 = \frac{1}{\tan\alpha}$$

式中　α——松弛曲线上直线部分与横坐标之间的夹角。

s_0 和 t_0 数值越大，表明材料抗松弛性能越好。应用与研究目的不同规定也不会相同。

此外，还常用金属材料在一定温度 T 和一定初应力 σ_0 作用下，经规定时间 t 后的“残余应力” σ 的大小作为松弛稳定性的指标。对不同材料，在相同试验温度和初应力下，经时间 t 后，如残余应力值越高，说明该种材料越有较好的松弛稳定性。图 9-13 为制造汽轮机、燃气轮机紧固件用的两种钢材（20Cr1Mo1VNbB 及 25Cr2MoV）的松弛曲线。由图可见，20Cr1Mo1VNbB 钢的松弛稳定性比 25Cr2MoV 钢好。

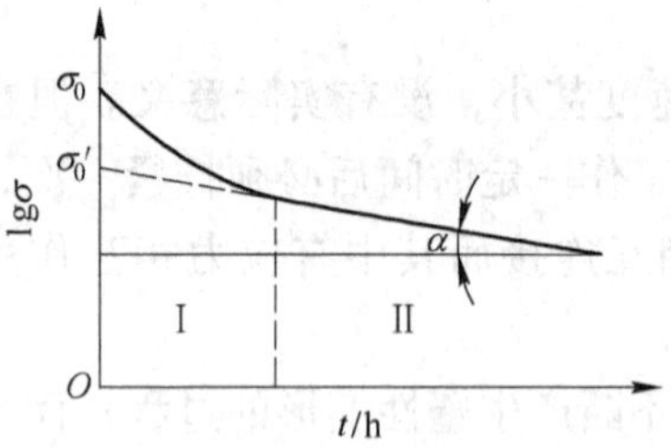

图 9-12　松弛曲线

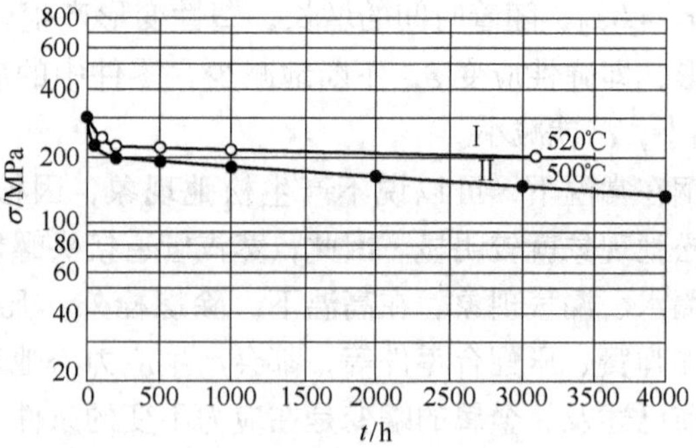

图 9-13　两种钢材松弛曲线的比较

Ⅰ—20Cr1Mo1VNbB；Ⅱ—25Cr2MoV

应力松弛试验采用环状试样的试验方法。环状试样如图 9-14 所示。试环的厚度一定，其工作部分 BAB 由两个偏心圆 R_1 及 R_2 构成，使环的径向宽度 h 随 φ 角而变化，以保证在试环开口处 C 打入楔子时，在 BAB 半圆环的所有截面中具有相同的应力。试环的非工作部分 BCB 的截面较大，致其弹性变形可忽略不计。试验时，将一已知宽度 b_0 的几个不同尺寸的楔子依次打入开口处，使原开口的宽度 b 增大。根据材料力学公式，可计算出试环由于开口宽度增大在工作部分所承受的应力，即初应力 σ_0。试样加楔后，放在一定温度的炉中保温至预定时间，取出冷却，拔出楔子。这时，由于试环有一部分弹性变形转变为塑性变形，因而开口的宽度比原宽 b 有所增大，测出实际宽度，就可算出环内残余应力的大小。然后仍将楔子打入，第二次入炉，炉温不变，延长保温时间。这样依次进行，就可测出经不同保温时间后环内的残余应力的数值，据此绘出松弛曲线。

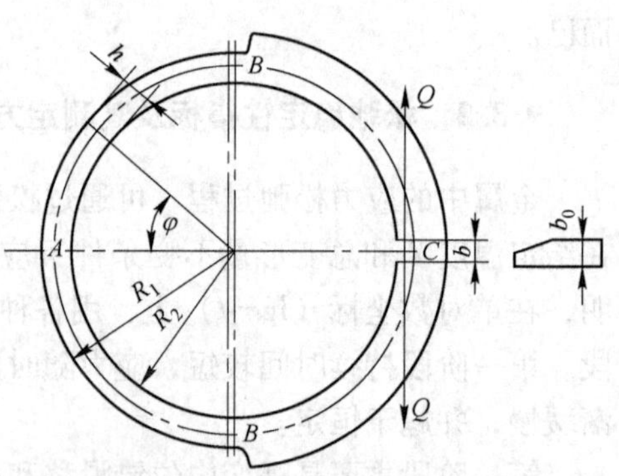

图 9-14　松弛试验用的环状试样

（ϕ70mm 型标准试环，R_1 = 28.6mm，R_2 = 25.0mm）

9.4 其他高温力学性能

前几章讲的力学性能指标，有许多指标有时要求在高温下进行测试，如拉伸、硬度、断裂、疲劳、腐蚀、开裂及氢脆、冲击等。

9.4.1 高温短时拉伸性能

评定材料热强性能时，虽然主要考虑其蠕变极限和持久强度，但在某些特殊情况下，如火箭上的零件，工作时间很短，蠕变现象不起决定作用，又如制定钢的热锻轧工艺，需要了解钢材的热塑性，这时高温瞬时拉伸的力学性能就有其重要的参考价值。

高温短时拉伸试验主要是测定金属材料在高于室温时的抗拉强度、屈服强度、伸长率及断面收缩率等性能指标。可在装有管式电炉及测量和控制温度等辅助设备的一般试验机上进行。试样按常温试验要求准备好后，装入管式炉中，两端用特制的连杆引出炉外，夹于试验机的夹头内。为了准确地测定试样温度，最好将热电偶的热接点用石棉绳绑在试样标距部分。试样加热到规定温度后，应根据其尺寸大小，保温 20min 以上，然后进行拉伸试验。试样的伸长和断面收缩，可待试样冷却后在常温下测定。如需测定材料的屈服强度，则应采用特制的引伸计，使其能伸出炉外，以便观测；也可在管式炉上预留窥视孔，装试样时使其标点恰好对准此孔，在试验过程中用测试望远镜测定其伸长。

国家标准《金属材料　高温拉伸试验方法》（GB/T 4338—2006）中对试件、拉伸炉、试验机、试验步骤、数据处理及试验温度、拉伸速度等都做了相关的规定。

9.4.2 高温硬度

金属材料的高温硬度，对于高温轴承及某些工具材料等是重要的质量指标。此外，目前正在研究高温下金属材料的硬度值随承载时间的延长而逐渐下降的规律，试图据此确定同温度下的持久强度，以减少或省去时间冗长的持久试验。因此，高温硬度试验的应用将日益广泛。

高温硬度试验在试验设备方面，涉及试样加热、保温、控温和防止氧化等一系列问题。目前，在试验温度不太高的情况下，仍用布氏、洛氏和维氏试验法。在试验机的工作台上须加装一只密闭的试样加热保温箱（包括加热及冷却系统、测温装置、通入保护气体系统、高真空系统及移动试样位置装置等），并加长压头的压杆，使之伸入密闭的加热箱内。注意热对试验机的损害，要水冷、隔热等。如试验温度较高，要求较严格时，则多采用特制的高温硬度计。试验机的压头，在温度不超过 800℃时，可用金刚石锥（维氏和洛氏）和硬质合金球（布氏和洛氏），当试验温度更高时，则应换用人造蓝宝石或刚玉制的压头或其他陶瓷材料，高温下金刚石不稳定。

在操作方法上，考虑到在较高温度下试样硬度一般较低，所以载荷不宜过大，并需根据试验温度的高低改变载荷大小，以保证压痕的清晰和完整。此外，由于试样在高温下塑性较好和对蠕变的影响较显著，一般规定加载时间为 30 ~ 60s。但有时特地为了显示蠕变的影响，加载时间可延续 1 ~ 5h，所得结果称为持久硬度。试样上压痕对角线（维氏）或直径（布氏）的测量，一般均待试样冷却后取出在常温下进行。

10　材料的机械强韧化

自从人类有意识地使用材料以来，刻意追求的重要目标就是同时提高材料的强度和韧性（塑性）。长期以来，人类在材料领域中所做的一切努力都是为了提高材料的性能。事实往往是，用某种方法将材料的强度提高的时候，伴随而来的是韧性（塑性）的损失。只能在有限的范围之内，利用一切的可能，改善材料的好的性能、抑制材料不利的因素。有时候材料工作者显得很无能为力，例如，材料的强度是与材料内部原子结合键有关的问题，所以提高强度就很困难。又例如，环境（工作）条件是千变万化的，以某种工艺生产的产品在各种不同的工况条件下很难都能达到令人满意的寿命和效果。

材料的强韧化从理论本质来说可以分为物理强韧化、化学强韧化和机械强韧化三大类。

物理强韧化是从材料内部的结构、内部的缺陷和缺陷之间的相互作用、材料自身的特性出发，合理的利用这些结构因素提高材料的性能和服役能力的强韧化方法（第3章讨论了部分物理强韧化问题）。

化学强韧化是利用元素之间化学性质的区别和关系，元素之间相互作用的规律，决定和选择不同的元素、控制元素的含量、元素之间的含量比例，元素之间相互配比，通过这些因素控制达到强韧化目的。这里包括元素性质的差异、原子大小的差异、结合特性的差异和相互熔解、化合等诸方面的原因造成的强化。

机械强韧化则主要是从材料学的角度基于材料尺寸、规格、形状，并改变（和协调）这些因素加以强韧化，当然包括不同材料之间以不同的比例、不同的尺寸、不同的形式复合，更主要是利用界面的作用使之强韧化。

当然，工程实践中采用的强韧化手段没有一个是单独的哪个强韧化原理的理论方法，而往往是复合强化方法。这里划分的三种强韧化也并不具有截然的分界线，而都是复合强韧化（两种或者多种强韧化理论结合）工艺方法。哪怕最简单的强化工艺也包括了多种强化机理。

10.1　机械强韧化的内容、意义

如上所述，机械强韧化主要内容是利用材料（更确切地说零部件）尺寸和结构方面的特性，进行有机地选择和设计，减少应力集中、减少机件之间的摩擦、提高机件之间的有效配合，质量小、结构紧凑、效率高、成本低。

这样说我们自然而然考虑到机械设计的问题。但是这里讨论的不是这个内容，而是要求在充分了解材料的常规性能基础上，发挥材料全面潜力“物尽其用”，正确选择材料“知材善任”，做到适合、适中、适当、适量。

10.1.1　材料的切口效应和应力集中

材料做成工件，有各种各样的外形，这些形状和外形中截面变化、键槽、台阶、螺纹、尖角和凸台等是一定不可避免的。由于截面变化材料和工件上分布的应力将发生变化，严重时会影响工件的使用寿命。工程上，将这些由于截面变化或者相当于这样的情况影响寿命的现象称为切口效应影响使用寿命。所以广义地把这些尺寸变化作用称为切口效应。即使零部件的截面是均匀的，也可能由于材料内部的不均匀性造成应力不均匀分布。工件上的应力不均匀分布是影响工件寿命的一个重要因素。

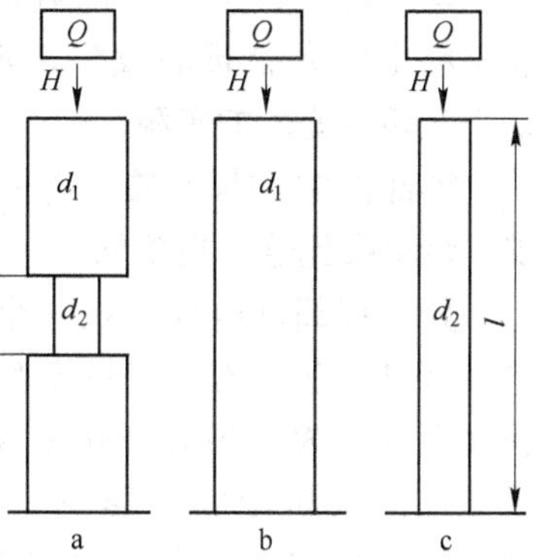

图 10-1　承受相同冲击作用力的杆

如图 10-1 所示的三个长度为 l 的杆，承受相同冲击能量 $T=QH$ 的作用力。根据材料力学的理论计算的三个杆内部的应力分布分别为：

$$\sigma_a = \sqrt{\frac{2TE}{F_1 l_1 q[p+q(1-p)]}} \tag{10-1}$$

$$\sigma_b = \sqrt{\frac{2TE}{F_1 l_1}} \tag{10-2}$$

$$\sigma_c = \sqrt{\frac{2TF}{F_1 l_1 q}} \tag{10-3}$$

$$q = \frac{F_2}{F_1}$$

$$p = \frac{l_2}{l_2}$$

式中　F_1——直径为 d_1 处的截面积；

F_2——直径为 d_2 处的截面积；

l_2——图 10-1a 试样的直径为 d_2 处的长度。

由于式（10-1）中分母项中 $q\ [p+q\ (1-p)] < q < 1$。所以

$$F_1 l_1 q[p+q(1-p)] < F_1 l_1 q < F_1 l_1$$

因此得到三个杆中的应力

$$\sigma_a > \sigma_c > \sigma_b \tag{10-4}$$

如果假设

$$\frac{d_2}{d_1}=0.8 \qquad \frac{l_2}{l_1}=0.1$$

则

$$q=\frac{F_2}{F_1}=0.64 \quad p=\frac{l_2}{l_1}=0.1$$

由此计算得到　$\sigma_a=1.52\sigma_b$　$\sigma_c=0.82\sigma_a=1.25\sigma_b$

也就是说，如果把图 10-1b 状态当做基本状态加以比较的时候，在杆的长度的十分之一区间内使直径减小 20%，则会使这个杆所受的应力提高 50%。如果这时把杆的直径全长上缩小到 d_2（直径缩减 20%），结果 c 状态比 b 状态应力只提高 20%。同样如果把细化部分的长度 l_2 再增加，还可以比 a 状态减少应力集中情况。

这个特例说明材料的截面变化会引起材料中应力分布的改变。实际上这也是广义切口概念的来源。

零部件中如果存在一个孔洞或者裂纹，情况会比这个更糟糕。

如果零部件内部存在一个如图 10-2 的直径 $2a$ 的圆孔，如果零部件相对于圆孔可以认为无限大（例如宽大的军舰甲板上通入机舱的圆形门），而零部件受到均匀分布的纵向拉伸应力作用，由于圆孔的应力集中，孔的周围各项应力分布发生了变化。经过弹性力学计算，沿 $\theta=0$ 的垂直于外力的面上各应力分量的形式为

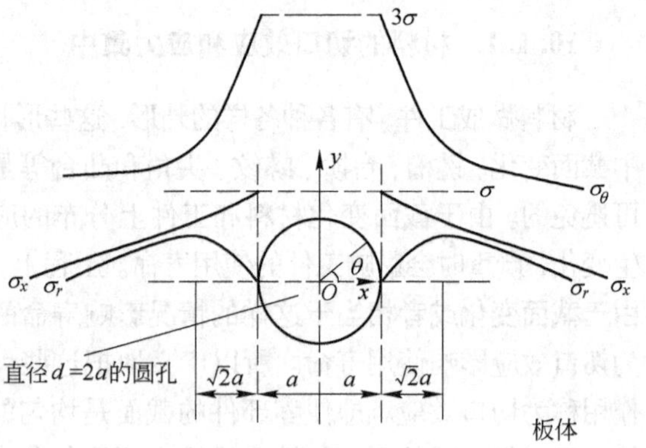

图 10-2 受纵向拉应力的中心有圆孔无限大板的孔周围的应力分布示意图

$$
\begin{aligned}
\sigma_r &= \frac{3\sigma}{2}\left(\frac{a^2}{r^2}-\frac{a^4}{r^4}\right)\\
\sigma_\theta &= \frac{\sigma}{2}\left(2+\frac{a^2}{r^2}+\frac{3a^4}{r^4}\right)\\
\sigma_{r\theta} &= 0
\end{aligned}
\tag{10-5}
$$

这是工程上计算应力集中情况的典型形式。公式中的 r 是计算的位置离圆孔中心的距离。可以清楚地看到，圆孔的周围应力分布发生了显著的变化。这里 σ 是平均名义应力。由于圆孔的存在，在圆孔周围 σ_θ 提高到 3σ（即名义应力的 3 倍），并且随着距离的增大迅速减小，σ_r 在离孔的边缘$\sqrt{2}a$ 处达到极值$\frac{3\sigma}{8}$，然后再随距离的增大而减小。而 σ_x 从孔的边缘最大值逐步降低到名义应力水平。剪应力分量在这个平面上不存在（图 10-2，图中纵坐标即表示 y 方向，也表示应力值的大小）。

概括上述讨论，可以得到，在截面变化的受力构件上应力集中的情况我们通常用应力集中系数这样的概念表示。构件中最大应力和名义应力比较得到的值称为理论应力集中系数 K_t（最大应力不超过弹性极限时，这个系数也称为几何应力集中系数，只与零件结构的几何尺寸有关而与材料性质无关），将其表示为

$$
K_t = \frac{\sigma_{max}}{\sigma_n} \tag{10-6}
$$

显然，除了圆孔这样的材料不连续性以外，会有各种各样的切口情况。

这里特别值得一提的问题是零部件中存在的不是直径等于 $2a$ 的圆孔，而是长度等于 $2a$ 的与外力垂直的裂纹，那么情况一定也发生根本性变化。所以切口的根部曲率半径也是应该同时讨论的一个重要问题。在工程上为了确定材料的切口强度，用专门的切口强度试验测定材料的切口特性（见第 2 章）。用切口圆柱形试样或者双切口平板试样进行拉伸，予以测定。试样切口几何的三个主要参数是：切口深度 t、切口根部的曲率半径 ρ 和切口张角 θ，其表达形式如图 10-3 所示。

切口试样拉伸强度叫做切口强度（notch strength），以圆柱体拉伸为例（图 10-4），将

拉断时的最大载荷除以切口处的净断面积得切口强度

$$\sigma_{bn} = \frac{4P_{max}}{\pi d_n^2} \tag{10-7}$$

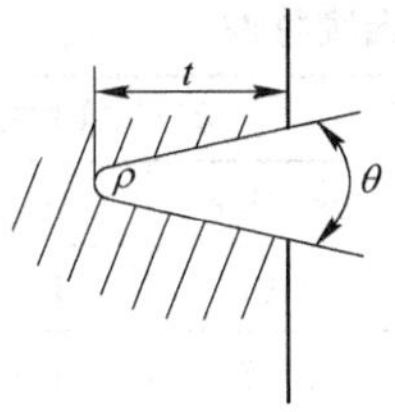

图 10-3 切口三个主要参数

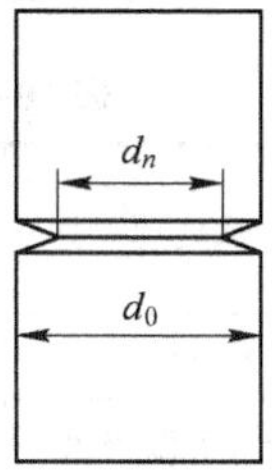

图 10-4 圆柱体切口试样

圆柱试样的 d_0 是原始直径，d_n 是切口处的直径。

根据弹性理论，在圆柱体试样上切口根部表面处的等效应力 σ^* 可以表示为

$$\sigma^* = \frac{\sqrt{2}}{2}[\sigma_1^2 + \sigma_t^2 + (\sigma_t - \sigma_1)^2] = K_t\sigma_n[1 - \nu + \nu^2]^{\frac{1}{2}} \tag{10-8}$$

$$\sigma_1 = K_t\sigma_n \tag{10-9}$$

$$\sigma_t = \nu\sigma_1 = \nu K_t\sigma_n$$

如果令
$$K_t^* = \frac{\sigma^*}{\sigma_n} = K_t[1 - \nu + \nu^2]^{\frac{1}{2}} \tag{10-10}$$

K^* 表示圆柱体试样切口根部表面处两向拉应力状态下的应力集中系数，也称为复合应力集中系数。式中 σ_1、σ_t、ν 分别是切口最小直径处轴向拉应力、切应力和泊松比。这里泊松比 $\nu=0.3\sim0.35$，是材料常数以外，σ_1、σ_t 是最小截面上半径各点的函数。如果把泊松比代入式（10-8），得到：

$$K_t^* = (0.87 \sim 0.89)K_t \tag{10-11}$$

通常把圆柱体试样上测定的强度除以切口强度称为切口强度比（记为 *NSR*）。表 10-1 给出了常见的三种钢 30CrMnSiA、40Cr 和 60Si2Mn 在不同处理状态的这种特性参数。这些数据在一定意义上说明了光滑材料的强度和切口强度之间的关系。在很多材料中切口明显的削弱材料强度。所以用不同条件下的应力集中系数表示一个材料有切口时的情况。在拉伸试验条件下用以上的两个应力集中系数，在交变载荷作用下还用疲劳切口敏感度这样一个量表示切口造成的削弱情况。

在承受变动载荷的情况下，切口效应更为严重。疲劳载荷作用下材料的切口敏感度 q 用式（10-12）表示：

$$q = \frac{K_f - 1}{K_t - 1} \tag{10-12}$$

$$K_f = \frac{\sigma_{-1}}{\sigma_{-1k}} \tag{10-13}$$

式中 K_f——疲劳切口应力集中系数；

σ_{-1}，σ_{-1k}——分别为光滑试样疲劳极限和切口试样疲劳极限。

一般情况下，K_t 和 K_f 都小于1，所以 q 是在0和1之间变化的量。如果 $q=0$，那么一定有 $K_f=1$，切口不降低试样的疲劳强度，材料对切口不敏感；如果 $q=1$，那么有 $K_t=K_f$，切口严重降低疲劳极限，材料对切口极端敏感。所以疲劳切口应力集中系数越小，材料对切口越不敏感。内部包含类似显微裂纹的铸铁，其切口敏感度小的原因也在此。

表 10-1　三种钢在不同处理状态时的切口强度特性

钢　种	热处理	光滑试样性能			切口试样性能 $K_t=3.9$		
		σ_b/MPa	ψ/%	σ_f/MPa	σ_t/MPa	*NSR*	K_{bn}
30CrMnSiA	320℃等温淬火	1334	49.6	2177	2197	1.65	8.29
	370℃等温淬火	1236	53.7	2187	2138	1.73	9.50
	450℃等温淬火	1079	30.8	1540	1412	1.31	6.32
	420℃回火	1530	53.0		2187	1.43	7.87
	500℃回火	1245	53.0		2050	1.65	8.72
	550℃回火	1079	53.0		1500	1.39	9.36
40Cr	300℃等温淬火	1334	52.0	2059	1834	1.37	8.34
	345℃等温淬火	1089	61.5	1844	1687	1.55	11.03
	420℃回火	1491	50.5	2246	1834	1.23	7.63
	510℃回火	1260	51.5	1961	1893	1.50	8.56
60Si2Mn	300℃等温淬火	1844	38.7	2638	2491	1.35	5.57
	350℃等温淬火	1471	47.5	2491	2118	1.44	7.80
	420℃等温淬火	1177	33.0	1579	1481	1.26	6.11
	400℃回火	2059	30.0	2452	2256	1.10	4.11
	480℃回火	1550	37.0	2216	2059	1.33	5.91
	560℃回火	1177	37.0	1540	1765	1.50	6.49

有些非铁基材料的同样数据，也说明切口情况下材料特性。

表10-2为钛、铝合金的拉伸性能及切口强度。

表 10-2　钛、铝合金的拉伸性能及切口强度

合　金	试验温度/℃	σ_b/MPa	ψ/%	σ_t/MPa	*E*/MPa	σ_{bn}/MPa	
						测定值	估算值
Ti-7Al-4Mo	20	1094	38.0	1510	122490	978	854
	−76	1286	31.0	1685	125170	1033	797
	−151	1423	32.0	1878	125446	1012	859
	−196	1648	26.0	2077	126814	951	802
Ti-7Al-3Mo	20	1101	30.0	1432	122490	1046	718
	−76	1272	24.0	1577	125170	999	664
	−151	1464	25.0	1830	125446	951	732
	−196	1642	25.0	2052	126814	944	781

续表 10-2

合 金	试验温度/℃	σ_b/MPa	ψ/%	σ_t/MPa	E/MPa	σ_{bn}/MPa	
						测定值	估算值
Ti6Al4V	20	978	52.0	1487	122490	1040	997
	-76	1170	43.0	1672	125170	1129	953
	-151	1354	45.0	1964	125446	1211	1088
	-196	1512	43.0	2161	126814	1183	1121
7075-T6	23	561	34.7	756	72500	485	435
	-76	588	26.0	741	77360	417	374
	-151	629	24.0	780	81122	451	376
	-196	670	23.4	827	83311	438	386
2024-T3	23	492	32.4	652	72500	410	388
	-76	506	24.3	629	77360	424	332
	-151	534	22.6	653	81122	458	332
	-196	595	16.5	694	83311	499	291

几种典型材料在不同处理状态时的切口敏感度及其他性能指标见表 10-3。

表 10-3 几种材料的不同性能参数比较

材 料	淬火/℃	回火/℃	组织	HRC	抗拉强度	屈服强度	延伸率	面缩率	疲劳强度	切口疲劳强度	K_t	K_f	q
45	840	200	M′	52					58.5	43	2.1	1.36	0.33
		360	T′	42					62.5	30.5		2.05	0.95
		420	T′	33					54	30		1.8	0.73
		580	S′	24					44	25		1.76	0.69
40Cr	840	200	M′	50	200	161	4.7	15.5	64	50	1.52	1.28	0.54
		300	T′	45	150	140	6.8	52.3	61	43		1.41	0.79
		500	S′	35	113	106	8.8	57.8	53	37.5		1.41	0.79
		670	S′	24	81	72	15.9	68.4	40	27		1.48	0.93
40MnB	840	300	M′	51	198	162	7.3	42.9	68	48.5	1.73	1.40	0.55
		350	T′	41	149	137	7.7	53	69	42		1.57	0.78
		480	S′	31	109	98.5	11.1	59.3	54	31.5		1.72	0.98
		620	S′	19	79	71	17.8	65.5	39	24		1.63	0.86
30CrMnSi	900	200	M′	48	191	152	7.6	43.2	67.5	47.5	1.65	1.42	0.65
		420	T′	42	160	147	7.5	54.2	58	38		1.53	0.82
		550	S′	32	105	98.5	11	52.2	50	30.5		1.64	0.98
		610	S′	24	99.5	87	11.9	59.6	43	30		1.43	0.66

注：M′、T′、S′分别为回火马氏体、回火屈氏体和回火索氏体。

一般情况下，零部件切口对性能的影响程度可以由切口形状、切口深度和切口尖端曲率半径几个因素确定。设计时除了内部裂纹尖端的曲率半径是不能确定的因素以外，其他尺寸是可以优化的。

10.1.2 切口强化

如前所述，在很多情况下，切口在零部件内部引起应力集中。应力集中是指局部应力大于名义应力（或平均应力）。由于应力集中，零部件中载荷分布会不均匀，材料承受载荷的能力会降低，这是危险的。

但是由于材料尤其工程结构件总是存在一定的塑性，这个现象能够导致材料在受力特别大的地方（实际应力超过屈服强度）产生一定的塑性变形，一来释放一定的弹性能，使零部件适当稳定化，使零部件能够承受更大的载荷；二来使应力状态得到改变，其结果表现出材料“强化”了。

这是因为，切口周围的塑性变形达到某种程度时，切口试件的断裂特性表现得比较复杂。以没有切口的杆件为例，受到拉伸时，在杆件集中变形的颈缩区就形成与其他部位相比类似切口的形式，因三向应力状态引起塑性变形受到约束。在未缩颈区因尺寸大而真实应力比缩颈区低，同时限制了颈部材料的横向收缩。当净断面应力达到屈服极限时，面积已经减小的断面处的材料就沿着与载荷平行的方向发生塑性变形而被拉长。在一般情况下，材料的体积要保持不变，所以塑性变形后切口根部的材料一定要收缩，但这种收缩变形必然要受到试件中仍处于弹性变形状态部分材料的限制。也就是说，由于受到其他两个主方向的起约束作用的拉伸应力的影响，必须继续提高轴向应力才能产生进一步的塑性变形。不言而喻，试件上的切口越深，塑性约束越会加剧，因而使试件发生塑性变形所需要的轴向应力也会越高。这样，实验测得的带有切口的试样的屈服强度应该比光滑杆件的屈服强度还要高。下面一组数据（表 10-4）是具有切口的 20 钢棒材的切口强化实验值。其中切口减少的面积最大可达 70%。

表 10-4 切口试样断面积减少量和屈服强度变化情况

截面积减少百分数/%	0	20	30	40	50	60	70
切口试样与光滑试样屈服强度比值	1.00	1.22	1.36	1.45	1.64	1.85	2.00

下面让我们再来看一个例子。20 钢的屈服强度 395MPa，银-黄铜合金的屈服强度 145MPa。现将两根直径 $d=10\text{mm}$ 的 20 钢棒用厚度 $t=0.5\text{mm}$ 的银-黄铜合金连接起来，让我们来考察一下这样的一个复合材料的强度极限。在本例中可以将这根两种材料焊接棒的特性与均质材料的切口棒等同起来看待。显然，棒中相对强度较弱的银-黄铜合金部分会率先屈服，并且会受到拉伸方向以外的其他两个方向的主应力的约束，这与均质材料切口试件的情况是一样的。其结果是连接处的强度将在很大程度上取决于连接部的几何尺寸——棒的直径及连接处的厚度 t/d 值。换句话说，棒的直径增加和连接部厚度下降会导致约束作用的增强。试验结果说明这个连接状态试样的屈服强度大约是 345MPa。这样以不同的 t/d 之比做了一系列试验得到的结果如图 10-5 所示。可见试样的屈服强度与这个切口的形状、尺寸有很大关系。如果有一个用一个个环连接成的金属链，那么这个链的强度取决于链中最弱的那个环的强度，因为那个环断裂，链也就失效了，但在这个例子中情况不同。

第三个例子是不同温度下的切口强化效果（表 10-5）。不同的材料（15 钢、Cr4Ni 钢）在不同的温度和不同的工作条件下，切口的作用就不一样了。总的趋势是温度降低的时候切口强化作用降低（这一点与光滑试样的情况相反——见第 3 章），疲劳工作情况下切口不但没有强化而且降低疲劳强度（由此可见抗疲劳设计中表面质量多么重要）。晶粒粗大的情况下切口强化作用小。

表 10-5 低碳钢和中合金钢不同温度下切口强化效果

材料	状态	试样情况	20℃			-70℃			-183℃		
			R_m	$R_{0.2}$	σ_{-1}	R_m	$R_{0.2}$	σ_{-1}	R_m	$R_{0.2}$	σ_{-1}
15 钢	正火	光滑	430	320	223	550	440	—	790	729	500
		切口	600	380	166	718	549	209	760	760	300
	晶粒粗大	光滑	360	151	166	440	280	—	670	650	—
		切口	476	221	140	509	360	189	608	609	240
Cr4Ni	热轧	光滑	772	591	393	900	690	420	1120	957	551
		切口	1039	781	242	1180	1029	249	1120	1120	276

切口强化的幅度还与金属或材料的强度水平有关。一般应在 1400MPa 强度以下。图 10-6所示为钢铁材料切口强度与抗拉强度的关系。

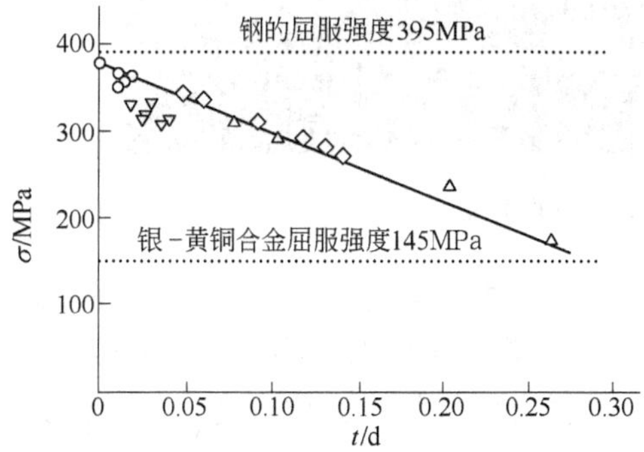

图 10-5 焊接点的 t/d 比值对强度的影响

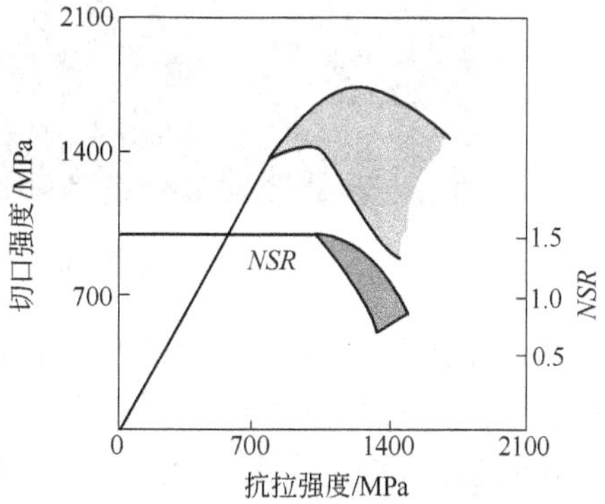

图 10-6 钢铁材料切口拉伸性能变化

以上三组例子和数据说明了切口可能造成强度提高，但是还必须着重强调以下三点：

（1）虽然试件在切口处的净断面应力比较高，但是如果以试件整个的断面面积作为衡量标准的话，它的断裂载荷比光滑试件要低。因此，绝不要以为具有切口的构件其抗破坏的能力反而会比完好的材料还要高，这显然是不对的。

（2）材料的切口强化也是有限度的，根据塑性理论，在切口强化的韧性材料中，变形材料的净断面应力可以提高至完好材料屈服强度的 2.5 ~3 倍。

（3）并不是所有的工程结构材料都会产生上述的切口强化效果。只有某些韧性比较好的材料（例如低碳钢或铝合金）做拉伸实验时，由于塑性约束而变形抗力增加的结果，净断面应力才会随着切口深度的增加而增加。但是对某些高强度钢（比如高强度钢 40CrNiMo）作淬火处理回火，得到回火的马氏体组织，然后对其做一系列的切口拉伸实验。这时我们会发现随着试件切口深度的增加，因为应力集中系数增大，测定的强度值反而下降。

了解材料的这些强度特性，即金属强韧化的基础知识，有助于全面的分析和正确的评价材料。

10.1.3 尺寸效应和加工各向异性

10.1.3.1 尺寸效应

尺寸效应是指材料或零部件的特征物理量随着物体结构尺寸的不同而发生变化的自然现象。尺寸效应问题在微电子产品领域讨论得比较详细，但是与此处讨论的内容不同。

举世闻名的春秋战国时期铸造的湖北随县出土的编钟（图 10-7），共计 64 件，最大的 100 多斤，最小的 1 斤多。铸造工艺精巧、盘饰纹路华美、音色优雅，其音律的准确程度就连当今最严格的声学专家也为之惊叹！

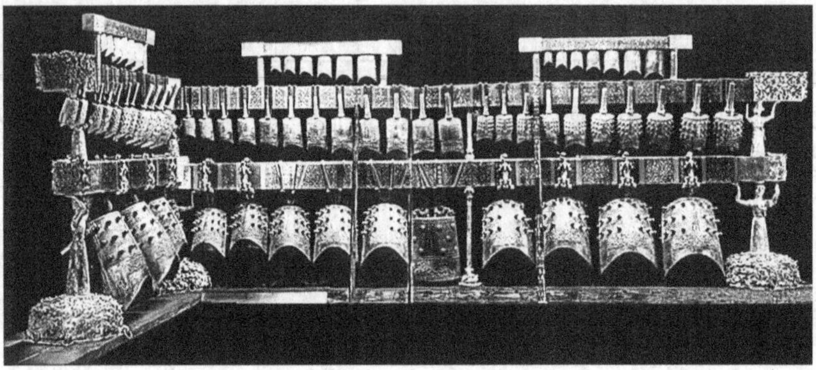

图 10-7 春秋战国时期的编钟

到清朝中期乾隆年间用黄金铸造的金编钟共计 16 件，重达一万一千多两。一改春秋时期的大小不同发声不同的形式，将编钟做成大小一样，利用壁厚不同、质量不同、共振频率不同的原理制造出来一套乐器——金编钟。同样音色绝妙，音质洪亮、准确优美。这是尺寸形状改变而功能保持原貌的一个实例。

零部件的尺寸增大，受力截面积增大，真应力降低有利于提高安全性。很多情况下不能够精确确定真实载荷，只能采用所谓的安全系数。这是目前工程设计普遍采用的方法。从材料学的角度讨论的时候，材料、零部件的尺寸越大，内部包含的缺陷尺寸也会越大。举两个例子，如果取若干根延伸率 25% 的钢丝拉在宽度 200m 的河两岸，当载荷增加到一定程度这些钢丝断裂的话，几乎没有一根是能够伸长到 250m（达到小试样的延伸率值 25%）断裂的。另外一个例子是大家都知道的，某钢铁公司 120t 炼钢转炉的耳子断裂的事故。这个转炉耳子的材料是 35 号铸钢。经检验，成分和其他各项性能指标完全合格。这个转炉耳子断裂完全是脆性的，是由于尺寸比较大，内部应力状态处于很硬的情况导致材料失去了塑性。这样的例子很多。

零部件尺寸大所带来的问题是使零部件内部应力分布发生变化、应力状态发生变化和应力维数发生变化。重要的零部件可以通过探伤方法诊断其内部质量及缺陷尺寸，但是目前的问题是特别大的产品探伤鉴别率不高，误差也很大。

尺寸效应的一个值得注意的问题是各种手册上查到的那些性能数据，其数据源于小试样或者标准试样。而实际零部件的尺寸、形状与试样不同或者完全不同，所以引用这些数据时一定要慎重。

尺寸效应的另一方面体现在特别小尺寸零部件上。当零部件的尺寸特别小的时候可以根据上述原理认为内部可能存在的缺陷尺寸也变得小，影响降低。所以大尺寸的零部件可以用小规格的材料制作，这样同样的截面积可以承受更大的载荷。这就是缆车的钢丝绳用很细的钢丝捻股形成而不是用同样截面积的实体钢棒制作的原因所在。

零部件的尺寸特别小的时候可以考虑两个方面的问题：

（1）稳定性。无论弹性变形的稳定性还是塑性变形的稳定性都会非常明显地不如大尺寸零部件来得可靠。因为外界载荷是不确定的，同样的载荷变化在大尺寸的零部件上可能没有显著的影响，而在小尺寸零部件上单位截面积的载荷变化就会很大。

（2）当零部件的尺寸特别小的时候，表面（实际上是表面上存在的物质的量）在整体中所占的比例会比较大，表面效应就变得明显了。纳米材料是利用小尺寸强化的一个典型实例。当材料的结构尺寸小到纳米尺度时，材料的各种性能都会发生显著的变化。但是纳米金属材料作为结构零部件使用很少。纳米材料作为结构材料使用比较少的原因一方面就是由于表面效应，温度变化稍微大一些的时候，这些材料会变得不够稳定。很容易发生再结晶而失去纳米强化作用。大块金（Au）的熔点是1063℃（1336K），金块的尺寸缩小到10nm的时候，其熔点下降到900℃，金颗粒的尺寸小到25nm时，700℃就熔化，这就是表面作用的结果。

10.1.3.2 加工各向异性

实际使用的零部件在加工制作过程中会形成许多具有方向性的内部因素，这些因素造成零部件具有由于加工原因形成的方向性——加工各向异性。

铸造或者凝固过程中如果柱状晶特别发达，会使结晶组织沿柱状晶的长轴方向具有比较好的拉伸性能而柱状晶粒彼此之间容易分离。铸造组织使用时应该注意这样的方向性。单晶提拉法形成的燃气轮机叶片就是一个柱状晶，具有特别优越的轴向性能。

轧制或者拉拔，使材料形成纤维组织或者织构。金属中的晶粒或者第二相沿变形方向呈长条状分布的情况称为纤维组织，而随着晶粒不断沿变形方向转动，逐步地由软位相转到硬位相，这个过程称为择优取向，择优取向的结果称为织构。这种纤维组织和织构具有明显的方向性。对于金属板材用塑性应变比表示这样的方向性。

这个指标中的一个是沿板面方向的应变 ε_w 和沿板的厚度方向的应变 ε_t 的比值，称为塑性应变比 r。

$$r = \frac{\varepsilon_w}{\varepsilon_t} \tag{10-14}$$

式中 ε_w，ε_t——分别为板的轧制方向和厚度方向的变形量。

显然是表征这两个方向变形能力大小的一个标志。$r=1$，说明板面方向和板厚度方向变形性能一样。对于压延变形或者冲压变形希望板面方向变形能力大，即 $r>1$ 而且单纯从压延变形考虑 r 越大越好。

更多的情况下需要了解沿板面不同方向的变形能力差别，这时采用塑性应变比的平均值 $\bar{r}$ 表示。

$$\bar{r} = \frac{r_0 + r_{90} + 2r_{45}}{4} \tag{10-15}$$

式中 r_0，r_{90}，r_{45}——分别为沿轧制方向、垂直于轧制方向和与轧制方向呈45°角的方向的塑性应变比。

第三个是衡量板面各方向的塑性应变比的差异程度，用 Δr 表示。

$$\Delta r = \frac{r_0 + r_{90} - 2r_{45}}{2} \tag{10-16}$$

当然 $\Delta r = 0$ 时板面各方向应变能力没有差别。

焊接（焊缝）方向也会影响强度特性。在同样厚度焊接连接部位，图10-8中两个不同方向的焊缝中a方向受拉伸载荷的能力比b方向的高20%。

如果机加工的表面划痕相对于零部件达到一定的深度，也会形成方向性的影响因素。冲击试样的切口内部加工划痕必须是沿试样长轴方向的，否则会影响冲击值。

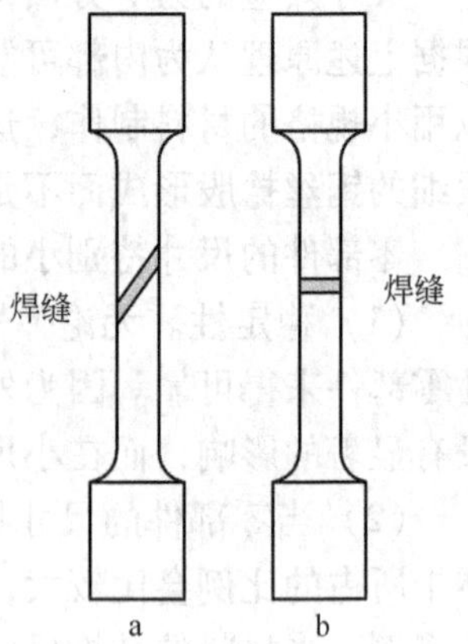

图10-8 不同焊缝方向受力情况

10.2 界面结构和力学性能

10.2.1 表面和界面

复合材料是人类在20世纪发展起来的实用工程材料，复合材料不能算作一种材料，复合材料是利用不同材料之间的性能优势或者性能互补，并在不同的材料之间以不同的比例和不同的形状相互结合或者相互配合而成的，依赖于制造工艺、处理工艺的实用材料。

关于材料界面的问题，在现有的分析能力范围，已经得到了足够的数据，但是还不够详细。

对于金属材料，人们很早就认识到了多晶金属材料的许多性能与晶界的结构有关，并不断作出努力以搞清晶界的结构和性质，以及它们与性能之间的关系。近代研究技术的进步和晶体缺陷理论的发展，为深入研究晶界结构提供了很好的基础和条件。目前可以从原子尺度对晶界结构和化学成分进行理论计算和实验观察分析，从而对晶界的原子结构以及它们与性能之间关系的了解有了很大的进步。金属中界面的典型模型如图10-9所示。晶界是有一定厚度的。

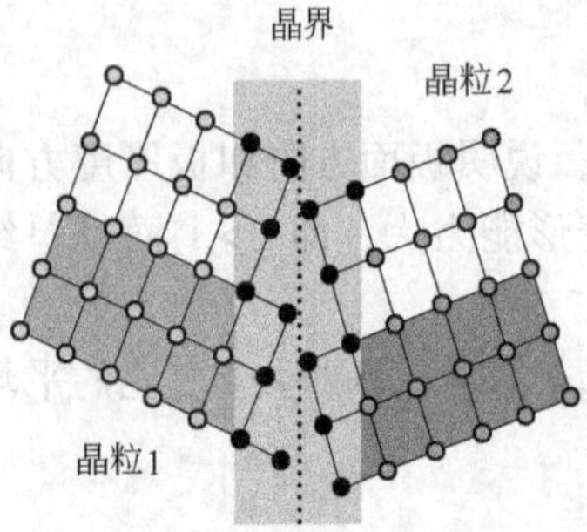

图10-9 晶界模型

材料表面情况研究得比较多，对于金属，普遍认为表面附近有几个原子厚度的范围原子排列有别于材料内部（图10-10）。把表面附近偏离平衡位置的原子具有的能量平均分配的表面的单位面积上得到表面能的试验值。这目前是一个没有办法的办法。因为表面实际上是有一定厚度的，尤其金属内部的晶界。大角度晶界对于金属变形的贡献中有协调作用，这个协调作用就是把变形量不同的相邻的两个晶粒之间保持连接状态的功能。假设，晶粒内部是规则排列的，其形状也是不规则的，晶界上不规则排列的部分——晶界在晶粒的不同位置厚度应该不同。这样当两个相邻晶粒变形量不同时，只能靠晶界厚度不同部位保持不同厚度才可以做到两个晶粒变形不同而保持一体，即起到协调作用。在不同厚度的晶界或者表面平均占有那些弛豫原子的能量的说法显然是不很严格的。

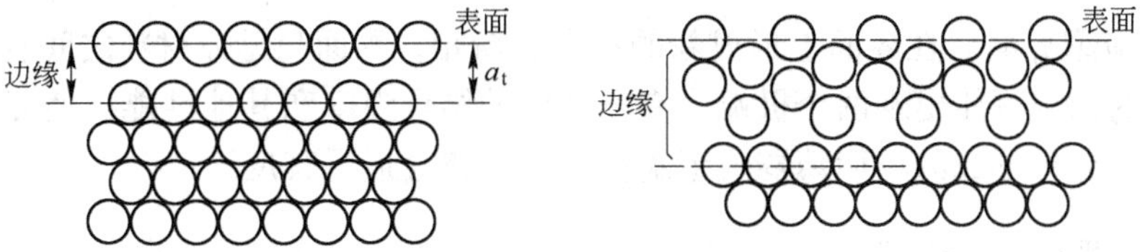

图 10-10　金属表面附近原子排列情况

图 10-10 中这几个原子厚度的位置变化显然是表面性能的主要来源，把这些原子具有的能量分配到单位面积上即为表面能。这方面可以进行热力学方面的深入讨论。金刚石立方结构的高纯度锗作为表面时的弛豫情况如图 10-11 所示。

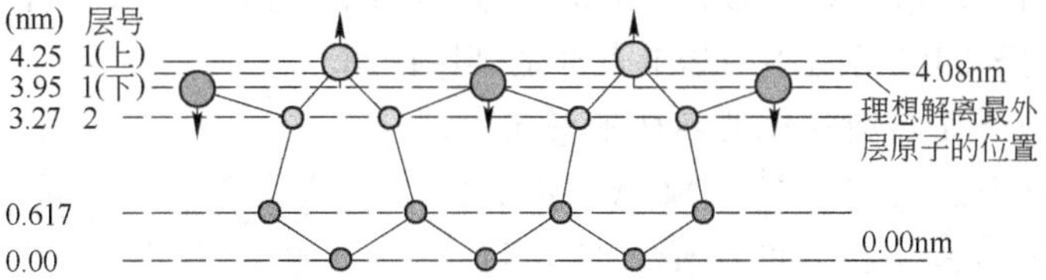

图 10-11　高纯度锗的（111）原子面作为表面时的弛豫情况

10.2.2　界面类型和结构

对于复合材料，设 A 材料的某项性能指标是 η_A、其体积分数是 f_A，而 B 材料的同样指标是 η_B、体积分数是 f_B；而两种材料复合以后的该指标是 η_{AB}，那么 $\eta_A+\eta_B\neq\eta_{AB}$，同样也不完全等于 $\eta_A f_A+\eta_B f_B\neq\eta_{AB}$ 这里的问题就是两种材料形成了新的界面造成的强韧化和各相的几何尺寸变化造成的强韧化。这正是机械强韧化。

复合材料形成的时候，总是具有液体状态或者熔融状态结合，所以两种材料之间的界面从结合强度方面考虑可以分为如下几种：

（1）两种材料紧靠在一起，没有形成共同的界面。例如在常温钢板表面施加足够的载荷使木材靠紧。外力消除两种材料自然分开了。另外两种材料中一种是液体的时候，尽管液体对固体润湿，但是液体的流动性两种材料不能形成牢固的结合。

（2）物理吸附型。由于固体表面上的分子力处于不平衡或不饱和状态，固体会把与其接触的气体或液体（复合材料形成时主要是液体）溶质吸引到自己的表面上，从而使其残余力得到平衡。这种在固体表面对气体或液体吸引并使其浓度增加的现象，称为吸附。两种材料之间有较紧密的结合，界面上的原子之间形成物理吸附，界面有足够的强度。

（3）化学吸附型。界面原子之间形成化学吸附，有更强的结合。物理吸附和化学吸附的主要区别是物理吸附不具有饱和性，因而在一定的应力作用下沿界面方向两种材料之间可以发生一定距离的滑动而保持两种材料的连接状态。而化学吸附型由于存在饱和性，结合强度更高。

前两种（吸附型）界面在不同的材料中当然不一样，如果假设甲乙两种材料复合，可能甲对乙是化学吸附，而乙对甲是物理吸附；或者相反，或者只有一个是吸附而另一个完全不同。

（4）反应型界面。在界面上形成新的物质、新相，界面与母体材料之间有明显的性能差异。这样的结合可能出现两个极端。有非常好的结合强度和其他性能，使复合材料得到优良的结合。如果形成的界面薄弱或者脆性过大，将会适得其反。

10.2.3 界面强化作用

各种不同界面在材料中有以下几个方面的影响是明显的。

（1）界面对金属的塑性变形造成阻碍。金属是具有一定塑性的，所以金属非常容易变形——也是强度低的一个表现；而晶体中位错的运动是塑性变形的元过程，界面对位错运动造成障碍。这个在位错理论中称为映像力，实际上是界面作用力——自由表面对于靠近表面的平行与表面的位错有吸引力。相似的，各种不同的界面都存在这样的作用力。但是内界面对于移动过来的位错的作用基本上都是排斥作用。

（2）各种内界面是材料强化的内在主要途径，尤其在复合材料中更是这样。我们设想，如果复合材料中的两个或者多个相之间不是有良好的界面结合，复合材料不会具有现在的这些性能，至少比有良好界面结合的差得多。例如在钢筋水泥中水泥对钢筋的界面作用称为握裹力，指的是结合强度。又如，玻璃钢的纤维材料和树脂材料不是在液体时候结合成型（充分润湿，形成结合面），玻璃钢也不会有理想的性能。不同金属之间会形成复杂的界面，最理想的半共格界面也需要通过位错进行匹配（图 10-12）。界面位错基本上不能脱离界面，所以造成强化的能力更大。

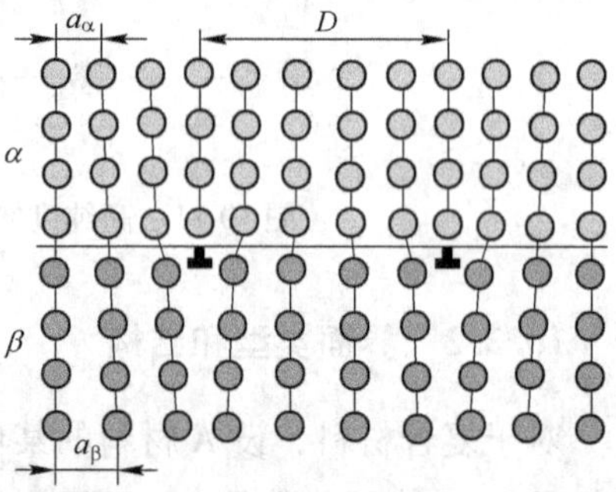

图 10-12 位错在两个相之间匹配

（3）界面的存在（尤其是大量的界面存在）可以使应力分布改变，可以使裂纹扩展的方向改变。这就是在材料中间接的强化（或者弱化）作用。图 10-13 所示为层状复合材料不同受力方向对裂纹扩展方向的影响。图 10-13 中层状复合材料的裂纹扩展方向都假设为 x 方向。图 10-13a，各复合层垂直于裂纹扩展方向，如果界面是薄弱的，那么裂纹达到界面处时薄弱的界面使 σ_{xx} 大大减弱，甚至可能改变三向应力状态，进而改变料面应变状态，使裂纹钝化。图 10-13b 是垂直排列的层板，相当于把一个厚板变成许多薄板，其作用是把 z 向应力松弛，使每一个板各自成平面应力状态，层越多，这种作用越显著。这种情况可能存在的问题是结合面过于强，起不到复合作用；过弱，与未结合一样，失去复合作用。图 10-13c的情况对于 x 方向扩展的裂纹最不利。y 方向的作用力很容易将使材料发生层裂，性能恶化。

所以界面的方向也是影响性能的重要因素。

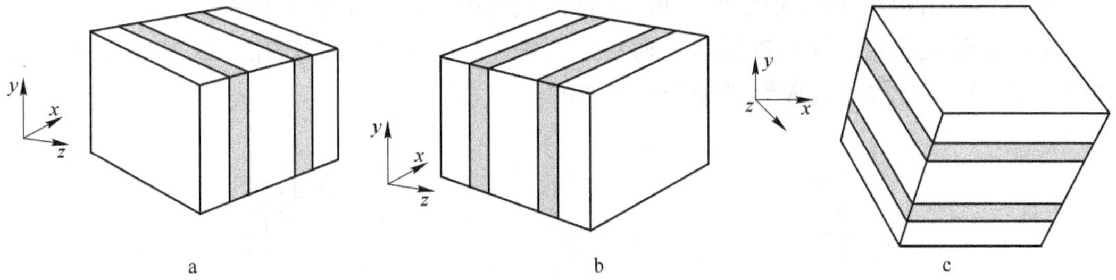

图 10-13 层状复合材料不同受力方向对裂纹扩展方向的影响

10.3 结 构 强 化

结构强化主要指的是从材料学的角度，利用结构、形状和尺寸因素改变或改善材料性能的技巧。在机械设计中有许多这样的例子。

一个实例就是承受冲击载荷的风动工具汽缸的紧固方式。过去用短螺钉与汽缸本体分别固定（图 10-14a），时常发生螺钉断裂，后来改用长螺钉贯穿整个汽缸体（图 10-14b），螺钉断裂事故大为减少。进一步的研究和实践表明，如果长螺钉上相当于螺纹退刀槽的槽宽留得越长，则螺钉断裂的可能性越小（图 10-14d 的情况就比图 10-14c 的情况好）。这一实例充分说明在设计易受冲击的零件时，应该尽可能避免细而短的部分与粗大部分相连接，而尽可能增大最小断面处的体积，以减少该处单位体积所吸收的能量，从而减小该处的冲击应力与应变值。

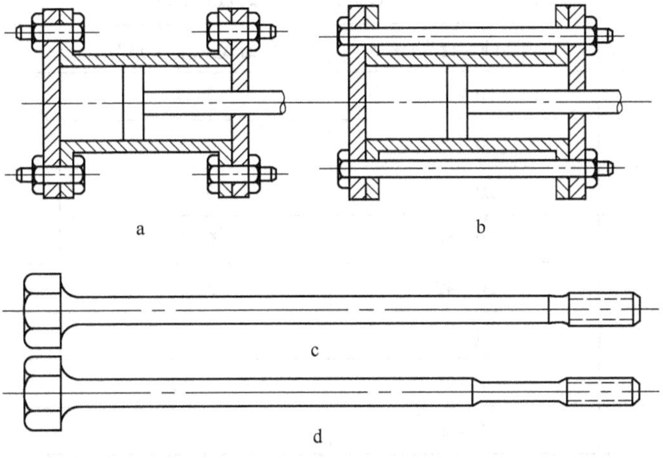

图 10-14 汽缸紧固螺栓形状优化

对于大功率柴油机曲轴的选材问题也是工程领域大胆试验和科学理论结合的典范。柴油机曲轴在复杂的交变载荷作用下工作，原先认为应该采用高强度材料制作，后来采用球墨铸铁材料制作曲轴，尺寸小的曲轴进行调质处理，大尺寸曲轴干脆正火处理，使用效果良好，为什么呢？球墨铸铁材料的突出优点在于切口敏感度小，具有适当的强度。对于大尺寸零部件采用整体热处理很困难，还不如中等强度材料能够完成任务。

另外利用结构尺寸的优化而达到使用性能提高的实例更是数不胜数。

结构上避免尖角、锐利的锋口，避免应力集中，合理利用工艺孔、退刀槽等降低应力集中。图 10-15 所示的几种形式是经常采用的。

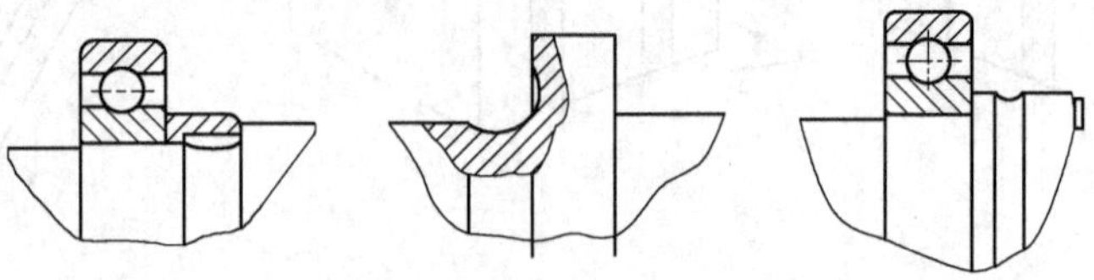

图 10-15　减少应力集中的几种结构形式

a—采用间隔环释放部分应力；b—保证密封连接的同时减少应力集中的凹圆角；c—特制的卸载槽

为了提高应力集中部位的强度不能单纯增加零部件的截面尺寸，主要设法改善其局部受力情况降低应力集中系数，可以采用局部强化法、改善几何形状法、局部表面强化法。

（1）局部强化法，包括表面热处理强化、薄壳淬火、喷丸强化、滚压强化、表面覆盖强化、表面变形强化等。

（2）改善几何形状法，尽可能加大过度部分的圆角、根据零部件受力方向、受力位置等因素适当选择开孔位置、方向。尽量避开应力集中位置开孔，开圆孔或者开椭圆孔，椭圆孔的长轴方向应与主应力方向平行，其长短轴之比应 4:1。

（3）采用局部表面强化方法减少表面拉应力水平。很多表面加工方法可以获得零部件表面压应力，提高疲劳强度。表面加工方法对零部件性能的影响见表 10-6。

表 10-6　表面加工方法对表面性能的影响

加 工 方 法	表面硬度提高/%	表面残余应力/MPa	强化层深度/mm
切　削	20 ~ 30	3 ~ 7	0.05 ~ 0.5
喷　丸	20 ~ 40	4 ~ 8	0.4 ~ 1.0
柱滚压	20 ~ 50	6 ~ 8	1 ~ 20
球滚压	20 ~ 50	6 ~ 8	0.3 ~ 5
振动冲击加工	20 ~ 40	3 ~ 6	0.1 ~ 0.7
滚筒抛光	10 ~ 15	1 ~ 2	0.05 ~ 0.3
超声波强化加工	50 ~ 90	8 ~ 10	0.1 ~ 0.9
金刚石碾压	30 ~ 60	3 ~ 7	0.01 ~ 0.2

尽量采用截面均匀、尺寸过度平缓的形状设计，利用过度圆角、加强筋等提高强度。

利用或者避免材料的方向性，趋利避害，一定要注意原材料是否具有显著的方向性，以便在采用时正确设计施工。

在周期规律的冲击载荷作用下工作的零部件注意其固有的自振频率，尽量避免运行过程中形成共振。军队过桥时齐步走造成桥垮人亡事故就是共振造成的。

如果有条件的话采用叠层结构衰减振动能量和提高抗冲击能力。研究表明，叠层零部件冲击破坏抗力是实体零部件的两倍。

10.4 材料的非工作方向性能及其强韧化问题

工程材料的非工作方向性能（NWDP，non working direction properties），指的是材料尺寸和形状上不是主受力方向或者不是主要工作方向，例如对于线、棒材来讲沿其横断面的直径方向、板材的厚度方向、层状复合材料的层间结合方向等。有不少情况下，由于材料的非工作方向性能远低于常规力学性能，使材料或构件不能安全工作，或达不到预期的寿命。复合材料在承受拉伸载荷时具有非常优良的特性，但是承受压缩载荷时就会很薄弱。目前对于钢铁材料和层状复合材料还没有检测非工作方向性能的方法。就冷镦工艺而言，冷镦成型是金属成型的重要方法。在航空航天、运输机械、家用电器、仪器设备和工程结构中广泛使用的紧固件螺栓、螺钉、螺母等产品的制作工序。这种成型工艺条件下性能的检验，目前除了钢的冷顶锻试验方法以外没有别的检测检验方法。对于中厚钢板来讲，非工作方向性能检验只有 GB/T 5313《厚度方向性能钢板》中提到的制作厚度方向性能试样进行拉伸试验，测定材料非工作方向性能方面还缺乏恰当的手段。现有的这些方法有时候不仅不能给出正确的评价，甚至还经常做出错误的结论。又如，汽车大梁钢板在冷弯过程中开裂、焊丝及钢绞线在冷拔过程中的分叉，中厚板在使用过程中分层等，大多数是在常规力学性能合格的前提下出现的。

另外，在圆柱体试样压缩时（尤其是快速压缩——镦粗时，第 2 章已经说明不同于静载荷压缩）金属流动问题的认识，至今不是完全正确的。最典型的情况是用有限元应变分析方法计算的结论。这个结论指出，圆柱体压缩变形时，金属中各个单元经过相似的变形，使圆柱体变成鼓肚形（图 10-16）。但是实际上对镦粗的试样内部组织和夹杂物的解剖分析说明，夹杂物的变形多数情况下如图 10-17 所示，夹杂物出现明显的折叠和分离，或者向边缘移动。

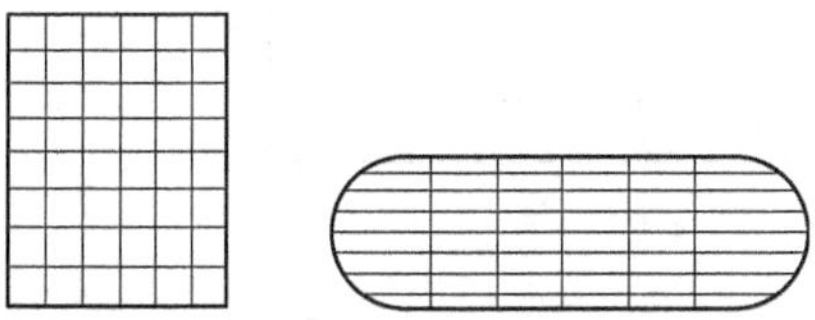

图 10-16 有限元方法计算的变形单元

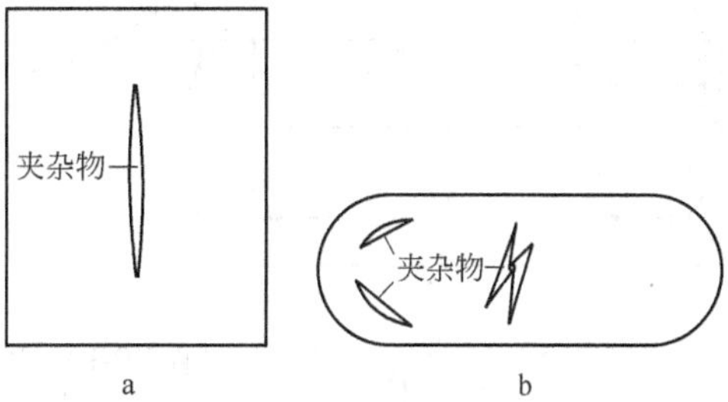

图 10-17 实际金属镦粗时夹杂物的流动

a—镦粗之前夹杂物的位置和走向；b—镦粗后夹杂物的位置和走向

中厚板在冷弯加工后，侧面出现层状条纹或者性能不合格的情况也在常规性能检测符合标准的情况下出现的，正是非工作分析性能不合格造成的。

金属材料在变形时经常出现微观区域的不均匀变形，这也是造成非工作方向性能下降的原因之一。

在试样上用简单的试验可以证明 NWDP 的薄弱现象。用一定角度的圆锥压头，压入圆钢试样的顶端，得到一个压痕，当压入深度足够大时在圆钢的薄弱部位（或者离边缘比较近的地方）开裂。可是同样的试验在板材的侧面进行时，尽管压痕离板材的边缘比较近，压痕周围开裂的地方不是在板材表面，而是沿板材的长度方向，从压痕边缘向外扩展（图 10-18）。裂纹在压痕旁边不同形式的走向说明了非工作方向性能与常规性能的差异。

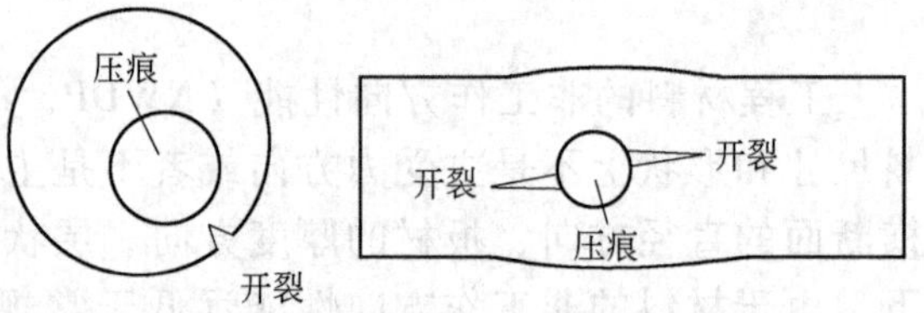

图 10-18 圆钢锥锻时裂纹形成示意图

目前国际上对于 NWDP 也开始给予显著的关注。仪器化检测技术也不断地纳入各种标准，并正在推广应用。在复合材料领域中用于研究复合材料的结合能力检验方面做的工作比较多，有相当的理论深度，但是还没有形成系统的研究规模，因此也没有相应的结果问世。这种圆柱体锥锻试验方法确定复合板材的结合强度，有日本人在纤维增强复合板材上做过，称为纤维的挤出强度。但是，不是按照非工作方向性能的思路去做工作，试验方法也不普遍。

在中厚板厚度方向性能检测方面，有人采用剪切法测定抗分层能力，具有一定的意义。试验方法简单、试验设备标准、数据重现性好和能够测定板的厚度方向不同位置的抗分层能力。

10.4.1 锥锻试验

锥锻试验非常简单，选择具有一定锥角的圆锥体做压头，安装在万能材料试验机进行压缩试验的位置。通常采用锥角 60°或者 90°的圆锥体，如图 10-19 所示。

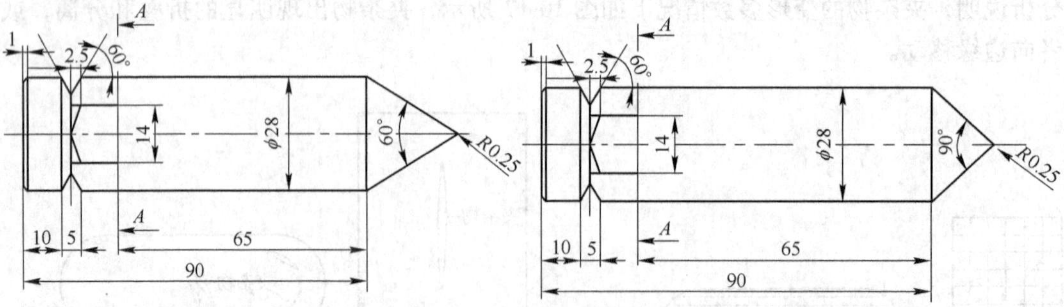

图 10-19 锥锻模具尺寸

圆柱体试样或者板材试样加工要求是上下底面平行，保证加载时试样不偏斜，高度根据试样直径和板材厚度确定。加载的位置可以在压头靠近时移动试样确定。经过大量的不同材料和不同试样试验结果说明，载荷与压痕直径、压痕深度以及压痕周围金属变形量之间都存在显著的对应关系，这种试验方法具有良好的数据重现性和可比较性。

ML08Al 锥锻试验载荷与压痕直径的关系如图 10-20 所示。

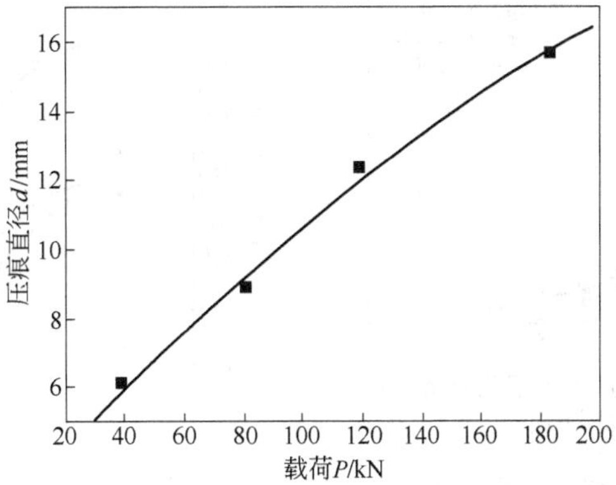

图 10-20　ML08Al 锥锻载荷与压痕直径的关系

板材锥锻后裂纹沿板材宽度方向形成的实例如图 10-21 所示。宏观照片中箭头所指的横线就是裂纹。

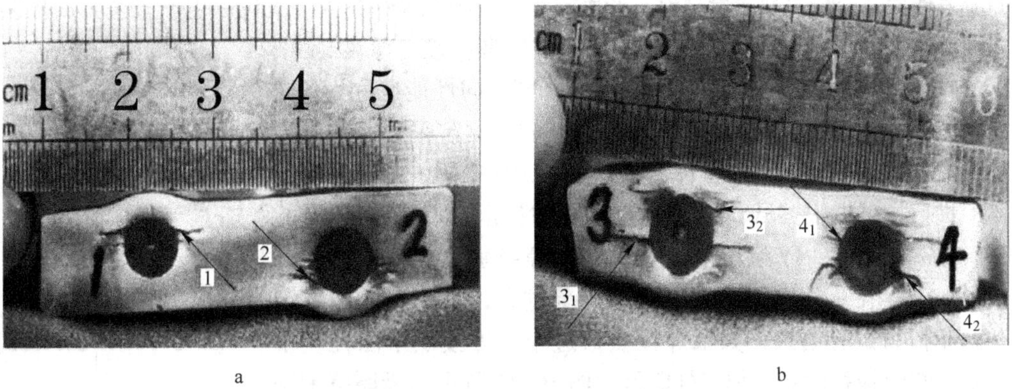

图 10-21　20g 板材经圆锥压头锥锻后的宏观照片

如图 10-21 所示，在每一个板的侧面进行了两次锥锻试验。当圆锥压头压入试样表面，产生塑性变形时，压痕面积也随之增大。当载荷达到一定程度时，在试样的压入面上沿板厚方向开始产生裂纹（如图 10-21a 中箭头 1 所指），随着载荷的继续增大，裂纹也开始变长、变宽（如图 10-21a 中箭头 2 所指），同时试样侧表面也开始有鼓肚产生。当载荷达到较高时，在试样表面开始有第二对裂纹产生（如图 10-21b 中箭头所指），第一对裂纹也继续变大直到开裂为止。

板材在其厚度方向的锥锻试验中，压痕直径随着载荷的增大而增大，当载荷达到一定程度时，尽管压痕离高度方向的边缘比较近，但是压痕周围开裂的地方不是在板材的表面而是沿板材的长度方向，并且从压痕边缘向外扩展开裂。这就是说中厚板材都不同程度的存在沿厚度方向性能远比沿板面方向的性能低的情况。

对于压痕周围的金属变形情况用显微硬度试验进行验证。从压痕点向下和向两个侧面测定的硬度与距离的关系如图 10-22、图 10-23 所示。

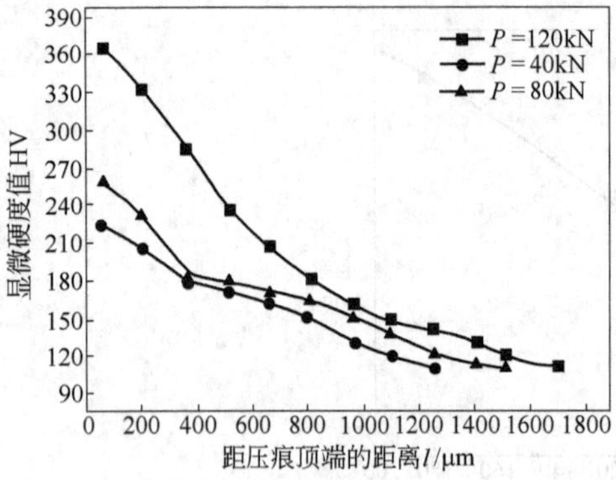

图 10-22 在不同载荷下测得的 ML08Al 的硬度值随距压痕端点距离变化的曲线

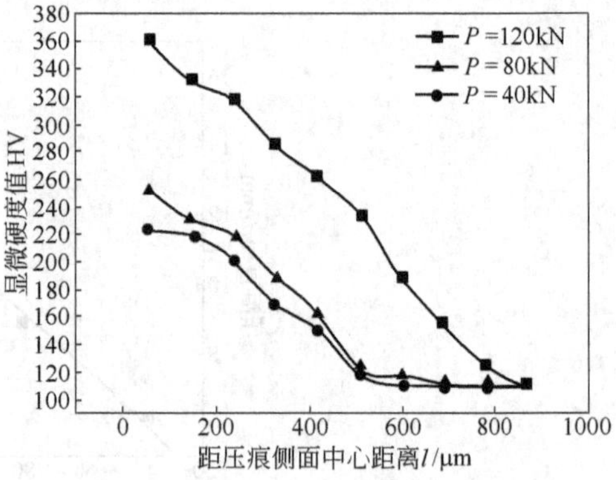

图 10-23 在不同载荷下测得的 M08Al 的硬度值随距压痕侧面中心距离变化的曲线

10.4.2 剪切试验

对于中厚板，其厚度方向的性能一直是材料工作者关注的课题，钢板内部出现沿钢板轧制方向具有阶梯状的裂纹，这种裂纹称为层状撕裂。钢板越厚、钢板内部的非金属夹杂物越多、拉伸应力越大，焊缝表面质量越差、产生层状撕裂的危险性越大。无论从生产工艺方面控制还是在随后的处理工艺上控制，都存在一定的问题。板材厚度越大，厚度方向性能变化、波动越大。中厚板的厚度方向性能也称为 z 向性能。国家标准 GB5313 中关于厚度方向性能的测定采用拉伸试验方法。沿板的厚度方向截取拉伸试样，由于试样很短，两端焊接夹持棒，进行拉伸，根据试验结果将厚度方向性能分别以其延伸率的 15%、20%、35%，命名为 z15、z25、z35 等级别。这种拉伸试验的试样加工存在一些问题，如果焊接热量过大，影响试样内部组织，因而影响试验结果；如果焊接热量过小，焊接点牢固程度不足，未等测定板材性能，焊口处断裂。图 10-24 所示为板厚范围制作拉伸试样，试样的长度就是板材厚度。在两端加粗的部位焊接拉伸夹持棒。图 10-25 所示为焊接的试样在拉伸过程中的断裂情况，没有在工作部分断裂而在焊接位置断开了。说明这样的试验方法成本太高。

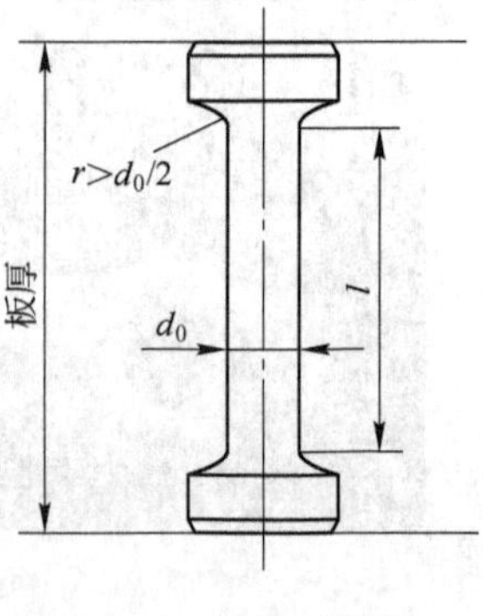

图 10-24 沿板材厚度加工出来的试样

a b

图 10-25 焊接部位拉断的拉伸试样

a—焊接断口 1；b—焊接断口 2

z 向性能不合格的主要现象是出现分层或者层裂。国家标准规定了从化学成分上控制的要求。表 10-7 是我国国家标准《厚度方向性能钢板》（GB5313）关于钢板厚度方向性能级别与含硫量之间关系的规定。

表 10-7　国家标准规定的厚度方向性能钢板硫含量和 z 向性能

级　别	硫含量/%	断面收缩率（三个试样平均值）/%	断面收缩率（单个试样）/%
$z15$	0.02	≥15	≥10
$z25$	0.007	≥25	≥15
$z35$	0.005	≥35	≥25

板材在弯曲或者折叠时出现分层其主要原因是板材内部形成剪切作用力。如图 10-26 所示，把厚板想象为几层材料，弯曲时会发生彼此之间错动变形。这个时候的各层之间产生应力如图 10-27 所示，对应地形成剪切应力。

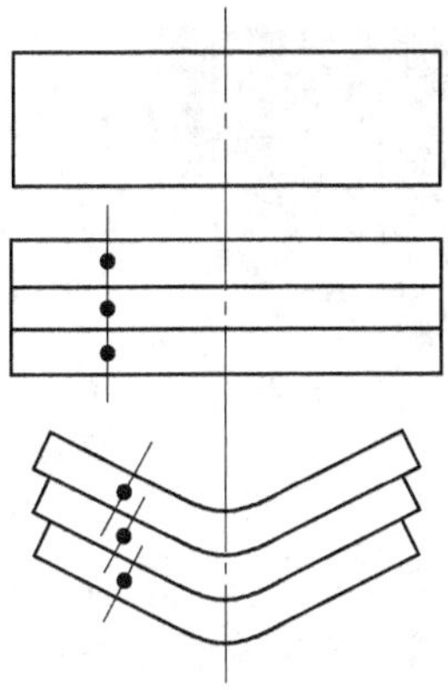

图 10-26　由于弯曲各层之间产生位移

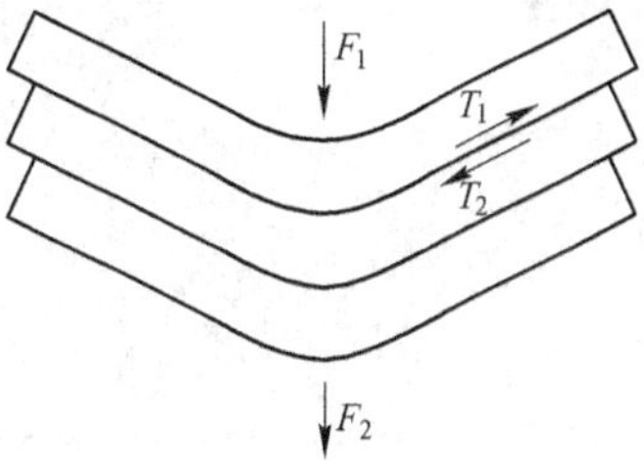

图 10-27　由于弯曲产生剪切应力

如果将厚度方向试样进行剪切检验能够比较准确地反映材料抵抗剪切——抵抗分层的能力。基于这个认识，用专门的剪切试验模具（图 10-28），进行剪切试验。

其工作原理如图 10-29 所示，将中厚板试样用压板压紧在定剪切模具上，夹紧的位置应该在需要剪切的厚度部位，将动剪切模具摆放在试样剪切位置，将整个模具放到万能材料试验机的压缩位置，开动材料试验机剪切，材料试验机记录压缩载荷，除以试样横截面积，得到剪切强度。

这种剪切试验有如下优点：

（1）取样、加工、进行试验简单，可以进行日常的例行检测而成本低廉。

（2）数据重现性好，能够反映板材抗剪切能力。

（3）由于是单剪，剪切抗力准确反映板材厚度方向性能。

（4）在厚度的任意位置进行剪切，如厚度的 1/2、1/3 等，了解板材性能与生产工艺之间关系。

试样剪切面的低倍组织如图 10-30 所示。

被剪切断口处变形区域显微组织如图 10-31 所示，变形区域很小。

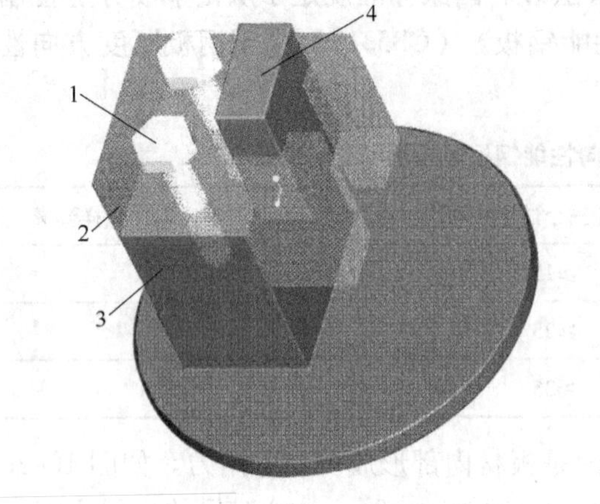

图 10-28 剪切模具三维图

1—紧固螺栓；2—压板；3—定剪切模具；4—动剪切模具

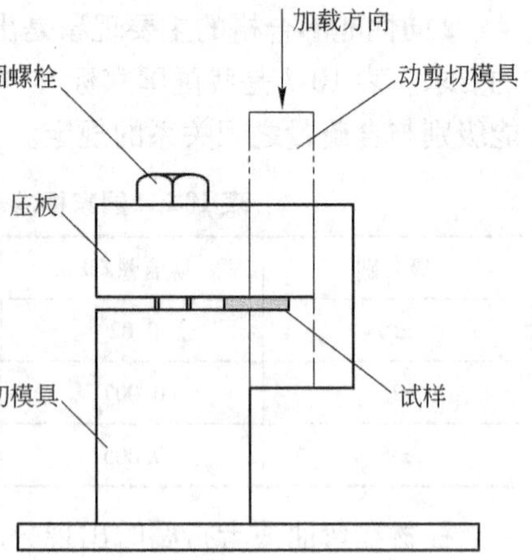

图 10-29 剪切模具工作原理

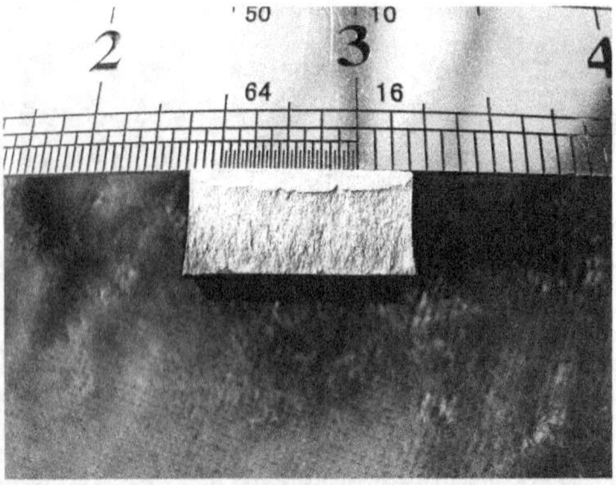

图 10-30 剪切试样断面低倍形貌

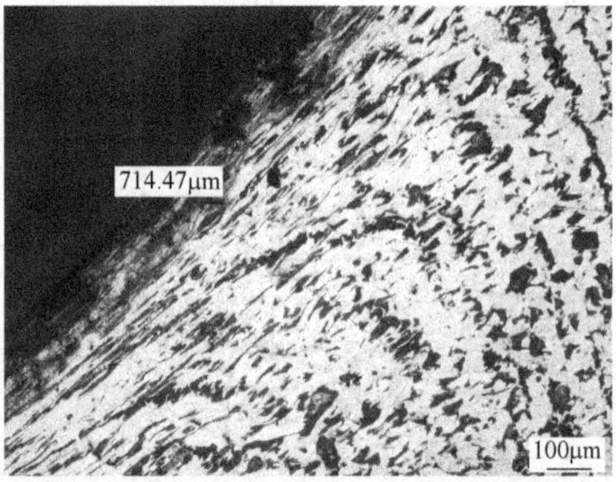

图 10-31 剪切试验在试样中只在很小范围造成变形而不影响基体组织

剪切试验的试样的尺寸一般为沿轧制方向的试样厚度 5 ~ 8mm，试样的宽度（对应平行于板面，垂直于轧制方向）20mm，试样的长度则是板材厚度。

剪切模具的固定剪切刃要采用工具钢硬化处理状态，活动剪刃则最好是硬质合金。活动剪刃和固定剪刃之间的水平距离小于 1mm。这种模具可以夹在万能材料试验机压缩试验条件下进行，准确地记录试验载荷，除以试验横截面积，得到剪切强度。

试验载荷与试样剪切面积呈现线性关系（图 10-32）。

试样为 400MPa 级厚板，剪切强度、厚度方向试样断面收缩率（拉伸试验确定的断面收缩率）与试样厚度之间的关系如图 10-33 所示。剪切试验可以作为中厚板厚度方向性能检测的常规方法。

随着结构产品尺寸大型化、造船、海上采油平台、高层建筑等领域对中厚板的厚度方向性能提出更高的要求。中厚板的厚度方向性能越来越引起有关部门的关注。中厚板轧制过程中尽可能保证轧制间隙的充分再结晶，延长轧制间隙时间，并伴随以轧后热处理，这样可以有效降低发生层状裂纹的可能性。

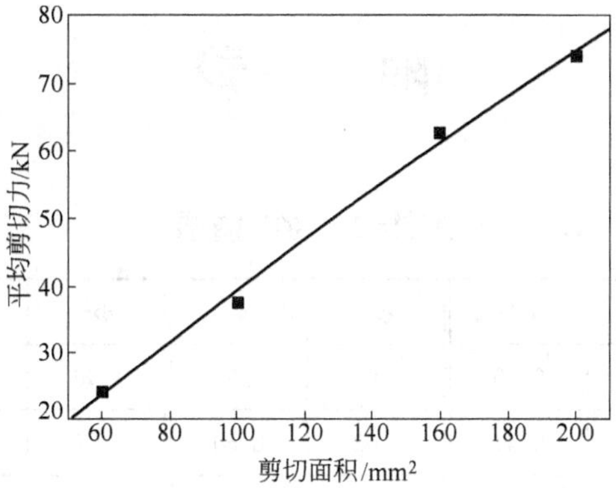

图 10-32 平均剪切力与剪切面积的曲线关系

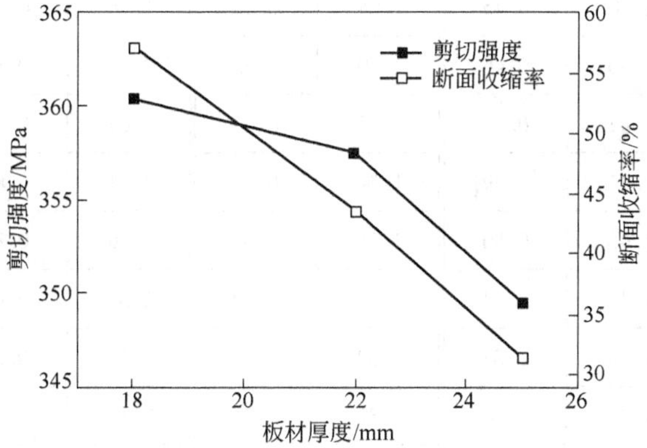

图 10-33 剪切强度、断面收缩率与板材厚度的曲线关系

附　　录

附表 1　Φ^2 值表

Φ^2	a/c	Φ^2	a/c	Φ^2	a/c	Φ^2	a/c	Φ^2	a/c
1.00	0.00	1.30	0.39	1.60	0.59	1.90	0.76	2.20	0.89
1.02	0.06	1.32	0.41	1.62	0.60	1.92	0.77	2.22	0.90
1.04	0.12	1.34	0.42	1.64	0.61	1.94	0.78	2.24	0.91
1.06	0.15	1.36	0.44	1.66	0.62	1.96	0.79	2.26	0.92
1.08	0.18	1.38	0.45	1.68	0.64	1.98	0.80	2.28	0.93
1.10	0.20	1.40	0.46	1.70	0.65	2.00	0.81	2.30	0.93
1.12	0.23	1.42	0.48	1.72	0.66	2.02	0.81	2.32	0.94
1.14	0.25	1.44	0.49	1.74	0.67	2.04	0.82	2.34	0.95
1.16	0.27	1.46	0.50	1.76	0.68	2.06	0.83	2.36	0.96
1.18	0.29	1.48	0.52	1.78	0.69	2.08	0.84	2.38	0.97
1.20	0.31	1.50	0.53	1.80	0.70	2.10	0.85	2.40	0.98
1.22	0.32	1.52	0.54	1.82	0.71	2.12	0.86	2.42	0.98
1.24	0.34	1.54	0.55	1.84	0.72	2.14	0.86	2.44	0.99
1.26	0.36	1.56	0.56	1.86	0.73	2.16	0.87	2.46	1.00
1.28	0.38	1.58	0.57	1.88	0.74	2.18	0.88		

注：Φ 为第二类椭圆积分，$\Phi = \int_0^{\pi/2}\left\{1-\left[1-\left(\frac{a}{c}^2\right)\right]\sin^2\theta\right\}\mathrm{d}\theta$。

附表 2　表面裂纹形状因子 Q 值表

$a/2c$		0.1	0.2	0.25	0.3	0.4
σ/σ_s	1.0	0.88	1.07	1.21	1.38	1.76
	0.9	0.91	1.12	1.24	1.41	1.79
	0.8	0.95	1.15	1.27	1.45	1.83
0.7		0.98	1.17	1.31	1.48	1.87
0.6		1.02	1.22	1.35	1.52	1.90
<0.6		1.10	1.29	1.42	1.60	1.98

注：$Q = \phi^2 - 0.212\ (\sigma/\sigma_s)^2$

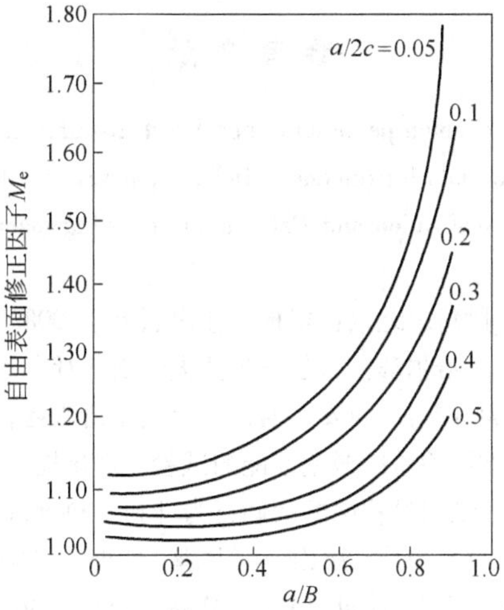

附图1　自由表面修正因子 M_e 与裂纹厚度比 a/B 的关系

参考文献

[1] ISO14556—2000 Steel-charpy V-notch pendulum impact test-instrumented test method.

[2] ISO14577—2002 Metallic Materials-Instrumented Indentation test for hardness and materials parameters. Part1：test method. Part 2：Verification and Calibration of testing machines. Part 3：Calibration of reference blocks.

[3] 束德林．工程材料力学性能［M］．北京：机械工业出版社，2008.

[4] 孙茂才．金属力学性能［M］．哈尔滨：哈尔滨工业大学出版社，2003.

[5] 郑修麟．工程材料的力学行为［M］．西安：西北工业大学出版社，2004.

[6] 李莎，那顺桑．探索用锥锻方法检验冷镦钢性能的试验．理化检验物理分册［M］．2006：76～79.

[7] 李莎，那顺桑．钢中夹杂物在镦粗过程中的运动行为［J］．热处理，2006（1）：42～46.

[8] 李莎．冷镦钢和钢的冷镦性评价［D］．唐山：河北理工大学，2005.

[9] Kalton J，Howard S，JanzaI-Rusch J，et al. Acta. Mater，1998，46：3175～3178.

[10] Lu Y，Hirohashi M，Pan J. J. Mater. Scie. 2000，19：1343～1348.

冶金工业出版社部分图书推荐

书　名	作　者	定价(元)
材料成形工艺学	宋仁伯	69.00
材料分析原理与应用	多树旺　谢东柏	69.00
材料加工冶金传输原理	宋仁伯	52.00
粉末冶金工艺及材料（第2版）	陈文革　王发展	55.00
复合材料（第2版）	尹洪峰　魏　剑	49.00
废旧锂离子电池再生利用新技术	董　鹏　孟　奇　张英杰	89.00
高温熔融金属遇水爆炸	王昌建　李满厚　沈致和　等	96.00
工程材料（第2版）	朱　敏	49.00
光学金相显微技术	葛利玲	35.00
金属功能材料	王新林	189.00
金属固态相变教程（第3版）	刘宗昌　计云萍　任慧平	39.00
金属热处理原理及工艺	刘宗昌　冯佃臣　李　涛	42.00
金属塑性成形理论（第2版）	徐　春　阳　辉　张　弛	49.00
金属学原理（第2版）	余永宁	160.00
金属压力加工原理（第2版）	魏立群	48.00
金属液态成形工艺设计	辛啟斌	36.00
耐火材料学（第2版）	李　楠　顾华志　赵惠忠	65.00
耐火材料与燃料燃烧（第2版）	陈　敏　王　楠　徐　磊	49.00
钛粉末近净成形技术	路　新	96.00
无机非金属材料科学基础（第2版）	马爱琼	64.00
先进碳基材料	邹建新　丁义超	69.00
现代冶金试验研究方法	杨少华	36.00
冶金电化学	翟玉春	47.00
冶金动力学	翟玉春	36.00
冶金工艺工程设计（第3版）	袁熙志　张国权	55.00
冶金热力学	翟玉春	55.00
冶金物理化学实验研究方法	厉　英	48.00
冶金与材料热力学（第2版）	李文超　李　钒	70.00
增材制造与航空应用	张嘉振	89.00
安全学原理（第2版）	金龙哲	35.00
锂离子电池高电压三元正极材料的合成与改性	王　丁	72.00